나는 사이보그가 되기로 했다

# 추천의 글

"궁극적으로 인간을 인간답게 만드는 본질을 말한다.
역경 앞에서 피어나는 용기와 창조적 지성
그리고 희망과 사랑에 관하여."
**폴 웰험, 텍스트 음성 변환 기술을 개발한 세레프록 회장**


"인간, AI, 로봇공학의 상호 협력을 선언하며
미래에 수반되는 철학적 딜레마를 탐구한다."
**마커스 드 사토이, 옥스퍼드대학 수학과 석좌교수**


"피터는 정말이지 유례를 찾기 힘든 존재다.
이 책이 성공작인 이유는 사이보그가 되는 과정의
기술적 부분을 나열하는 데 그치지 않고
러브 스토리를 들려주기 때문이다."
**〈더 타임스〉**


"황홀한 러브스토리."
**〈파이낸셜 타임스〉**


"피터의 끊임없는 낙관주의와 용기,
영국 최고의 두뇌들을 당황시킨 문제들에
급진적인 해답을 내놓는 능력은 가히 인상적이다."
**〈데일리 텔레그래프〉**

"사후 디지털 세계에서 영존하기 위해
과학의 새 지평을 어떻게 개척했는지 보여주는
솔직하고 용감한 이야기."
〈데일리 메일〉

"피터는 AI 및 로봇공학과 인간을 결합시킨
인류 최초의 완전한 사이보그다.
불치병 판정에 굴복하지 않고,
그것을 미래를 다시 쓰고 세상을 바꾸는 계기로 삼았다."
〈GQ〉

"인간이란 무엇인가? 기술은 무엇을 해낼 수 있는가?
놀라운 이야기로 가득하다."
〈선데이 텔레그래프〉

"매혹적이고 엄청나게 감동적이다."
〈더 선〉

"이 놀라운 책은 어떤 것도 당연하게 받아들이지 말고
모든 것에 도전하라고 말한다."
〈라디오 타임스〉

Peter 2.0
by Peter Scott-Morgan

Copyright ⓒ Peter Scott-Morgan, 2021
Korean translation copyright ⓒ Gimm-Young Publishers, Inc., 2022
All rights reserved.

Korean translation rights arranged with Peter Scott-Morgan care of United Agents
through EYA co., Ltd.

# 나는 사이보그가 되기로 했다

1판 1쇄 인쇄  2022. 11. 21.
1판 1쇄 발행  2022. 11. 28.

지은이  피터 스콧−모건
옮긴이  김명주

발행인  고세규
편집  박익비·이한경  디자인 박주희  마케팅 백선미  홍보 박은경
발행처  김영사
등록  1979년 5월 17일(제406−2003−036호)
주소  경기도 파주시 문발로 197(문발동)  우편번호 10881
전화  마케팅부 031)955−3100, 편집부 031)955−3200 | 팩스 031)955−3111

이 책의 한국어판 저작권은 (주)이와이에이를 통한 저작권자와의 독점 계약으로 김영사에 있습니다.
저작권법에 의해 한국 내에서 보호를 받는 저작물이므로 무단전재와 무단복제를 금합니다.

값은 뒤표지에 있습니다.
ISBN  978−89−349−6172−7 03400

홈페이지  www.gimmyoung.com          블로그  blog.naver.com/gybook
인스타그램  instagram.com/gimmyoung   이메일  bestbook@gimmyoung.com

좋은 독자가 좋은 책을 만듭니다.
김영사는 독자 여러분의 의견에 항상 귀 기울이고 있습니다.

Author photos: Images author's own

피터에서 피터 2.0으로

# 나는 사이보그가 되기로 했다

**피터 스콧−모건** | 김명주 옮김

김영사

사이보그와 결혼한 프랜시스에게

프랜시스와 피터는
세상과 싸운다
우 리 는
함 께
정 복 한 다

# 감사의 말

이 책에 대해서는 꼼수를 좀 부려 감사의 말을 짧게 쓰기로 했다. 그것은 나 자신을 보호하기 위해서다. 변명하자면 전에도 많은 책을 썼지만 내가 쓴 책을 실제로 읽었다는 사람은 본 적이 없다. 적어도 친척이나 가까운 친구 중에는 없었다. 설령 읽었다 해도 어디까지나 의리로 그랬을 뿐 끝까지 읽은 사람은 없었을 것이다. 그런데 이 책에는 많은 친척과 지인이 본문에 등장한다. 물론 누가 나오는지 여기서 밝히는 아마추어 티를 낼 생각은 없다. 그렇게 하면 그들이 어떻게 반응할지 안 봐도 뻔하기 때문이다. 그러니 이것을 꼼수라기보다는 사교술이라고 해두자.

감사의 말을 짧게 줄이는 것의 또 다른 장점은 이 지면이 아카데미상의 지루한 수상 연설처럼 되는 것을 피할 수 있다는 점이다. 그 대신 나는 감동적인 클라이맥스로 직행해 멋진 로즈메리와 댄을 소개한다. 이 두 사람과 그들의 팀이 없었다면 독자 여러분이 나를 만날 기회는 영원히 없었을 것이다.

나의 에이전트 로즈메리 스칼러Rosemary Scoular는 위대한 유나이티드 에이전트United Agents의 기둥이다.

먼저 에이전트라는 부류에 대해 여러분이 알아둘 게 있는데, 그건 공격적인 경찰견을 닮은 사람이 이상할 정도로 많다는 것이다. 여성 에이전트는 특히 무섭다. 말하자면 하이힐과 립스틱으로 무장한 경찰견이다. 하지만 로즈메리는 좀 달랐다. 그녀에게도 혹시 개의 DNA가 있다면, 그건 충직한 테리어 품종일 가능성이 높다. 그 종은 사랑스럽게 꼬리를 흔들면서도 문 것을 절대 놓지 않는다. 요컨대 로즈메리는 절대적으로 사랑스러운 동시에 믿을 수 없을 정도로 유능하다. 그녀의 팀도 마찬가지다. 나는 타고난 낙천주의자여서 앞으로 일이 끝나더라도 로즈메리와 충직한 친구로 지낼 수 있을 것으로 믿는다. 그리고 다시 만날 때 우리는 개가 꼬리를 흔들 듯 서로 반가워할 것이다.

발행인 대니얼 번야드Daniel Bunyard는 위대한 펭귄랜덤하우스Penguin Random House의 등대다.

나는 성인이 되고부터 줄곧 발행인이라는 족속과 함께 일해왔지만, 댄만큼 배려 넘치고 지적이며 관대하고 날카로우며 헌신적이고 배짱 있으며 창의적이고 자극적이며 대담한 아이디어에 열려 있는 사람은 본 적이 없다. 요컨대 댄도 어마어마하게 유능하다. 구체적인 예를 들면, 이 책에는 저자인 나도 큰 도박이라고 느낀 장이 세 개 포함되어 있다(어느 장을 말하는지는 읽어보면 알 수 있을 것이다). 나는 열정을 가지고 그 장들을 썼지만, 규칙을 깨고 새로운 영역을 개척하는 내용임에는 틀림없다. 그 장들 때문에 댄과의 친밀한 관계에 금이 갈지도 모른다는 각오까지 했다. 그러나 댄은 그 장들을 훑어본 즉시 나만큼이나 거기에 열정을 보였다. 그저 댄에게 고마울 따름이다.

댄의 팀과 일하는 것도 더할 나위 없이 즐거운 경험이었다. 나는 그들에게서 창의적 프로 의식과 남다른 재능의 완벽한 조화를 보았다. 출판계에서 일찍이 경험해보지 못한 것이다. 사실 책을 쓰면서 이렇게 즐거웠던 적이 없다.

이제 끝에서 두 번째 감사의 말을 할 차례인데, 이번만큼은 친척에 대한 엠바고embargo를 깨려고 한다. 나에게는 훌륭한 조카가 셋 있다. 리Lee, 데이비드David, 그리고 앤드루Andrew다. 그들은 저마다 다른 방식으로 내가 보람찬 하루를 보내도록 돕는다. 특히 앤드루는 이 책의 절반을 썼다고 해도 과언이 아니다. 내가 직접 키보드를 두드릴 수 없게 되면서부터 받아쓰기를 해준 조카가 앤드루였다.

내 마지막 감사의 말은 독자 여러분이 앞으로 잘 알게 될 한 사람에게 바치고 싶다. 그는 이 책의 숨은 주인공이자 진정한 '스타'이다. 그렇다 해도 여러분은 아직 내가 하는 말의 의미를 완전히 이해할 수 없을 테니 이렇게만 말해두겠다. 그는 내가 10대 시절에 상상한 이상적인 '기사 아발론Avalon'이었다. 그리고 훗날 정신력의 한계를 시험받게 되었을 때 그가 보여준 용감함, 충직함, 대담함은 10대의 내가 상상한 것을 훨씬 능가했다.

피터 2.0

2020년 잉글랜드 토키Torquay에서

**3**
**사랑은 최종적으로 모든 것을 이긴다**

우주에 관한
피터의 세 번째 법칙

**4**
**21년 후**

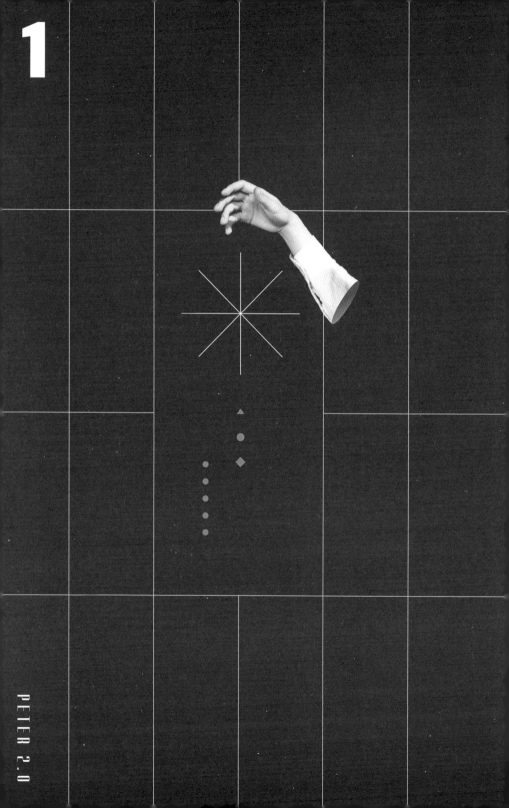

# 과학은
# 마법으로 통하는
# 유일한 길이다

SCIENCE is the only route to MAGIC

# 변화

The End

"그러면 네 이름 뒤에는 요즘 어떤 수식어가 붙어?" 앤서니Anthony가 물었다. 나름의 배려였다. 조금 전 내가 앤서니의 이름 뒤에 OBE(영국 4등 훈장 수훈자―옮긴이)가 추가된 것을 언급했는데 그에 대한 답례였을 것이다.

"박사PhD, 임피리얼칼리지 졸업생DIC, 이학사BSc, 공인정보기술전문가CITP, 공인기술자CEng, 영국컴퓨터협회 회원MBCS, 관광학 박사MRTS, 런던시티길드협회 준회원ACGI ……." 나는 오래된 친구 앞에서 나도 모르게 '소년 피터'가되어 마구 자랑을 해댔다. 이제 '어른 피터'가 상황을 수습할 차례였다. "아무리 그래도 OBE가 훨씬 더 대단하지."

앤서니와 나는 꼼꼼하게 일정을 맞춰 같은 시기에 런던에 머물렀다. 시카고에서 활동하는 리릭 오페라Lyric Opera

감독인 앤서니는 국제적으로 스케줄이 꽉 차 있었다. 한편 10여 년 전 프랜시스Francis와 결혼한 후 나 역시 세계를 돌며 우리 둘이 오래전부터 꿈꿔온 이국적 장소들을 찾아다니고 있었다. 하지만 오늘 앤서니와 나는 모처럼 함께 보낼 수 있는 하루를 발견하고, 그간의 근황과 추억으로 이야기꽃을 피웠다.

"내가 놓친 역사적 순간이 실은 너와 그의 시민 동반자 관계(법률에 의해 인정받는 동반자 관계—옮긴이)를 기념하는 의식이 아니라, 결혼식이었다는 거지?"

"맞아! 작년에 법이 다시 개정되어 우리가 시민 동반자 관계에서 혼인 관계로 갱신할 수 있게 됐지. 하지만 사실 상관은 없어. 법이 소급 적용되기 때문에 혼인증명서에는 날짜가 2005년 12월 21일로 적혔거든. 세상에, 우리도 모르는 사이에 9년 동안이나 결혼 생활을 했지 뭐야."

"부모님이 살아 계실 때 좋은 모습을 보여드릴 수 있어서 정말 다행이야."

아버지와 어머니는 석 달 사이에 돌아가셨다. 두 분 다 90대 후반이었다. 생애 마지막 2년 동안 프랜시스와 내가 그들을 돌보았다.

"그건 그렇고, 너희들의 인도 신혼여행 얘기 좀 들려줘. 콜린Colin이랑 나도 조만간 그쪽으로 갈 생각이거든!" 콜린은 앤서니의 남편이다. 둘이 함께 산 지 벌써 수십 년이 지났다. "너희들의 방랑벽이 생긴 게 신혼여행 때였지?"

과학은 마법으로 통하는 유일한 길이다

"그랬지. 어느 날 갑자기 우리 둘이 거의 동시에 이렇게 말했어. '이대로 여행을 계속해도 괜찮지 않을까?' 그동안 열심히 돈을 모았으니까. 많이 모으려고 들면 끝이 없겠지만 필요한 돈은 수중에 충분히 있었지. 오히려 프랜시스와 둘이서 아무리 해도 모자란 한 가지는, 아직 비교적 젊을 때 함께할 수 있는 시간이라는 걸 깨달았어. 그래서—나는 손가락을 구부려 따옴표 모양을 만들었다—은퇴했지."

"40대에……."

"은퇴한 거나 다름없어!"

물론 아직까지 컨설턴트로서 몇몇 기업과 조직의 프로젝트를 맡고 있었지만, 그건 내게 더할 나위 없이 즐거운 일이었기 때문이다.

"내 눈에도 네가 '은퇴' 생활을 만끽하고 있는 것처럼 보여!" 앤서니가 내 손가락 따옴표를 흉내 내며 말했다.

"완벽한 생활이야! 그동안 과학책을 두 권 더 썼지만, 대체로 지리나 역사, 미술의 세계에 빠져 지내고 있지. 학창 시절에는 그 분야를 제대로 공부할 수 없었으니까. 프랜시스도 나도 건강함 그 자체이고, 우리 둘 다 모험을 무지무지 사랑해. 앞으로 20년 동안은 이대로 죽 모험을 계속하고 싶어. 마침내 모든 게 원하는 대로 됐어."

$*$

어느 겨울, 프랜시스와 나는 북극광을 보러 여행을 떠났다. 북극권 끝에서 뜨거운 목욕물에 기분 좋게 몸을 담근 후, 나는 미지근해진 물에서 막 일어서 몸을 닦기 시작했다. 그리고 마치 뭔가를 밟은 개처럼 왼발을 들어 물방울을 털어냈다. 그런 다음 매트에 발을 내려놓고 오른발을 들어 올렸다. 바로 이 순간이었다. 이때를 기점으로 나의 세계는 요동치며 다른 차원으로 들어섰고, 이후 나는 완전히 낯선 미래를 향해 초고속으로 내던져졌다.

오른발이 마음대로 움직여지지 않았다. 내가 물방울을 털어내려 해도 발은 그저 움찔거릴 뿐이었다. 갈라파고스Galapagos제도의 늙은 대형 거북이 다리를 흔들면 분명 이런 모습일 것이다. 나는 뭔가 기묘한 현상을 마주한 과학자의 호기심으로 이 사실을 담담히 기억한 채 일단 목욕을 끝내고 나왔다.

같은 일이 몇 번 더 일어나자 나는 다리에 쥐가 난 거라고 결론을 내렸다. 근육에 무리가 갔을지도 모른다. 어쨌든 별일은 아닐 것이다. 완벽하게 납득할 수 있는 가설을 무의식 속에 처박아둔 채 내 뇌는 긴장을 풀었다. 그렇게 꼬박 석 달 동안 아무 일 없이 지나갔다. 그러던 어느 날 우리는 로도스Rhodos섬을 방문했고, 완벽한 상태로 보존된 고대 그리스 신전을 향해 언덕길을 올라가던 중 나는 다리에 떨림을 느꼈다.

서둘러 덧붙이자면 그렇게 심하게 떨리지는 않았다. 하지만 확실히 특정한 방식으로 걸을 때나 앉을 때 오른쪽 다리에 이따금 떨림을 느꼈다. 항상 그런 건 아니었고, 눈길을 끌 만한 정도도 아니었다. 그래도 혹시 모르니 물리치료사에게 진찰을 받기로 했다. 2주 후 물리치료사를 만나러 갔을 때, 그는 내 다리를 쿡쿡 찌르고, 펴고, 이런저런 기록을 했다. "깊은 근육 좌상일 수도 있어요. 살짝 찢어졌을지도 몰라요. 또 다른 증상이 있나요?" 물리치료사의 질문에 나는 다리 떨림을 언급했다.

"저는 잘 모르겠는데요……."

"아뇨, 그렇게 되는 조건이 있어요. 이렇게 하면……."

"아아."

그것은 사람을 왠지 불안하게 만드는 감탄사였다. 그 말을 한 사람이 무슨 생각을 하고 있는지 상대방은 알 필요가 없음을 암시하는 감탄사. 하지만 나는 당연히 알고 싶었다.

"이런 증상이 나타난다는 건 뭘 의미하는 거죠?" 나는 그 순간 말투를 좀 더 전문적인 어조로 바꾸었다. 사안의 민감함을 의식하지 않고, 어디까지나 대등한 입장에서 요점만을 묻자. 그러면 최단시간에 최대한의 정보를 얻을 수 있다.

"보통 간헐성 경련이라는 질병의 증상입니다."

처음 들어보는 용어였다. 나는 정확하게는 외우지 못해도 수천 개의 의학 용어를 알고 있었다. 그런 내가 모른다면 비교적 흔치 않은 질병임이 틀림없었다. 나는 생각해보지도 않고 대뜸 물었다. "신경 손상인가요?"

"맞아요! 상위운동뉴런장애가 의심됩니다. 당장 주치의에게 의뢰서를 써드릴게요. 주치의에게 뇌신경과 의사neurologist를 소개받아 MRI 검사를 받아보세요."

나는 물리치료사가 급하게 써준 의뢰서를 부적처럼 움켜쥐고 진료소를 나왔다. 물리치료사가 말한, 내 척수 또는 뇌에 영향을 미치고 있는 '장애'가 무엇일까? 나는 가능성 있는 후보들을 재빨리 떠올려보았다. 어디선가 다쳤을 가능성이 가장 높지만, 내가 마지막으로 몸을 심하게 부딪친 것은 가라테를 배우던 10대 후반이었다. 이제 와서 새삼스레 문제가 나타난다고?

물론 암일 수도 있었다. 뇌종양이 생겼다면 이런 증상이 나타날 수 있다. 하지만 그 외의 증상이 없는 게 이상했다. 혹시 척추에 국소 종양이 생겼을까? 그렇다면 과연 수술할 수 있을까? 아니면 가벼운 뇌졸중일까? 이 경우라면 뭔가 큰 병의 전조일 것이다. 어쨌든 별로 반가운 소식은 아니다. 움직임을 통제할 수 없다는 점에서는 뇌성마비일 가능성도 있지만, 내 경우는 해당되지 않는다. 뇌성마비였다면 유년기에 시작되었을 것이다. 그러면 다발성경화증? 이건 꽤 흔한 병이고, 나이가 들수록 발병하기 쉬우며, 치료가 불가능하다. 유력한 후보임이 틀림없었다. 그래도 뇌종양보다는 낫다.

과학은 마법으로 통하는 유일한 길이다

10일 후 나는 좁은 침대에 누워 도넛 모양의 고성능 MRI 장치 내부로 천천히 미끄러져 들어갔다. MRI 검사를 받는 게 처음이어서 나는 이 장치에 완전히 매료되었다. MRI, 즉 자기공명영상은 초전도자석을 액체 헬륨으로 냉각시켜서 강한 자기장을 발생시키고, 몸의 각 부위가 방출하는 미세한 신호를 포착해 3D 이미지를 구성하는 것이다. 그리고 이 장치는 엄청나게 시끄럽다.

　영상 기술자가 건네준 고성능 귀마개도 뚫고 들려오는 소리는 '불협화음'이라는 말로는 이루 다 표현할 수 없을 정도였다. 1초에 몇 번씩 강력한 자력이 쿵쿵거리고, 그러면 장치 전체가 거기에 맞춰 흔들린다. 장치 안에 누워 있는 내 몸도 당연히 흔들릴 수밖에 없다. 쿵쿵 소리는 누군가 공기식 망치로 머리 위에 덮인 강철 헬멧을 뚫으려고 시도하는 것처럼 들린다. 대포의 일제사격 같은 엄청난 소리(와 감각)이다. 이라크 전쟁의 '충격과 공포 작전'의 의료 버전이랄까. 나는 그 안에 두 시간 동안이나 갇혀 있었다.

나는 예전부터 사람의 표정을 읽는 데는 자신이 있었다. 하지만 뇌신경과 의사의 얼굴에서는 아무것도 읽을 수 없었다. 나는 그 사실을 액면 그대로 받아들였다. 직업적으로 상대방에게 자주 나쁜 소식을 전해야 하는 사람의 몸에 밴 무

표정이라고. 뇌신경과 의사는 커다란 컴퓨터 화면 앞에 놓인 의자를 가리키며 내게 앉으라고 권하고는 프랜시스가 앉을 의자도 가져왔다. 우리가 앉기를 기다렸다가 자리에 앉은 의사는 느닷없이 방긋 웃었다.

"결과를 설명하기 전에, 먼저 어떤 문제도 발견하지 못했으니 마음을 편히 가지셔도 됩니다. 긴장을 푸세요!"

내가 숨을 죽이고 있었음을 그 순간 깨달았다. '과학자 피터'가 최악의 선고에 대비해 대량의 아드레날린을 혈류로 방출한 탓에 따끔따끔한 저릿함을 느끼는 동시에 나는 다시 한번 전문가의 탈을 썼다.

"오, 그거 좋은 소식이군요." 나는 마치 품평회에서 상을 탄 페튜니아가 올해도 예쁘게 피었다는 얘기를 들은 듯 차분하게 목소리 톤을 낮추고 말했다. 그때 나의 평생 동반자인 강렬한 호기심이 당당하게 코를 디밀었다.

"그러면 도대체 무슨 문제죠?"

뇌신경과 의사는 뇌 사진을 보며 설명하기 시작했다.

"멋진 뇌를 가지고 계시네요." 의사는 마치 그것이 자기 공이라도 되는 양 자랑스럽게 말했다. "보시다시피…… 두개골 내부는…… 깨끗합니다." 저서 표지에 추천사로 실을 만한 말인지는 모르겠지만, 칭찬의 뜻임은 분명했다.

우리는 척수의 단면을 위에서 아래로 천천히 훑어 내려갔다. 보기 좋게 가지런히 배열된 검은색 원의 바깥쪽을 척추뼈의 울퉁불퉁한 윤곽이 둘러싸고 있다. 마치 모노

과학은 마법으로 통하는 유일한 길이다

톤monotone의 추상화 같았다. 거기에는 어떤 불길한 징조도 없었다. 기껏해야 척추에서 가벼운 만곡을 발견했을 뿐이다. 왜 내 골반의 좌우 높이가 다른지 10대 때 품었던 의문이 마침내 풀렸다.

결론부터 말하면 모든 혐의가 풀렸다. 뇌종양도, 척추종양도 아니었다, 다발성경화증의 징후도 없었다. 운동뉴런 장애MND도 아니었다. 신경 눌림은 낌새조차 없었다. 완벽하게 깨끗했다. 유력한 용의자가 모두 사라지자, 뇌신경과 의사는 내 주치의에게 뭔가 희귀한 병인 것 같다고 전했다. 따라서 나는 병명을 찾기 위해 점점 더 난해한 검사를 받아야 했다.

처음에는 흔한 흉부 X선 검사로 시작했지만, 곧 엄청난 가짓수의 혈액검사가 기다리고 있었다. 검사 용지에 적힌 지루한 전문용어들을 훑어보니 에이즈 검사만 세 개였다. 자가면역 질환과 신경 장애가 때때로 비슷한 증상을 보이기 때문에 그것은 납득할 만한 선택이었다.

모든 게 음성으로 나오자 검사 수를 더 늘렸다. 이번에는 검사 목록을 본 병원 채혈 담당 의사가 무심코 속마음을 털어놓았다. "오, 제발 이 중 어느 것에도 해당하지 않았으면 좋겠는데. 모두 끔찍한 것들이에요!" 하지만 이 검사들도 모두 음성이었다. 이제 남은 혈액검사는 난해한 차원을 넘어 초현실의 경지에 도달했다. 그래도 여전히 아무것도 발견되지 않았다. 그 후 몇 가지 유전자 검사(모두 음성)를 마쳤을 때 뇌신경과 의사는 망연자실했다. 그는 자포자기한 심정을 숨기지 않은 채 추가 병명 후보를 내놓으면서 이번이 정말 마지막이라고 장담했다. 이때쯤 내 새로운 친구가 된 채혈 담당 의사도 그 목록을 보고는 어쩔 줄 몰라 하며 쩔쩔 맸다.

"거의 다 들어본 적도 없는 것들이군요." 그녀는 검사 가능한 항목을 컴퓨터로 확인하면서 말했다. 두 가지 항목은 컴퓨터 화면에 뜬 선택지에 들어 있지도 않았다. 그녀는 몇 번이나 전화를 건 후, 마침내 어딘가에 있는 이름 모를 연구실에 검사가 가능한지 문의했다. 이 때문에 그 연구실의 담당자는 데이터베이스화되지 않은 종이 파일을 뒤적여야 했다.

"이걸로 분명 당신 몸에서 무슨 일이 일어나고 있는지 알수 있을 거예요."

나도 그렇게 되기를 간절히 바랐다. 나는 그동안 주의 깊게 내 상태를 관찰해왔다. 내 몸에서 일어나고 있는 일이 무엇이든, 그것이 1주가 지날 때마다 다리 전체로 천천히, 그러나 인정사정없이 퍼져나가는 것을 느꼈다. 그리고 진단이 나올 때까지는 그걸 막을 방법이 없었다. 2주 후 결과가 나왔다.

과학은 마법으로 통하는 유일한 길이다

# 달콤한 열여섯 살

Sweet Sixteen

모든 사람은 우주를 바꿀 수 있는 권리를 가지고 태어난다.

나는 열여섯 번째 생일을 맞을 무렵 이미 이 진리를 깨달았다. 우주를 바꾸기 위한 필요조건은 '룰'을 깨는 것이다. 나는 이 생각이 마음에 들었다. 하지만 구체적으로 어떻게 해야 하는지는 아직 몰랐다. 즉, 생일 한 달 후인 5월의 눈부시게 화창한 수요일에 내가 직관적으로 세상에 맞서지 않았다면 오늘의 나는 존재하지 않았을지도 모른다.

그런 의미에서 나는 먼저 학창 시절 교장에게 진심으로 감사해야 한다. 내가 그를 교사로도, 사람으로도 본 적이 없다는 점을 생각하면 이건 아이러니한 반전이 아닐 수 없다. 교장은 나를 신과 인류에게 혐오스러운 존재로 간주했다. 그렇다 해도 인정할 것은 인정하자. 그날 교장이 내 인생에 개입하지 않았다면 지금쯤 나는 끔찍한 기성세력의 일원이 되어 있었을 것이다. 또한 산송장이 되었을지도 모른다.

내 인생을 바꾼 그날 오후의 이야기를 하려면, 영어 수업이 거의 끝나가던 12시 28분쯤부터 시작해야 할 것이다. 나는 오래된 책상 뒤에 서서 '미래'라는 제목의 작문을 낭독하며 내 생각을 우리 반 친구들에게 피력하고 있었다. 책상 못지않게 연로한 영어 선생님이 미소를 지으며 격려하듯 고개를 끄덕였다. 내 작문은 이미 선생님에게 극찬과 함께 A⁺를 받은 터였다. "환상적인 상상력이야. 참으로 기발한 예언이구나!" 그의 칭찬은 내가 이 작문을 픽션이 아니라 논픽션으로 썼다는 점을 간과한 평가였다. 하지만 공정하게 말하면 내 어머니도 같은 오독을 했을지 모른다. 내가 집에 가져온 수많은 작문 중에서 어머니가 돌아가실 때까지 간직한 것은 이것뿐이었으니까.

"……나의 뇌가 전자뇌와 연결되면 둘의 합을 능가하는 처리 능력을 얻을 수 있을 것이다. 결론적으로, 나의 다섯 가지……."

점심시간을 알리는 종이 울렸다. 하지만 아무도 움직이지 않았다. 종은 교사를 향한 신호이지 학생을 향한 것이 아니었다. 영어 선생님은 손목을 휙 움직이며 내게 계속하라고 지시했다.

"결론적으로, 나의 다섯 가지 감각은 무수한 전자 성분에 의해 증강될 것이고, 마침내 내 자아와 인류 자체가 진화하

과학은 마법으로 통하는 유일한 길이다

게 될 것이다. 자동차를 운전하거나 거대한 배를 조종하는 대신, 그 자동차가 되고, 그 배가 되는 것이다." 나는 다 읽었다는 표시로 선생님을 올려다보았다.

"놀랍고 기발한 상상이구나, 스콧. 넌 훗날 과학 판타지 소설계에 돌풍을 일으킬 거다! 잘했어." 선생님은 수업이 끝나기만을 기다리는 학생들을 보았다. "이만 끝!"

"비겁한 새끼!" 왼쪽 옆자리에서 심슨Simpson이 일어서며 말했다. 그는 나의 열성 팬이라고는 할 수 없는 친구였다. "넌 〈닥터 후〉를 훔쳤어."

나는 책상 위의 물건들을 치우며 심슨의 중상모략에 한마디 해야겠다고 생각했다. "〈닥터 후〉에 방금 말한 나의 미래 예측과 막연하게라도 비슷한 에피소드는 없어. 그 방송이 시작된 1963년 10월 23일 토요일 오후 5시 15분 이후 단 하나도."

"그래?" 코너Connor가 교실을 나서려는 우리와 합류하며 말했다. 몸집이 작고 빈약한 코너는 신기하게도 심슨과 나, 양쪽 모두와 사이가 좋았다. 나는 코너를 좋아했다. 그것도 아주 많이.

"어떤 때 보면 넌 정말로 '재수 없는 새끼wanker'란 말이야." 심슨이 말했다.

"맞아." 나는 인정했다. "하루에도 몇 번씩 그렇지(wanker에는 '자위하는 사람'이라는 뜻도 있다―옮긴이)." 나는 코너를 보며 노골적인 말에 어울리는 능글맞은 미소를 지었다. "같이 하고 싶으면 언제든 환영이야⋯⋯."

코너는 은근히 놀리는 표정으로 나를 보며 히죽 웃더니, 그 사랑스러운 초록색 눈동자를 굴렸다.

"포덱스 페르펙투스 에스Podex perfectus es!" 이렇게 말하고 코너는 내 눈을 물끄러미 들여다보았다. "사랑해"라는 말에 나 어울릴 말투였다. 하지만 안타깝게도 이 라틴어를 직역하면 이렇다. "넌 정말 최악이야!"

"포덱스 페르펙투스 하베스Podex perfectus habes!" 나는 애정을 듬뿍 담아 응답했다. 상황을 수습하는 동시에 라틴어 실력을 뽐내려는 의도였다. "너는 완벽한 항문의 소유자야!"

"이 호모 자식!" 코너가 웃는 얼굴로 맞받아쳤다.

"바보 같은 호모 자식!" 포스터Foster가 적극적으로 우리 대화에 끼어들었다. 그는 나보다 5센티미터쯤 크고, 스크럼scrum(럭비의 기본 대형 중 하나—옮긴이)에 특화된 체격의 소유자였다. 그 덕분에 그는 내게 과분하게 정중한 대접을 받았다. 포스터는 설전이 아니라 완력에 호소하는 녀석이니 별수 없었다.

그날 점심시간은 온전히 개인적인 일에 쓸 수 있었다. 나는 복도 끝에 있는 거대한 문을 열고 '그레이트 홀Great Hall' 밖으로 나왔다(나는 이 건물이 항상 붉은 벽돌로 지은 대성당 같다고 생각했다). 밖은 타는 듯 더웠다. 눈앞에는 몇 개의 테니스 코트 뒤로 깔끔하게 손질한 잔디 운동장이 펼쳐져 있다. 여기서는 보이지 않지만, 오른쪽으로 과학 실험실 반대편

과학은 마법으로 통하는 유일한 길이다

에서 그 운동장이 수영장까지 이어졌다. 내 뒤쪽에는 그레이트 홀 너머로 윔블던 공원, 보통 '더 커먼the Common'이라고 부르는 드넓은 녹지가 펼쳐져 있었다. 나는 이 풍요로운 환경을 아주 당연하게 받아들였다. 상위 중산층이 주로 사는 런던 교외의 윔블던에서 가장 비싼 곳에 자리 잡은 이 붉은 벽돌 건물이 바로, 이튼 그룹Eton Group(영국의 12개 유명 학교—옮긴이)에 속한 명문 학교 킹스 칼리지 스쿨King's College School이었다.

나는 그 밖의 세계를 알지 못했다. 학교는 내 세상의 전부였다. 나는 세 살 때부터 킹스 칼리지 스쿨 부속 유치원에 다녔다. 일곱 살이 되었을 때는 대부분의 반 친구들과 함께 회색 교복 대신 빨간색 교복을 입고 리지웨이Ridgway 반대편에 있는 초등학교에 다녔다. 열여섯 살 생일을 맞이할 무렵에서야 나는 내가 특권층이며, 이처럼 좋은 교육을 받을 수 있는 건 (특히 아버지가 노동당 정권하에서 95퍼센트의 소득세를 내야 했던 때) 운 좋게도 기득권 가정에서 태어났기 때문임을 자각하게 되었다. 일가친척 모두가 그랬듯이 말이다.

나의 일가친척은 부유하고, 사회적 지위가 높았으며, 유력자들과 유대를 맺고 있었다. 그 사실에 나는 어떤 의문도 가져본 적이 없었다. 고등법원 판사도 있고, 서훈을 받은 사람도 여럿 있었다. 정부 고위 관료와 대학 임원도 있고, 사장과 회장은 수두룩했다. 그들 모두가—약간 서먹서먹한 태도로—나를 사랑한다고 말했다. 하지만 몇 년 후 그들은 한 명도 빠짐없이 내게 등을 돌렸다.

교내를 걸어가다가 스팅커Stinker('악취를 풍기는 사람'이라는 뜻—옮긴이) 선생님과 마주쳤다. 이 친근한 별명을 선생님에게 붙인 이들은 수십 년 전의 초등학교 학생들이다. 선생님은 그 원인이 된 파이프 담배를 뻐끔거리며 지나가던 중이었다.

"잘 지내나, 대표?"

"안녕하세요, 선생님!" 내가 학생 대표를 지낸 건 아직 초등학생이던 3년 전의 일임에도 그는 나를 여전히 그렇게 부르고 있었다. 나는 반년 후 이곳 시니어 스쿨senior school(13세부터 18세까지 다니는 중·고등 통합 과정—옮긴이)에서도 학생 대표로 선발될 것으로 예상하고 있었는데, 스팅커 선생님의 인사가 그런 추측에 힘을 실어주었다. 그러면 선생님은 나를 계속 '대표'라고 불러도 될 터였다. 며칠 후면 나는 하우스house(학생 기숙사에서 유래한 학년 그룹—옮긴이) 대표로 뽑힐 것이고, 그 말인즉슨 학생 대표 후보가 된다는 뜻이었다.

강당인 리틀 홀Little Hall의 창문을 들여다보니 안쪽의 무대가 끝에서 끝까지 보였다. 열세 살의 나는 전교생 집회가 열릴 때마다 학생 대표로서 선생님들과 나란히 그 무대에 섰다. 내가 대표로 뽑혔을 무렵에는 학생 대표라는 직책이 유명무실해져 있었다. 하지만 학생 지도 카드를 발급할 권한은 아직 남아 있었다. 이 카드를 받은 사람 대부분은 교장실에 불려가 매질을 당했다. 물론 저학년 학생이 매질을 당

과학은 마법으로 통하는 유일한 길이다

하는 경우는 드물었지만 말이다.

과거에는 더 심했던 모양이다. 내 전임자 중 한 명은 하우스 대표들을 빠짐없이 교장실로 보낸 일도 있었다고 고참 교사가 즐겁게 말했다. 아무튼 내 시대에는 이 권한이 더 이상 학생 대표의 특전이 아니었다.

리틀 홀이라고 하기에는 약간 큰 건물 옆을 지나 '수도원'이라고 불리는 건물로 향할 때 위기Wiggy 선생님이 고물 자전거를 타고 달려왔다. 빠른 속도로 모퉁이를 돌아 나와 부딪치기 일보 직전이었다. 나는 아슬아슬하게 옆으로 피한 채 충돌 소리를 기다렸다.

다행히 선생님은 반대쪽으로 방향을 틀었지만, 썩 다행스럽지 못하게도 벽에 자전거를 박을 뻔했다. 운전대를 한 손으로만 잡고 다니니 그럴 수밖에 없었는데, 선생님의 다른 한 손은 (자전거를 탈 때면 늘 그렇듯) 가발을 고정하느라 항상 머리 위에 있었기 때문이다. 자전거가 달릴 때 일으키는 반류反流에 가발이 펄럭거렸다. 그래도 몇 주 전의 사고보다는 나았다. 그때는 화학 실험실에서 폭발이 일어나는 바람에 가발이 완전히 날아가는 것을 내 눈으로 똑똑히 보았다.

"조심해야지!" 위기 선생님이 소리쳤다. 적반하장이었다.

"죄송합니다!"

사고를 피한 나는 음악동 쪽으로 걸어갔다. 검은색 빈티지 롤스로이스가 아치arch 길에 세워져 있었다. 나는 차 주인에게 인사하려고 건물 안으로 들어갔다. 음악 연습실인 큰 방은 내게 매우 친숙한 장소였다. 성가대(내가 가입한 네 개의 합창단 중 하나) 소속인 내가 매일 기도 시간 전에 30분씩 연습하는 곳이었기 때문이다.

워터스Waters 선생님이 따뜻한 미소로 나를 맞았다.

"안녕, 피터. 뜻밖의 반가운 손님이 찾아오다니 오늘 좋은 일이 있으려나?"

교사가 학생을 성이 아닌 이름으로 부르는 일은 드물었다. 하지만 워터스 선생님은 사적인 자리에서는 언제나 그렇게 불렀다.

"내일까지 오보에를 여기에 둬도 될까요?"

"물론이고말고."

잠시 잡담을 나눈 후, 나는 선생님에게 인사하고 미술동으로 향했다. 미술동은 수도원을 따라 직선으로 가다가 공예 건물을 지나쳐 모퉁이를 돌면 있었다. 상급생이 되면 가장 좋은 점은 블레이저 대신 정장을 입어도 된다는 것과, 이에 더하여 점심 식사에 참석하지 않아도 된다는 것이다. 내가 가려던 장소는 미술동 위층에 있는 교실이었다. 사용하지 않는 큰 테이블 위에는 내가 지난 8개월 동안 점심시간마다 정성을 기울여 만든 작품이 보호막에 덮여 있었다. 아직 미완성이지만 이 작품은 내게 무엇보다 소중하고, 무엇보다 사적인 보물이었다.

과학은 마법으로 통하는 유일한 길이다

# 쾌락

Pleasure

나는 가방에서 샌드위치를 꺼낸 후 깃펜을 잉크에 담갔다. 그리고 세로 높이가 0.6센티미터쯤 되는 작은 그림 옆에 장식 문자로 공들여 주석을 써넣었다. 그림은 90×120센티미터의 두꺼운 종이 위에서 보일락 말락 했다. 나는 뒤로 물러나 전체적인 균형을 살폈다.

"아름답구나!" 뒤에서 소리가 들렸다.

미술 선생님인 래리 피시Larry Fish였다. 날씬하고 멋쟁이인 40대 미혼 교사였다. 나는 그가 게이일 거라고 추측했다.

"네가 작업하는 동안 방해하고 싶지 않았어. 그런데 '아날락스의 불꽃 Flame of Analax'이 뭐지?"

게이든 아니든 피시 선생님은 믿어도 되는 사람이었기에 나는 사실대로 말했다.

"아발론이 라하일란Rahylan과 처음으로 사랑에 빠진 곳이에요."

"내 기억이 맞다면, 라하일란은 너겠지?"

"음⋯⋯."

여기엔 좀 복잡한 배경이 있다. 3년 전, 나는 다른 세계를 창조하는 일에 착수했다. 살라니아Salania 왕국을 중심으로 벌어지는 판타지 세계였다. 나는 이 세계의 지리와 문화를 만들어냈으며, 언어와 문자뿐만 아니라 필기체와 기호도 발명했다. 열네 살 때는 여름방학의 대부분을 살라니아식 하프를 만들고 조각하는 데 썼다. 이 하프는 지금도 내 사무실에 자랑스럽게 전시되어 있다. 가장 중요한 부분은 신화, 영웅전설, 발라드를 지어낸 것이었다. 내가 좋아하는 톨킨Tolkien의 작품들과 달리 내가 창작한 영웅담과 마법 이야기에는 두 남성의 러브 스토리도 있었다. 나는 두 남성 사이의 열정적이고 드라마틱하며 낭만적인 사랑의 모델을 실제 세계에서 찾을 수 없다면 내 손으로 만들어내면 된다고 생각했다.

내가 미술실에서 제작한 것은—공상적인 중세 필사본 스타일로—그림을 넣은 고지도였다. 나는 거기에 내가 상상해왔던 장소와 이야기를 기록했다. 모든 지명이 이야기를 지니고 있었고, 모든 캐릭터가 저마다의 서사를 가지고 있었다. 최근 몇 달 동안 나는 지도에 새로운 주석을 추가했다. 피시 선생님은 그때마다 어쩌다 눈에 띈 흥미로운 어구

과학은 마법으로 통하는 유일한 길이다

를 가리키며 유래를 묻곤 했다. 금발의 견습 마법사 라하일란이 나 자신을 투사한 인물임을 선생님은 눈치채고 있었다. 나는 라하일란과 기사 아발론에 관한 끝없는 이야기로 피시 선생님을 즐겁게 했다. 하지만 두 사람이 연인 관계임을 분명하게 밝힌 것은 이때가 처음이었다. 나는 두 사람이 궁정에서 사랑을 선언한 의식에 대해 이야기했다. 둘은 모두가 지켜보는 가운데 입맞춤을 하고, 이후 왕국 전역에서 결혼한 부부로 축복을 받게 된다.

이 뜻밖의 전개를 피시 선생님은 당연한 것처럼 받아들였다.

"너는 너만의 세계를 가지고 있어." 선생님이 부드러운 목소리로 말했다. "아홉 살 때 네가 미술상을 받았을 때도 내가 그렇게 말했지? 입시 과목으로 미술을 선택하지 않아서 아쉽구나."

1년 전에도 이 문제에 대해 우리가 이야기를 나눈 적이 있는데, 당시 나는 입시 과목 세 개를 선택해야 했다.

"영어도 마찬가지고." 그는 오래전의 논쟁을 떠올렸다. "예술의 길이 네게 잘 맞을 텐데. 아니면 작가도 좋고. 또⋯⋯." 선생님은 무슨 생각이 막 떠오른 것처럼 잠시 말을 멈추었다. "배우라든지. 로저스Rodgers 선생님은 아직도 너의 '존 드 스토검버John de Stogumber(조지 버나드 쇼의 희곡 속 등장인물─옮긴이)' 연기를 극찬해. 매일 밤 관객 앞에서 통곡했던 너를⋯⋯."

나는 사이보그가 되기로 했다

"사람들 앞에서 운 것뿐인데요. 그건 갓난아기도 할 수 있어요."

"음, 로저스 선생님이 내년 연극에서 너를 주연으로 세울지도 몰라." 그러고 나서 선생님은 갑자기 봇물이 터진 듯 말을 쏟아내기 시작했다. "영화나 텔레비전 감독이 되어도 좋고!" 그의 얼굴에는 조바심과 당혹감, 그리고 배려가 동시에 떠올랐다.

"네게 아주 잘 어울릴 텐데." 숨은 의미를 어떻게든 전달하려던 선생님의 얼굴이 일그러졌다.

나는 선생님이 무슨 말을 하고 싶은지 알 것 같았지만, 그저 진로에 대해 이야기를 나누고 있었던 것뿐인 양 말을 이어갔다.

"알아요. 저는 연극반을 사랑해요. 그래서 가능하면 입시 과목으로 미술과 영어도 선택하고 싶었어요. 물론 지리와 역사도요. 전에도 말씀드린 적 있죠? 아무래도 시대를 잘못 태어났나 봐요. 레오나르도 다빈치 같은 사람에게 미술과 과학 중 하나를 고르라는 건 도무지 말이 안 돼요! 수학, 물리, 화학밖에는 선택할 수 없다니 너무하잖아요. 생물학조차 안 된다니요. 덕분에 의사가 되기는 글렀죠."

"예술의 길을 간다면······." 그는 말을 조심스럽게 고르기 위해 뜸을 들였다. "너처럼 생각하는 사람들을 더 많이 만날 수 있을 텐데."

"하지만 제 선택은 언제나 과학이었어요. 저는 일곱 살 때

과학은 마법으로 통하는 유일한 길이다

부터 아인슈타인의 시간 지연 공식을 외웠어요. 근사하게 들린다는 이유로 말이죠."

"그게 뭐지?"

"이동 속도가 빨라질수록 시간이 얼마나 느려지는지를 보여주는 상대성이론의 공식이에요." 선생님은 전혀 이해하지 못하는 얼굴이었다. "만일 지구에서 로켓을 타고 1년 동안 출발한 장소로 다시 돌아오는 여행을 한다고 쳐요. 첫 6개월 동안은 물체가 자유낙하하는 속도로 가속하고, 나머지 6개월 동안은 같은 속도로 감속하면, 출발한 지점으로 돌아왔을 때 제가 아는 사람은 모두 죽었을 거예요. 그동안 지구에서는 100년이 흘렀기 때문이죠. 마법 같지 않나요? 하지만 실제로 그래요. 그래서 제가 과학을 좋아하는 것이고요. 설명할 수 있다는 이유로 마법이 더 이상 마법이 아니게 되는 건 아니죠."

"내가 하고 싶었던 말이 바로 그거야, 피터! 넌 과학의 길을 가려고 해. 하지만 낭만과 사랑, 마법의 세계에 있는 걸 더 좋아하지. 이 모두는 과학의 정반대야!"

"그게 포인트예요. 저는 두 가지가 정반대라고 생각하지 않아요. 같은 것을 바라보는 다른 관점일 뿐이에요."

대화가 잠시 중단되었다. 선생님은 패배를 인정한 듯 이번에는 선의의 경고를 했다. "너처럼 세상을 보는 사람이 그리 많지 않다는 건 알지?"

그 말을 사실로 받아들여야 하는지, 칭찬으로 받아들여

야 하는지, 아니면 비판으로 받아들여야 하는지 알 수 없었다.

"상관없어요! 그런 사람을 알아볼 수 있는 간단한 방법을 만들어놨거든요. 저는 그걸 '캐멀롯 테스트 Camelot Test'(캐멀롯은 아서 왕의 궁궐이 있었다는 전설의 고을—옮긴이)라고 불러요."

선생님은 '계속해봐'라는 뜻으로 눈썹을 치켜올렸다.

"캐멀롯 성에 산다면 선생님은 누가 되고 싶으세요? 아서 왕이에요, 아니면 랜슬롯 Lancelot이에요?"

"대부분이 아서 왕을 선택하지 않을까?"

"아마도요. 하지만 저는 마법사 멀린 Merlin을 선택할 거예요……."

선생님의 얼굴에 미소가 번졌다. "무슨 말인지 알겠구나. 그냥 한 번 더 확인해두고 싶었을 뿐이야." 선생님은 손목시계를 보았다. "그런데 하우스 대항 펜싱 경기에 나간다고 하지 않았나?"

나는 시계를 확인했다. "이런!"

"괜찮아, 어서 가봐."

나는 가방을 움켜쥐고, 반세기가 지난 지금도 여전히 인생의 가장 큰 트라우마로 남아 있는 일을 향해 정신없이 뛰기 시작했다.

과학은 마법으로 통하는 유일한 길이다

1년에 한 번씩 우리 학교에서는 여섯 개 하우스가 겨루는 펜싱 토너먼트를 개최했다. 잠시 후면 그 시합이 열릴 터였다. 나는 선수로 출전했는데, 난감하게도 아직 교복 차림이었다.

나는 인기척이 거의 없는 펜싱장 탈의실로 달려가 선반에서 펜싱 장비가 든 가방을 내려놓고 옷을 갈아입기 시작했다.

"멋지게 늦었군." 그곳에서 어슬렁거리던 (훗날 오페라 감독이 된) 앤서니가 평소처럼 밉살스럽게 한마디를 툭 던지며 반가운 미소를 지었다.

"무슨 짓을 해서라도 니컬슨Nicholson을 꼭 이겨!"

건장한 체격의 앤서니는 나보다 한 살 위였고, 다른 하우스 소속이었다. 부모님은 헝가리인이고(그의 어머니는 과거 아우슈비츠에 있었다), 과학에 관심이 없었으며, 법률가가 될 예정이었다. 펜싱에는 별로 신경 쓰지 않았다. 여자 친구는 하나가 아니라 둘이었고, 내 절친한 친구였다. 많은 점에서 서로 달랐지만 우리는 잘 맞았다. 앤서니는 고약한 흉내쟁이이기도 했다.

"스콧!" 우리가 둘 다 싫어하는 하우스 사감의 말투를 과장되게 흉내 내며 앤서니가 외쳤다. "또 지각이군! 넌 하우스의 수치, 학교의 수치, 세상의 수치야."

우리 둘은 한바탕 웃음을 터뜨렸다. 나는 흰색 펜싱 재킷의 마지막 어깨 단추를 채웠다. "다 된 거지?"

앤서니가 빠르게 내 장비를 점검했다.

"흰옷을 걸친 미의 화신." 그의 결론이었다. "건투를 빌어!"

"니컬슨을 이길 자신은 없지만, 그래도 형편없이 지지는 않을게……."

나는 마스크와 검(플뢰레)을 움켜쥐고 경기장으로 뛰어들어갔다.

✳

그로부터 약 두 시간 후, 나는 니컬슨과의 결승전에 진출했다. 나보다 한 살 위인 니컬슨은 펜싱부 주장이었다. 그는 확실히 나보다 센 상대였지만, 펜싱 코치는 우리가 토너먼트에서 만나지 않도록 대진표를 조절했다. 내가 결승까지 올라갈 수 있었던 건 그 덕분이었다.

막상 마주 서보니, 나는 그날따라 컨디션이 최고였던 반면, 니컬슨은 컨디션이 좋지 않았다. 경기는 접전이었고, 연장전에서 1점을 먼저 얻는 쪽이 승리하게 되었다. 연장전이 시작되기 전 나는 코트 가장자리에서 대기하는 동안 마스크를 벗고 숨을 거칠게 몰아쉬며 숨고르기를 했다. 어떻게 하면 이길 수 있을까? 지금까지 내가 시도한 모든 작전이 간파당했다. 니컬슨은 빠르고, 영리하고, 경험이 많았다. 그가 먼저 득점할 게 뻔했다.

나는 숨을 깊이 들이쉬며 진정하려고 애썼다. 생각을 해! 펜싱은 본질적으로 초고속 체스 게임이다. 점수를 얻으려면 반격할 기회를 잡을 때까지 상대의 검을 막아내야 한다. 이를 파라드-리포스트parade-riposte라고 한다. 막아내는 방법은 기본적으로 두 가지뿐이다. 상대방의 검을 옆으로 쳐내거나, 원을 그리며 상대방의 검을 다른 방향으로 튕겨내는 것이다. 문제는 상대방도 내가 어떻게 나올지 알고 방해하기 위해 온갖 수를 쓴다는 것이다. 게다가 니컬슨의 움직임은 매우 빨랐다. 과연 그를 앞지를 수 있을까?

그때 니컬슨의 경기 패턴이 떠올랐다. 그는 경기를 시작한 직후에는 비교적 임의적으로 검을 쓴다. 하지만 궁지에 몰려 본능에 의지하게 되면 원을 그리는 '파라드'를 선호하는 경향이 있다. 아무튼 이제 시간이 됐다. 마스크를 써야 했다.

"앙가르드en garde('준비'라는 뜻―옮긴이)! 알레allez('시작'이라는 뜻―옮긴이)!"

심판의 신호가 떨어지자마자 나는 파라드와 리포스트를 연달아 몰아치며 강하게 공격했다. 폭발적인 동작에 모든 에너지를 쏟아 넣었다. 그런 식의 공격은 30초 이상 계속할 수 없다는 것을 알고 있었다. 모 아니면 도였다.

나는 공격적으로 전진하며 니컬슨을 피스트piste(펜싱 경

나는 사이보그가 되기로 했다

기를 하는 코트—옮긴이) 끝으로 몰아붙였다. 그때 내가 기다리던 순간이 왔다. 니컬슨이 원을 그리는 파라드를 두 번 연서푸 시도했다. 나는 그가 세 번째 파라드를 할 것이라 예상하고 먼저 피했다. 그러고 나서 그의 검을 쳐내며 런지 공격 (달려들어 찌르는 공격—옮긴이)을 했다.

니컬슨은 뒤로 펄쩍 뛰어 간신히 내 칼끝을 피했다. 하지만 나는 긴 다리와 엄청난 속도로 런지 공격을 가했고, 그 가속에 내 상체가 앞으로 떠밀렸다. 그 순간 지체 없이 오른쪽 다리로 무게중심을 옮겨 10센티미터 정도의 거리를 더 얻을 수 있었다.

"투셰touché('찔렸다'는 뜻—옮긴이)!" 코치가 나만큼이나 흥분된 목소리로 외쳤다. 그 소리가 들리자마자 나는 마스크를 벗어 던졌다. 우리 둘은 악수를 했다. 니컬슨이 웃으며 축하 인사를 건넸다. 경기장에서 환호성이 터져 나오고, 모두가 이쪽을 향해 몰려오고 있는 게 어렴풋이 보였다.

"잘했어, 스콧! 넌 주장이 될 자격이 있어." 니컬슨은 진심인 듯했다.

나는 의기양양했고, 굉장히 자랑스러웠다. 사립학교 대항 펜싱 대회에서 준준결승전에 진출한 후부터 니컬슨의 후계자가 될 거라는 이야기를 들어왔다. 앞으로 한 달 후면 대학 입시가 시작되기 때문에 니컬슨은 시험에 집중해야 했다. 하지만 그는 지금 이 자리에서 비공식적으로 바통을 넘겨준 셈이었다.

과학은 마법으로 통하는 유일한 길이다

그때, 거구에 백발이 성성하고 위협적인 모습의 우리 하우스 사감이 사람들을 헤치고 다가왔다. 내게 마지못해 축하를 건네려는 것이려니 생각했다. 하지만 그는 내 시선을 피하며 펜싱 코치에게 뭔가 신호를 보냈다. 두 사람은 걸어나가더니 경기장 한쪽 구석에서 어깨를 맞대고 무언가를 이야기하기 시작했다. 한편 결승전을 지켜본 모든 사람이 니컬슨과 내 주변으로 모여드는 바람에 나는 사감이 돌아오는 것도 몰랐다.

　"스콧! 따라와."

　사감을 따라 경기장을 떠난 나는 탈의실로 향했다.

　"그건 여기 두고." 사감이 내 왼팔 겨드랑이에 끼고 있던 검과 마스크를 가리켰다. 그런 다음 내가 따라오는지 확인조차 하지 않고 밖으로 뛰어나갔다.

　우리는 아무 말 없이 교정을 걸었다. 테니스장까지 왔을 때, 사감이 내 무언의 질문에 답을 해주었다.

　"교장실로 가는 거야!"

　이건 완곡한 표현이었다. 신참, 고참을 막론하고 우리 학교 교사들은 자신에게 부여된 자율성을 중시했다. 하우스 사감은 이런 경향이 워낙 강해서 광범위한 체벌 권한을 내려놓지 않았다. 몇몇 교사, 특히 늙은 교사 대부분은 밑창이 딱딱한 슬리퍼나 낡은 운동화로 체벌을 계속했다. 하지만 요즘 '매질'은 교장만이 할 수 있었다. 사실 학생 대부분은 매질을 조회 시간에 나타나는 것 외에 교장이 하는 유일한 역할로 인식하고 있었다.

나는 걸음을 늦추지 않았지만 갑자기 구역질이 치밀었다. 나도 모르게 입이 힘없이 벌어졌다.

"이유를 여쭤봐도 될까요?"

"징계 문제야." 하우스 사감이 한마디를 툭 내뱉었다.

# 장애인으로 살다

The Disabled

내가 받은 난해한 혈액검사들은 모두 '이상 없음'으로 나왔다. 긍정적으로 보면, 혈액검사로 알아낼 수 있는 거의 모든 질환을 깨끗이 배제한 것이고, 부정적으로 보면 내 몸 어딘가에 이상이 있는데도 더는 시도해볼 검사가 남아 있지 않은 것이었다. 내 몸의 이상은 이미 다리가 심하게 떨리는 수준을 훨씬 넘어섰다. 나는 멕시코에 있는 마야 피라미드 사원의 계단을 오르는 것도 생사가 달린 문제일 정도로 쇠약해졌다.

처음 증상이 나타나고 6개월 후, 오른발 일부에 생긴 마비는 이제 무릎까지 올라갔다. 게다가 마비는 좌우대칭의 양상을 띠었다. 즉, 오른쪽 다리에서 증상이 나타나면 왼쪽 다리에도 그대로 되풀이되었다. 어느 날 프랜시스와 함께 노르웨이의 피오르fjord를 탐방하면서 나는 내가 눈에 띄게 절뚝거리며 걷고 있다는 것을 알았다.

영국으로 돌아와보니, 담당 의료진은 수만 늘어났을 뿐 내 병에 대해서는 여전히 알아낸 게 없는 듯했다. 그래도 제외된 병명의 목록이 엄청나게 길어졌으니 다행이라고 해야 할지. 아무튼 진단을 내리지 못해 점점 더 난처해진 의사들은 차선책으로 시선을 돌렸다. 그들은 희귀한 증상에 걸맞은 인상적인 병명을 붙이기로 무언의 합의를 했다. 그때부터 내 공식적인 병명은 '강직성 하지마비spastic paraparesis'로 기록되었다. 쉽게 말해, 다리 근육이 경직되면서 부분적으로 마비가 왔다는 뜻이다.

이 명칭은 학창 시절 같은 반 친구였던 포스터와 그 패거리를 재평가하는 계기가 되었다. 포스터와 소수지만 목소리가 큰 그의 추종자들은 나를 '발작하는 호모queer spastic'라고 불렀다. 당시는 유치하기 짝이 없는 조롱이라고 생각했지만, 지금 생각하면 '희귀한 경련'이라는 뜻도 있으니 너무나 정곡을 찌르는 말이었다.

이 무렵 프랜시스와 함께 외출할 때면 그가 비틀거리는 내게 팔을 빌려주는 일이 점점 잦아졌다. 나는 거기에 큰·의미를 부여하지 않으려고 애썼다. 어른이 되고부터 줄곧 인생을 함께한 커플이 보이는 무의식적인 제스처로 치부했다. 실제로 나처럼 남편을 붙잡고 걷는 할머니들의 모습을 자주 보았고, 내 부모님도 그랬으니까.

그렇다 해도 당시 부모님은 90대였다. 나는 아직 50대였고, 더구나 겉으로는 멀쩡해 보였다. 지나가는 사람들의 얼굴에서 연민의 표정이나 언뜻 스치는 혐오를 느낄 때마다, 나는 그들이 우리 둘을 벤치를 향해 바닷가 산책길을 걷는 노부부처럼 보지 않는다는 것을 알아차리기 시작했다. 장년의 게이 커플로조차 보지 않았다. 사실은 우리를 커플로 여기지도 않았다. 프랜시스는 이제 어느 모로 보나 내 간병인이었다. 불과 몇 달 만에 나는 지적장애를 앓고 있는 사람이 되어 있었다. 이것이 '장애인' 대열에 끼게 된 나의 첫 경험이었다. 사실을 받아들이기까지 적어도 넉 달이 걸렸다. 아무리 봐도 그냥 지나가는 일시적 증상은 아닌 듯했다. 장애인의 힘든 생활을 조금 체험한 후 원래의 생활로 돌아가는 것이 아니라, 앞으로도 죽 이렇게 살아야 할지도 몰랐다. 나는 용기를 내어 절친한 친구(물론 프랜시스)에게 내가 장애인이 될지도 모른다고 말했다. 게다가 심각한 장애일 수도 있다고. 프랜시스는 이미 알고 있다고 대답했다. 천만다행이라는 생각이 들었지만, 그렇다고 해도 큰 문제였다. 우리는 우리 앞에 가로놓인 무지와 편견에 다시 한번 정면으로 맞설 결의를 다졌다. "다리에만 문제가 있으니 얼마나 다행이야"라고 너스레를 떨면서 말이다.

장애인임을 커밍아웃하는 것은 게이임을 커밍아웃하는 것과 큰 차이가 있었다. 모두가 대체로 친절하게 반응했다. 그럴 때마다 '싫을 것도 없잖아?' 하고 생각했다. 그러던 어느 날 지중해의 이비자Ibiza섬에서 이 특별한 이타적 인간애를 몸소 체험하게 되었다.

그때 프랜시스와 나는 자동차가 분주하게 오가는 도로의 횡단보도를 아주 느린 속도로 건너가고 있었다. 프랜시스의 팔을 붙잡은 내가 아직 건너고 있을 때, 활기 넘치는 청춘들의 속도에 맞춰진 신호등이 공격적으로 삑삑거리며 우리를 재촉했다. 반쯤 건넜을 즈음에는 우리와 동시에 길을 건너기 시작한 무리에서 한참 뒤처져 있었다. 우리와 함께 도로에 남은 사람은 검은 상복을 입은 주름진 노부인뿐이었다. 우리 앞에서 걷고 있던 노부인은 차에 깔리기 전에 길을 건너려고 안간힘을 쓰는 것처럼 보였다.

이때 신호등이 바뀌었다. 차들이 일제히 시동을 거는 소리가 들려왔고, 스쿠터 두 대가 윙 하는 소리를 내며 아직 노란불인데도 나를 향해 경쟁하듯 무섭게 달려왔다. 우리와 함께 길을 건너던 (이 고장의 냉엄한 교통 사정에 익숙한 사람임에 틀림없는) 노부인이 이 순간 어떻게 했을까? 거북이가 갑자기 전력 질주하듯 속도를 냈다 해도 전혀 이상할 게 없었다. 폭주하는 스쿠터가 뒤따라오는 우리를 치든 말든 우리보다 빨리 건너가기만 하면 되니까.

하지만 노부인은 그렇게 하지 않았다. 자동차 소리가 점점 시끄러워지는 가운데 가던 길을 멈추고 우리 쪽을 돌아보더니 내 한쪽 팔을 움켜잡았다. 그러고는 프랜시스와 함께 나를 안전하게 에스코트했다. 마치 불청객을 데리고 나

과학은 마법으로 통하는 유일한 길이다

오는 보안 요원처럼 당당했다. 나를 길 끝까지 무사히 데려다준 노부인은 프랜시스를 보고 이가 빠진 잇몸이 드러나게 히죽 웃었다. 그러곤 스페인어로 몇 마디 중얼거리더니 그대로 돌아서서 비틀거리며 걸어갔다. 나와는 한 번도 눈을 맞추지 않았다. 이 일은 내게 분기점이 되었다. 나는 나도 모르는 사이에 인생의 중대한 전환점을 두 개나 통과한 셈이었다. 하나는 타고난 머리 덕분에 적어도 존재 자체는 받아들여지던 내가 이제는 존재조차 인정받지 못하는 사람이 되었고, 또 다른 하나는 왜소한 할머니의 손을 빌려 길을 건너야 하는 단계에까지 이른 것이었다.

뭔가 방법을 찾아야 했다. 나는 가장 먼저 도구의 도움을 받는 방법을 떠올렸다. 그리고 얼마 지나지 않아 보행 보조 장치는 이미 빅토리아 시대 말 신사들의 지팡이에서 정점에 도달했음을 알았다. 그 지팡이의 우아하면서도 정교한 디자인을 능가하는 건 없었다. 영국에 돌아온 후 물리치료사에게 부탁해 국립보건서비스NHS에서 제공하는 보행 지팡이를 빌렸을 때 그 점을 확실히 깨달았다.

그 지팡이는 기본적으로, 길이를 조절할 수 있는 굵은 알루미늄 파이프였다. 꼭대기에는 딱딱한 회색 플라스틱 손잡이를 달았고, 끝에는 커다란 고무 덮개를 끼웠다. 그것은 놀랍도록 무거운 데다 안정감이 없어서 조금만 체중을 실으면 손잡이가 흔들렸다. 전체적으로 볼 때 아르바이트 배관공이 디자인한 것처럼 형편없었다.

지팡이를 잡고 흔들자 파이프 안에서 달그락 소리가 났다. 그것을 짚고 걸을 때도 딸깍 소리가 났다. 무엇보다 신경 쓰이는 것은 애처롭게 삐걱거리는 것이었다. 그 디자인을 승인한 이는 그것을 실제로 사용할 일이 없는 사람이었음이 틀림없다. 반면에 내가 방금 구입한 흑단 지팡이는 손잡이 부분이 은이고 오래된 것이지만 완벽한 안정감을 주었다. 그것은 셜록 홈스 시대의 디자인으로 세련되고 점잖은 소리가 났다. 120년이 지난 지금의 보행 보조기와 비교해도 전혀 손색이 없었다. 현대의 보행 지팡이는 (생김새는 그렇다 치고) 제대로 작동하지도 않았다.

지팡이를 들고 처음 산책을 나간 날은 내게 매우 상징적인 순간이었다. 나는 실제로 남들을 약간 의식하며 걸었을 것이다. 아니면 단지 다리를 절뚝거렸을지도 모른다. 어느 쪽이든, 나는 이제 누가 봐도 장애인이 분명했다. 실제로 행인들은 나를 흘깃 쳐다보았고, 눈이 마주치면 미소를 지었다. 지팡이라는 신분증의 효과는 놀라웠다.

과학은 마법으로 통하는 유일한 길이다

# 고통

Pain

어떻게 교장실 밖에 있는 대기실까지 갔는지 전혀 기억나지 않는다. 유일하게 기억나는 장면은 회전문을 열고 불쑥 들어간 하우스 사감이 먼저 와 있는 두 소년을 보고 얼굴을 찌푸렸다는 것이다. 둘은 그 좁은 방에서 고개를 떨구고 있었다.

벽에 놓인 벤치에 걸터앉아 있는 소년은 나와 같은 학년인 롤링스Rawlings였다. 그는 빨간색과 파란색이 섞인 럭비복을 입고, 운동장에서 방금 온 듯 흙투성이 신발을 신고 있었다. 롤링스 옆에는 내가 사랑하는 친구 코너가 흰색 체육복 차림으로 앉아 있었다. 크로스컨트리 경주에서 막 돌아온 모양이었다. 두 소년은 순간 고개를 들어 갑자기 들이닥친 침입자를 향해 놀란 표정을 지었다. 하지만 몇 초간 나와 의미 있는 눈 맞춤을 한 후 둘은 다시 고개를 숙이고 애써 의연한 척했다.

키와 몸집이 커서 실제보다 두 살이나 많아 보이는 롤링스는 감정을 드러내지 않았다. 한편 나보다 작은 꼬마 코너는 금방이라도 울 것 같은 표정이었다. 측은한 마음이 들었다. 하우스 사감은 마치 방 안에 아무도 없는 것처럼 가만히 서 있었다. 교장실 방음문을 통해 누군가를 일방적으로 야단치는 둔탁한 소리가 흘러나왔다.

그때 갑자기 문이 열렸다. 거기엔 벨체임버Bellchamber가 서 있었다. 벨체임버는 롤링스만큼이나 체격이 건장하고 그와 똑같은 럭비복을 입고 있었다. 하지만 롤링스와 달리 다리에 털이 많고 눈에는 눈물이 가득했다. 그 뒤에는 교장이 서 있었다. 늙은 그는 큰 키에 말랐고, 듬성듬성한 머리카락은 백발이 성성했으며, 뱁새눈에 피부는 파충류처럼 거칠었다.

"다음!"

롤링스가 앞을 똑바로 바라보며 일어섰다. 교장이 벨체임버의 어깨를 밀어 밖으로 내보냈다. 벨체임버는 절뚝거리며 나왔다. 무릎을 구부릴 수 없는지 다리가 말을 듣지 않았다. 그는 롤링스를 보며 거의 알아챌 수 없게 슬며시 고개를 가로저었다. 좋은 징조가 아니었다. 도톰한 짙은 남색의 럭비 반바지는 매질하기에 적합하지 않았을 테니 그는 아마 바지를 내려야 했을 것이다.

과학은 마법으로 통하는 유일한 길이다

롤링스가 들어가자 문이 닫혔다. 둔탁한 설교 소리가 들렸다. 그러고는 정적이 이어졌다. 나는 가슴이 쿵쾅거리고 얼굴이 얼어붙었다.

철썩!

정적이 흐른다.

철썩!

다시 정적이 흐른다. 나는 몸이 달아오르고 구역질이 치밀었다.

철썩! 그리고 거의 동시에 들리는 고통스러운 외침.

정적이 흐른다.

내 왼쪽에서 흐느끼는 소리가 났다. 나는 그를 보았다. 사랑하는 코너는 겁에 질려 있었다. 안아주고 싶었다. 그를 보호하라고 내 본능이 소리쳤다. 코너는 너무 여려서 금방이라도 부서질 것만 같았다. 1년 전부터 나는 그에게 빠져 있었지만, 이 순간은 절망적일 정도로 비참할 뿐이었다. 나 역시 겁에 질려 있었기 때문이다.

매를 맞는 건 처음이지만 친구들을 통해 그게 어떤 건지는 잘 알고 있었다. 먼저 의자를 잡고 엎드린 후 창밖을 보며 기다린다. 기다리는 순간이 최악이라고 모두가 입을 모아 말했다. 그때 첫 번째 매질이 온다. 맞을 때도 아프지만 2초 후에는 못 견디게 쓰라리다. 두 번째 매질이 온다. 아무리 강한 소년도 이 단계에서는 울음을 터뜨린다. 그리고 다시 세 번째 매질이 온다. 대개는 한참 시간이 지나서. 이때가 되면 대부분의 소년은 소리를 지른다. 하지만 그 후 재빨리 일어나 손을 내밀고 교장과 악수를 한 후 이렇게 말해야 한다. "감사합니다, 선생님."

그때 문이 열렸다. "다음!"

코너가 창백하고 가느다란 두 다리로 일어섰다. 하지만 일어선 채 꼼짝도 하지 않았다. 몸이 굳어버린 듯했다. 롤링스가 뻣뻣하게 교장실에서 나왔다. 얼굴이 발갛게 달아올랐지만, 코 주변에는 피가 빠져나간 것처럼 이상하게 흰 반점들이 있었다. 롤링스가 느릿느릿 새 같은 걸음걸이로 대기실로 걸어 나올 때, 럭비 신발에 박힌 징 때문에 타닥타닥 소리가 났다. 코너는 아직도 굳어 있었다.

"어서 오지 않고 뭐 해!" 하우스 사감이 전에 없이 신경질을 냈다. 교장은 코너를 흘긋 보더니 눈살을 찌푸렸다.

코너가 움직였다.

나는 여전히 공포에 질려 있었지만, 내 인생에서 처음으로 공포를 능가하는 강한 감정을 느꼈다.

현실에 대한 분개. 부당함에 대한 분노. 잔인한 제도에 대한 증오.

이상하게 차분해지면서 공포가 무뎌졌다. 연약한 코너와 나 자신을 피할 수 없는 현실에서 구하기 위해 할 수 있는 일이 아무것도 없다는 무력감에도 불구하고 나는 결의, 책임감, 기꺼이 희생하겠다는 각오, 솟구치는 힘이 생기는 것을 느꼈다.

과학은 마법으로 통하는 유일한 길이다

나는 뒤범벅된 낯선 감정 앞에서 어찌할 바를 몰랐다. 어쨌든 공포 외에 다른 감정을 느끼고 있다는 것이 고마울 따름이었다. 하지만 코너가 교장실로 떠밀리듯 들어간 후 문이 닫혔을 때 나는 깨달았다. 할 수만 있다면 기꺼이 코너 대신 벌을 받았을 것이다. 나는 코너를 아꼈고 코너보다 강했다. 각성한 나의 마음 한쪽은 '힘에는 책임이 따른다'고 외치고 있었다. 반면 나머지 한쪽은 '네가 할 수 있는 건 아무것도 없다'고 소리쳤다.

문밖으로 흘러나오는 훈계 소리를 들으며 나는 이를 악물었다. 그 후 정적이 이어지자 얼굴이 굳어졌다.

철썩! 그리고 비명 소리가 들렸다.

분개.

철썩! 비명 소리가 더 크게 들렸다. 하우스 사감이 무관심하게 시계를 확인했다.

분노.

분노.

분노.

철썩! 외마디 비명이 들렸다.

증오.

나는 부글부글 끓고 있었다. 분개. 분노. 증오. 설마 이것이 마지막…….

철썩! 이번엔 다급한 비명 소리였다.

오, 안 돼! 젠장, 어떻게 저럴 수가 있지?

철썩! 신음이 흐느끼는 소리로 바뀌었다.

난 당신을 증오해!

흐느껴 우는 소리가 계속 이어졌다.

나는 온몸으로 당신을 증오해.

철썩! 새된 비명 소리에 이어 좀처럼 들을 수 없는 열여섯 살 소년의 속절없는 울음소리가 들렸다. 음역은 테너와 보이소프라노 사이를 왔다 갔다 했다. 목청껏 울던 어린 시절로 돌아간 것처럼.

제발! 하느님, 부탁이에요. 더 이상은 안 돼요! 나는 믿지도 않는 신에게 애원했다.

제발! 부탁이에요.

뭐라고 중얼거리는 소리가 들렸다.

코너의 고통은 이제 끝난 것일까? 우는 소리는 더 이상 들리지 않았다.

정적이 이어졌다.

중얼거리는 소리가 커졌다.

그러고 나서 문이 열리더니 아름다운 코너가 나왔다. 이제 그렇게 아름답지는 않았다. 입꼬리가 처져 난생처음 보는 반원 모양을 그렸다. 초록색 눈은 핏발이 서고, 창백한 뺨은 눈물로 얼룩져 있었다. 코너로서는 더욱 굴욕적이게도 우리 앞에서조차 눈물이 멈추지 않았다.

마음 같아서는 당장이라도 코너를 끌어안고 입맞춤으로 눈물을 닦아주면서 "이제 괜찮다" "다시는 이렇게 두지 않

과학은 마법으로 통하는 유일한 길이다

겠다” “너를 지켜주겠다”고 말하고 싶었다.

하지만 우리는 몇 초간 눈을 마주쳤을 뿐이다. 나는 연민을 담은 미소와 가벼운 고갯짓으로 어떻게든 내 마음을 전하려고 애썼다. 코너도 내 마음을 알고 아무도 눈치채지 못하게 고개를 끄덕인 후, 눈길을 돌려 밖으로 걸어 나갔다.

코너는 자유를 향해 천천히 걸어갔다. 그가 회전문에 이르러 내게 등을 보인 채 멈추어 문을 밀 때, 나는 그의 바지 한쪽에 희미한 핏자국이 번져 있는 것을 보았다.

나는 내색하지 않으려 했지만, 마음을 다스리느라 경황이 없어서 표정까지는 신경 쓸 여력이 없었다. 교장은 언제나 이 담장 안 세계의 절대적 지도자였다. 하지만 이제는 잔인한 공포정치를 하는 전제군주로 보였다. 그때까지 이 기득권이 선량하고, 가치 있고, 공정하다고 교육받고 세뇌되었다. 하지만 갑자기 기득권이 가하는 조직적인 괴롭힘과 잔인함을 본 것이다. 게다가 아무도 저항하지 않았다. 혐오감이 밀려왔다.

나는 곧 닥칠 일 앞에서 내가 할 수 있는 일이 아무것도 없다는 것을 잘 알았다. 하지만 전장에 나가는 마법사 라하일란과 기사 아발론처럼, 순순히 항복하지는 않을 것이다. 저들이 내 두려움을 알아채게 하지는 않겠다. 나는 굴복하지 않을 것이다. 나는 강해질 것이다. 코너를 위해.

나는 고개를 들고 교장을 똑바로 보았다.

“다음!”

# 충격적인 전개

Shocking Developments

진단이 계속 내려지지 않자 나도 기다림에 지치기 시작했다. 우리는 깜박이는 불빛, 전극, 그리고 컴퓨터 스크린 같은, 할리우드 영화에나 나올 법한 장치들로 몇 가지 최첨단 검사를 해보기로 했다. 그것은 '소년 피터'의 호기심을 자극했다.

첫 번째 검사는 불빛만 깜박거릴 뿐이었다. 시각유발전위VEP 검사로, 눈에서 뇌까지 신경 전달이 정상적으로 이뤄지고 있는지 조사하는 것이다. 다발성경화증을 진단하는 데 주로 쓰이는 것이므로 이 검사를 하는 것은 당연하다는 생각이 들었다. 나는 내 병이 다발성경화증이라고 의심해왔기 때문이다. 현재로서 그것에 필적하는 후보는 별로 남아 있지 않았다.

과학은 마법으로 통하는 유일한 길이다

기술자가 와서 굉장해 보이는 전극들을 내 머리에 달고 한쪽 눈을 가리더니 밖으로 나갔다. 나는 조용한 방에 혼자 앉아 패턴을 몇 가지로 바꿔가며 깜박이는 불빛을 한쪽 눈으로 쳐다보았다. 기술자가 다시 방으로 들어오더니 이번에는 다른 쪽 눈을 가렸다. 옛 소련 시절에 했던 세뇌 실험은 분명 이런 느낌이 아니었을까 싶다.

그다음에는 체성감각유발전위SSEP라는, 훨씬 더 굉장하게 들리는 검사였다. 이것은 손과 발을 포함해 몸의 각 부위에서 뇌로 신경 전달이 제대로 되고 있는지 확인하는 검사였다. 이 검사 역시 옛 소련 시절의 심문 기법에서 유래한 것이 분명했다. 몸 여기저기에 전극을 붙여놓고 거짓말이나 비밀을 캐냈을 것이다.

그런 생각을 하고 있을 때 갑자기 전기 충격이 시작되었다. 그럭저럭 참을 만한 날카로운 자극이 1초에 2회쯤 가해졌다.

"어때요?" 의사가 물었다. 갓 의사 자격증을 딴 사람의 열정을 보여주는 꽤 젊은 여자였다.

"괜찮아요." SSEP에 대한 이런저런 평판을 들었지만 이 정도라면 문제가 없을 것 같았다.

"좋아요! 이건 테스트예요. 실제 검사의 절반쯤 전압을 가한 거예요. 하지만 환자분은 평균보다 키가 약간 커서 전압을 좀 더 높게 설정해야 할지도 몰라요. 좀 더 올려도 괜찮을까요?"

의사의 열정에 감화되어 나는 엉겁결에 "물론이죠"라고 대답해버렸다. 그 대가로 입을 악문 채 누워 있어야 했지만 말이다.

전기 충격의 힘을 결정하는 것은 전류와 전압인데, 전류는 너무 크면 사람을 죽일 수 있지만 근육을 수축시키는 것은 전압이다. 열정적인 젊은 의사가 전압을 올리자 내 몸이 움찔하기 시작했다. 점점 더 불편해졌지만 아직 최대치에는 도달하지 않은 듯했다.

"긴장을 푸셔야 해요." 의사가 지저귀는 듯한 목소리로 말했다.

나는 농담인 줄 알고 의사를 뚫어지게 쳐다보았지만, 유감스럽게도 진심이었다.

"진담이세요? 저는 바퀴 달린 침대에 누워 전선에 연결되어 있고, 잠시 후 선생님은 전압을 한계치까지 올릴 거잖아요. 제가 평균보다 키가 크기 때문에 더 높이 올릴지도 모르죠. 이 와중에 긴장을 풀라고요?"

"네, 그렇게 하셔야 해요. 사실 이 검사에서 최상의 결과를 얻기 위해서는 환자분이 근육을 편안하게 이완한 상태에서 가능한 한 전압을 최대로 높여야 해요. 힘을 빼고, 근육이 움찔하도록 두세요. 그러면 됩니다. 준비되셨어요?"

'최상의 결과'라는 말의 마법에 걸려 '과학자 피터'는 이렇게 대답하지 않을 수 없었다. "물론이죠. 하세요!"

전압이 '불편한 수준'에서 '기억에 남을 만한 수준'으로 올

과학은 마법으로 통하는 유일한 길이다

라가는 동안 나는 이 검사에 대해 궁금한 것을 물어보려고 노력했다.

"한 번 검사하는 데 '전기 펄스electric pulse'를 몇 번이나 흘립니까?" 나는 불안한 마음을 들키지 않으려고 '충격' 대신 '전기 펄스'라는 말을 사용했다. 단순히 호기심으로 물어보는 척했지만, 마음속으로는 의사가 뭐라고 대답할지 전전긍긍했다.

"오, 600번 정도요." 의사는 태연하게 대답했다. "그 후에 부위를 바꾸어 다시 할 거예요."

"그렇군요. 총 몇 부위를 검사합니까?"

"네 군데예요." 의사는 마치 고문실에 있는 벽의 개수를 말하는 듯한 말투였다.

펄스의 강도는 이제 기억에 남을 만한 수준을 넘어 '잊을 수 없는 수준'으로 올라갔다. 나는 위안을 얻기 위해 검사 진행 상황을 물었다. 지금까지 적어도 5분은 전기 충격을 받은 것 같았다.

"첫 번째 부위를 검사하는 데 몇 분이나 더 걸릴까요?"

의사는 컴퓨터 스크린, 손잡이, 버튼 같은 고문 기구에서 눈을 떼며 싱긋 웃었다.

"걱정하지 마세요. 1분만 더 하면 끝나요. 자, 준비됐습니다……."

SSEP 장치에서 풀려나고 2주 후, 의사가 최선을 다했음에도 아무것도 발견되지 않았다는 공식 통보를 받았다. 짐작했던 바였다. 검사받는 내내 의사에게 말을 걸며 결과를 물어봤기 때문이다(참기 힘든 순간에는 질문하는 목소리가 갈라지기도 했지만). VEP 검사와 마찬가지로, 결과는 모두 '정상'으로 나왔다. 결국 패배를 시인하며 가도 좋다고 말할 때, 의사는 확실히 풀이 죽은 것처럼 보였다.

하지만 의료진이 거기서 만족할 리 없었다. 겨우 일주일 뒤 나는 다시 붙잡혀갔다. 다발성경화증이 아닌 것은 확인했지만, 다른 가능성을 알아보고 있다고 했다. 그게 뭐냐고 묻자 아직은 확실하지 않다고 대답했다. 그들은 "운동뉴런 장애가 아닌지 한 번 더 확실하게 확인"하고 싶어 했다. MRI 검사에서 이미 아니라고 나오지 않았느냐고 묻자, 그렇다고 대답했다. 그래도 뭔가를 놓쳤을 가능성이 있으니 근전도 검사EMG를 실시하겠다고 했다.

EMG는 신경근 질환을 진단하는 데 쓴다. 하지만 그 장치는 병원보다는 제임스 본드 영화에 훨씬 더 어울린다는 생각이 든다. 물론 제임스 본드의 동료 Q의 연구실이 아니라, 악당이 은신처로 삼고 있는 대저택을 말하는 것이다. 내가 무슨 말을 하고 싶은지 알 것이다. 높은 천장과 나무 패널 벽에 둘러싸인 '신사의 서재'에 그 장소와 어울리지 않는 일련의 최첨단 장비와 하얀 병원 침대가 놓여 있다. 그것은 당연히 고문 도구다. 고문을 가하는 사람은 화장기 없는 얼굴에 시대에 뒤떨어진 옷차림을 한, 섬뜩할 정도로 말이 없는 중년 여성이다.

놀랍게도 내가 지금 있는 장소가 바로 그런 곳이었다. 내가 갇혀 있는 악당의 비밀 은신처는 톤턴Taunton(잉글랜드 남서부 서머싯주의 도시―옮긴이) 교외의 작은 시골 병원으로 꾸며져 있고, 고문 기술자는 흰 가운을 입은 의사로 변장했다. 그녀는 정확히 어딘지 알 수 없는 동유럽 악센트로 조용히 말했다.

포로의 관점에서 보면, SSEP와 EMG는 '충격적'일 정도로 비슷하다. 차이가 있다면 단지 어떻게 전기 충격을 전달하느냐다. EMG는 아주 기본적인 유형의 고문이다. 전극을 몸의 노출된 한 부분에 테이프로 고정하는 것까지는 같지만, SSEP에서 뇌에 연결하는 연약한 전극들과는 차원이 다른, 전기가 흐르는 바늘을 사용한다. 그 바늘로 근육 여기저기를 번갈아가며 천천히 찌르는 것이다. 그러면 근육에 경련이 일어난다. 전기 충격이 계속되는 동안 경련이 멈추지 않는다.

앞서 SSEP를 실시한 의사에게 무슨 언질을 받았는지, 지금 내 앞에 있는 '고문의 천사'는 섬뜩한 형벌을 가하는 내내 나와 대화하길 거부했다. 그녀는 가만히 스크린을 쳐다보며 내 몸에 바늘을 꽂았다 뺐다 하더니, 바늘을 고정하고 충격을 주었다. 이윽고 만족한 듯 바늘을 빼내고, 다른 부위의 근육을 부드럽게 만진 후 거기에 천천히 바늘을 꽂았다. 내 발과 다리를 고문하는 것이 지루해질 때쯤, 그녀는 손과 팔로 관심을 옮겼다. 나는 팔에는 아무 문제가 없을 거라고 말하지 않았다. 내가 무슨 말을 해도 검사를 계속하리라는 걸 알았으니까.

✳

결과가 나왔을 때, 나는 이전의 어떤 검사보다 큰 관심을 가졌다. 전문용어로 가득한 다섯 장 분량의 결과지는 내 신경과 주치의에게 보내는 것이었다. 나는 내 것도 한 장 복사해 달라고 부탁했다. 3페이지까지 읽었을 무렵, 이번에도 검사 결과가 정상임을 알았다. 요컨대 나의 하위운동뉴런을 둘러싼 절연체에는 손상이 없었다. 따라서 운동뉴런장애일 가능성은 사라졌다. MRI 결과에서 확인한 그대로였다.

결과지에는 EMG 결과에 따라 제외된 몇 가지 병명이 나열되어 있었지만, 나는 이미 흥미를 잃기 시작했다. 그 목록에는 근위축성측삭경화증ALS도 있었다. ALS는 MND의 전문적인 명칭이다. 더 정확히 말하면 MND의 한 유형으로, 고약한 종류인 동시에 훨씬 더 흔한 종류였다. 미국에서는 루게릭병이라고 불렸다. 내가 지금까지 만난 의사들은 이런 학술적인 구분에 개의치 않고 MND와 ALS를 거의 같은

과학은 마법으로 통하는 유일한 길이다

의미로 사용하는 듯했다.

　따라서 나는 ALS도 MND도 아니었다. 그 점에는 놀라울
게 없었다. 그런데 결과지의 나머지 부분을 대충 훑어 내려
가던 중 한 대목이 내 시선을 붙들었다. 이건 뭐지? 거기 적
힌 문자가 갑자기 내 주의를 사로잡았다. 그것은 아직 후보
로 남아 있는 병명이었다. 지금까지 아무도 언급하지 않은
새로운 질병. 그 난해한 단어들의 조합은 한 번도 들어본 적
없는 원발성측삭경화증PLS이었다.

# 내 차례

My Turn

나는 처형장으로 걸어가는 왕자 같은 발걸음으로 교장실로 들어갔다. 격렬한 분노로 마음속의 원초적 공포를 억눌렀다. 두 가지 난폭한 힘은 의지력을 통해 간신히 균형을 유지했다. 나는 아직 어렸고, 마음의 평정을 유지하는 방법을 알지 못했다. 대신 소년 특유의 오만으로 그 순간을 버텼다. 나는 내 의지력을 믿었다.

하우스 사감이 뒤따라 들어오며 문을 닫았다. 뺨에 홍조를 띤 교장은 책상 쪽으로 걸어갔다. 그 책상 위에 '그것'이 있었다. 길이가 1미터에 가깝고 내 손가락만큼 굵었다. 그것은 고학년용 대형 회초리였다.

교장은 커다란 새시 창문을 등진 채 나를 향해 돌아섰다. 창밖에는 그때까지 내 세상의 전부였던 목가적인 사립학교

과학은 마법으로 통하는 유일한 길이다

의 풍경이 펼쳐져 있었다. 교장이 나를 흘끔 쳐다보았다.

"네!" 나는 엉겁결에 대답을 했다.

하우스 사감이 내 등 뒤에서 참견을 했다.

"교장님, 애는······."

"아, 알고 있어요. 스콧, 그건 혐오스러운 짓이야. 정말 실망이구나."

"네?"

교장은 나를 어떻게 하는 게 좋을지 생각에 잠긴 눈치였다. 한 번을 깜빡이지 않는 눈동자는 먹잇감을 덮치려는 뱀을 연상시켰다. 공격의 순간이 오자 교장의 목소리가 평소의 두 배로 커졌다.

"혐오스러운 것이 되고 싶은 거야, 스콧?"

'젠장!'

전혀 예상하지 못한 상황이었다. 나는 완전히 무방비상태였다. 〈레위기〉를 언급하는 것이 아닌 한 '혐오스러운 것'이라는 표현을 사람에게 쓰는 인간은 없었다.

"어떻게 생각하나?"

머릿속이 하얘졌다. 이 방에 불려올 수 있는 모든 이유 중최악이었다. 말 그대로, 빠져나갈 수 없는 상황이었다. 나는기계적으로 대답했다.

"절대 아닙니다, 선생님!"

교장은 내 말을 믿지 못하는 것인지, 아니면 단지 멸시를표현하려는 것인지 고개를 흔들었다.

"내가 듣기로는 그렇지 않던데, 스콧. 하우스 사감이 듣기로도 그렇고."

이것을 끼어들어도 좋다는 말로 받아들인 하우스 사감은 교장과 나란히 책상 앞에 섰다. 둘 사이에는 무슨 상징처럼 회초리가 가로놓여 있었다.

"이 학생에 대해 아주 부적절한 평판이 돌고 있습니다, 교장님. 같은 학년 학생들만이 아닙니다. 저학년 학생들도 저녁을 먹으며 그 일을 농담거리로 삼습니다. 역겨운 일입니다. 용납할 수 없는 본보기를 전교생에게 보여주고 있습니다, 교장님!"

내 뇌는 하우스 사감이 방금 내뱉은 말을 해독하기 위해 미친 듯이 돌아가고 있었다. 적어도 하우스 사감의 정보원이 누군지는 짐작할 수 있었다. 킹스 칼리지 스쿨은 주간 학교day school였지만, 소수의 학생은 기숙사에서 생활했다. 코너도 그중 한 명이었다. 당연히 코너가 나에 대해 농담을 했을 것이다. 우리 둘이 농담을 할 때처럼 말이다. 당연히 코너가 뒷담화를 했을 것이다. 나는 코너의 뒷담화를 듣는 것을 무척 좋아했다. 당연히 다른 학생들의 귀에도 들어갔을 것이다.

하우스 사감도 그것을 들은 것 같았다.

이는 코너의 잘못이 아니었다.

"스콧, 너도 알고 있지? 남색자sodomite는……." 교장은 이 단어를 한 음절씩 강조해서 발음했다. "혹은 캐터마이트cat-

과학은 마법으로 통하는 유일한 길이다

amite, 퀴어queer는……." 그는 짧은 단어 queer를 일부러 두 음절로 나누어 발음했다. "신과 인류에게 혐오스러운 것임을 알지?"

나도 모르게 회초리에 시선이 갔다. 나는 아무도 모르게 숨을 깊이 들이마시며 생각을 정리했다. 이건 대답하기 곤란한 질문이었다. '남자와 동침하는 자'는 《성경》에 딱 두 군데 나온다. 둘 다 《구약성경》이고, 둘 다 무관용으로 유명한 〈레위기〉이다. 〈레위기〉는 조개를 먹는 사람과 문신을 하는 사람도 '혐오스러운 것'으로 치부하고, 처녀가 아닌 신부와 반항적인 10대는 돌로 쳐 죽여야 한다고 주장한다.

"〈레위기〉에만 나오는 말입니다, 선생님."

"《성경》의 어디에 나오는지를 묻는 게 아니잖아! 그런 행동은 품위에 어긋나고, 신의 섭리를 짓밟는 역겨운 도착倒錯이야!" 교장은 잠시 말을 멈추었다. "너는 신을 믿겠지, 그렇지 않니?"

이 또한 대답하기 곤란한 질문이었다.

"저는 유감스럽게도…… 불가지론자입니다."

그것은 순전히 거짓말이었다. 불가지론자는 신이 존재하는지 확실히 알지 못한다고 말하는 사람이다. 열다섯 살 때 나는 신은 사람이 지어낸 것이라고 확신했다.

"아하!" 교장은 의기양양한 얼굴로 하우스 사감을 보았다. "왜 이 학생이 도덕적 나침반을 잃어버렸는지 알겠군요."

그러고는 다시 나를 보았다. "그럼 적어도 그것이 법에 저

촉된다는 건 알겠군!"

슬프게도 그 점은 사실이었다. 6년 전에 동성애가 합법화되었지만 어디까지나 성인, 그것도 사적인 공간에서의 행위로 한정되었다. 6년 전의 나는 그 일이 나와 관련 있다는 것을 막연하게 이해했을 뿐 제대로 알기에는 너무 어렸다. 스물한 살 생일은 까마득히 먼 미래였다.

"네, 선생님."

"특별한 조건에서는 이런 변태성욕자가 감옥에 가지 않는다는 말을 들었을지도 모른다. 하지만 너도 알겠지? 법에 저촉되지 않는다고 해서 용납되는 건 아니다."

교장은 마치 자신이 법을 해석하는 일에 전문가인 양 말하고 있었다. 나는 이 철학 문답에 솔직하게 답했다.

"아뇨, 그건 몰랐습니다."

이 말이 그의 노여움을 조금 누그러뜨린 듯했다.

"괜찮아, 스콧. 혼란스러울 수 있어. 다른 소년에게 강한 우정을 느끼는 것은 네 나이에 흔히 겪는 일이지. 하지만 그건 지나가는 감정이야. 열여덟 살이 되어 학교를 떠나면, 넌 여자를 만나 결혼할 테고, 그 여자는 네 아이를 낳고 집안을 돌보며 너를 기다릴 게다. 그리고 네 자연스러운 남성적 욕구에 부응할 거야. 그게 순리이고 진정한 남자의 삶이야."

그것은 '남자다움'에 대해 지금까지 교장에게 들은 가장 긴 연설이었다. 한마디 한마디가 불쾌해서 견딜 수 없었다. 그것이 나를 더 강하게 만들었다. 나는 교장을 우두커니 쳐

과학은 마법으로 통하는 유일한 길이다

다보았는데, 그러자 교장은 오히려 고무된 것처럼 보였다.

"반면에 동-성-애는 병이야. 성병 중에서도 최악이지. 인생을 비참하게 만들기 때문이야. 동성애는 바람직하지 않아. 안 그러냐, 스콧."

교장은 내게 이 위대한 진리에 대해 생각할 시간을 주려는 듯 잠시 말을 멈추었다. 그 기회를 이용해 나는 나 자신이 교장과 그의 생각, 그리고 교장 같은 사람을 권력의 자리에 앉히는 기성 체제를 얼마나 혐오하는지 생각했다.

"아뇨, 그것도 몰랐습니다, 교장 선생님."

"그렇군. 그럼 됐다." 교장은 본론을 마쳤을 뿐 아직 할 말이 끝나지 않은 것 같았다.

"우리가 같은 생각인 것 같아 기쁘구나. 알겠지만, 이건 인생이 걸린 선택이야. 너를 훈육하기 전에 이런 대화를 나눌 수 있어서 다행이다."

갑자기 심장이 쿵쾅쿵쾅 뛰었다. '차분하게 행동해. 각오한 일이잖아. 잠시 잊고 있었을 뿐이야. 마음을 굳게 먹어. 교장을 증오해. 코너를 잊지 마.'

"가혹한 벌이 될 게다, 스콧. 나는 네가 이 일을 오래 기억하길 바란다. 인생이 걸린 선택을 할 때마다 오늘의 일을 떠올리길 바라. 잘못된 선택을 하면 어떤 대가를 치러야 하는지 오늘의 고통을 통해 똑똑히 기억하거라. 오늘 이후로 네가 도덕적으로 올바른 인생을 살기를 바란다. 아프겠지만, 너는 오늘을 마음을 고쳐먹고 새 인생을 시작한 날로 기억할 거다. 알아듣겠니?"

'용기를 내자. 라하일란이라면 어떻게 할까?'

"네, 잘 알겠습니다."

교장은 책상 위에 놓인 회초리 쪽으로 몸을 돌렸다. 하우스 사감이 옆으로 비켜섰다.

'분개. 분노. 증오. 코너.'

하지만 이건 부당한 처사였다.

'용기를 내자.'

"스콧, 이 편지 말이다……." 교장이 다시 나를 보았다. 그는 손에 종이 한 장을 들고 있었다. "이건 너를 펜싱부 주장으로 추천하는 펜싱 코치의 편지야. 그렇게 될 일은 없을 게다. 너한테 우리 학교를 대표하는 직책을 맡긴다면 학생들에게 잘못된 신호를 보낼 수 있기 때문이야."

올 것이 왔다. 교장은 회초리 대신 몇 마디 말로 내 세계를 파괴했다. 교장이 소년들을 회초리로 때릴 때만큼이나 온 마음을 다해 나는 펜싱을 사랑했다. 그것은 내가 잘하는 단 하나의 스포츠였다. 교장은 그것을 알고 있었다.

'용기를 내자.'

"또한 연극반도 즉시 떠나거라. 너한테는 적절치 않은 길이야."

두 번째 회초리가 내 마음을 내리쳤다.

큰 충격을 받았지만, 내 뇌는 교장의 수법을 간파했다. 그의 공격 패턴을 해독했다. 교장은 말하는 사이사이에 뜸을

과학은 마법으로 통하는 유일한 길이다

들였다. 이제 세 번째 타격을 가하기 전임에 틀림없었다. 그는 울부짖지 않고는 견딜 수 없는 고통스러운 일격을 준비하고 있었다.

'용기를 내자.'

정적.

'용기를 내자.'

"마지막으로, 사안을 감안할 때 하우스 사감과 나는 너를 학생 대표로 선출할 수 없다는 데 의견 일치를 보았다. 아쉽구나. 나는 너를 내년 학생 대표 후보로 진지하게 생각하고 있었다. 네 부모님도 크게 실망하실 거다."

나는 멍했다. 순식간에 교장은 내게 중요한 모든 것을 아무렇지도 않게 파괴해버렸다. 나를 특별하게 만든 모든 것, 내가 자랑스럽게 여긴 모든 것을.

교장이 손을 내밀었다.

"이상이다."

매질은 끝났다.

나는 교장과 악수를 나누었다.

"감사합니다, 선생님."

# 발견

Self-discovery

내가 처한 상황을 찬찬히 돌아보았다. 8개월 동안 서서히 다리에 마비가 진행되었지만, 생각해볼 수 있는 모든 원인이 제외되었다. 뇌와 척추에 대한 MRI 검사는 모두 정상이었다. 점점 더 포괄적이고 난해해져가는 수많은 혈액검사도 이상이 없었다. 유전자 검사 결과도 문제가 없었다. VEP 검사와 SSEP 검사도 정상이었다. EMG(합법적인 고문)도 깨끗했다.

가능성을 하나씩 제거해나간 끝에 남은 것이 원발성측삭경화증, 즉 PLS였다. 운동뉴런장애, 즉 MND 중에서 흔치 않은 종류이고, 진행이 느리며, 대개는 증상이 가볍다. 기가 막혔지만 그나마 다행이었다. PLS라면, 당분간은 말 그대로 살 수 있기 때문이었다. 알려진 게 거의 없는 희귀한 질병이

과학은 마법으로 통하는 유일한 길이다

라는 사실은 내게 뜻밖의 선물이었다. 나는 형 집행을 영구적으로 유예받은 사형수가 된 기분이었다. 해방감이 느껴졌다.

이 단계에서 나는 본연의 모습으로 돌아갔다. 과학자답게 PLS에 대해 맹렬하게 조사하기 시작했다. 로봇공학 박사 논문을 쓰려고 문헌 조사를 할 때와 비슷했다. 그때 당시 나는 로봇공학이라는 분야의 창의적 잠재력에 가슴이 뛰었고, 그 연구 결과를 정리해《로봇공학 혁명The Robotics Revolution》이라는 책을 썼다. 그 책에서 나는 AI의 미래에 대한 내 생각을 처음으로 펼쳤다. 이번 연구는 그때보다 절박했지만, 다행히도 조사할 게 그리 많지는 않았다.

한마디로 PLS는 상위운동뉴런에만 문제가 생기는 병인 반면, ALS(똑같이 MND의 일종이지만, PLS보다 사망률이 높고 훨씬 더 흔하다)는 상위와 하위의 운동뉴런 모두에 문제가 생긴다. 뉴런은 '신경세포'의 또 다른 명칭이다. 운동뉴런은 가늘고 길어서(전선과 비슷하다), 뇌를 각 부위의 근육과 연결한다. 덕분에 우리는 머리로 생각하는 것만으로 근육을 움직일 수 있다(의사들도 '운동motor'이라는 말을 로봇공학자들과 같은 의미로 사용한다). 하위운동뉴런은 특정 근육에서 척추까지 뻗어 있고, 척추에서 상위운동뉴런과 연결된다. 척추는 배전반과 같다. 상위운동뉴런은 척수 안을 지나 수의적 운동을 통제하는 뇌 부위와 연결된다.

즉, PLS라는 병을 일상적인 말로 풀이하면, 뇌에서 나오는 전선의 일부가 서서히 파괴되는 것이다. 그것은 구조상 내가 어떻게든 대처할 수 있는 손상이다. 대처하기 어려운 것은 하위운동뉴런에 장애가 생기는 것이다. 이 경우는 근위축이 일어나기 때문에 적절한 의학적 조치가 없으면 음식물을 섭취하지 못하거나 숨을 쉴 수 없어 죽음에 이르게 된다. 반면 PLS라면 걸어 다닐 수 있을지도 모른다. 따라서 이것은 좋은 소식이었다. 프랜시스와 나는 기뻐서 어쩔 줄 몰랐다. 마치 우리 두 사람이 독 묻은 탄환을 아슬아슬하게 피한 기분이었다.

✳

3개월간 조사한 후 나는 지금까지 만난 의사들만큼이나 PLS에 대해 많은 것을 알았다고 느꼈고, 또한 그들과 대등하게 대화를 나눌 수 있다는 자신감도 생겼다. 하지만 문제가 있었다. 나는 혼란스러웠다. 그것은 무언가를 이해하지 못할 때의 좌절감에서 오는 혼란이 아니라, 충분히 이해했는데도 말이 되지 않을 때 느껴지는 묘하게 설레는 혼란이었다.

　이것은 내가 잘 아는 감각이었다. 애초에 나를 과학계로 이끈 게 이 감각이었다. 나는 이 감각을 사랑한다. 그것은 새롭고, 그래서 흥미진진한 뭔가를 알아낼 수 있다는 뜻이기 때문이다. 내가 알아낸 것이 옳고 다른 사람들도 거기에

과학은 마법으로 통하는 유일한 길이다

동의하면, 미래를 다시 쓰게 되는 것이다. 이것은 황홀한 감각이다. 그렇지 않다면 뭣 때문에 괴짜들이 실험실에 틀어박혀 인생을 보내겠는가? 그런 까닭에 나는 이런 종류의 혼란에 직관적으로 끌려 그것을 해결하려고 했다. 하지만 이번만큼은 그렇게 되지 않았다.

말이 되지 않는 것이 PLS가 아니라, ALS(비교적 흔한 형태의 MND)였기 때문이다. 그건 내 관심 영역도 아니었다. 그런데도 ALS에 대해 조사한 것은 PLS의 사례는 너무 드물었기 때문이다. PLS만을 다룬 논문은 거의 없었다. PLS를 어떤 식으로든 언급한 몇 안 되는 논문도 일반적인 MND 연구의 일부로서 설명할 뿐이었고, 게다가 ALS의 맥락에서 다루었다.

긴 이야기이지만 요약하면, ALS에 대해 충분히 조사하지 않는 한 PLS에 대해 아는 건 불가능했다. 그래서 나도 그렇게 했다. 증상이 처음 나타나고 11개월 후, 나는 PLS에 대해 찾을 수 있는 몇 안 되는 정보를 암기했지만, ALS에 대해서는 걸어 다니는 백과사전이 되었다. 그 과정에서 MND에 대해 일반적으로 알려진 사실의 대부분이, 그것도 아주 중요한 부분이 실제 과학적인 사실과 일치하지 않는다는 것을 알았다.

예컨대 MND는 으레 희귀병으로 묘사된다. 그러나 역학epidemiology 통계를 깊이 살펴보면 우리 중 누군가가 살면서 MND에 걸릴 확률은 실제로 300명 중 한 명꼴임을 알 수 있다. 이 정도면 특별히 드문 게 아니다. 현재 영국에서 중

등학교에 다니는 학생 중 학교당 대략 세 명은 언젠가 MND 로 사망한다는 얘기다. 부모나 교사는 이 사실을 모른다. 이 렇게 보면 MND는 실제로는 희귀병이 전혀 아니다.

내게 훨씬 더 혼란스러운 것은 사망 통계였다. MND 발병 1년 내에 30퍼센트가 사망하고, 2년 내에 50퍼센트가 사망 하고, 5년 내에 90퍼센트가 사망한다. 어떻게 이럴 수 있을 까? 그런데 MND가 '반드시 죽음에 이르는 병'이라는 흔한 주장은 엄밀히 말해 사실이 아니다. MND가 '불치병'이라는 똑같이 흔한 주장도 엄밀히 따지면 사실이 아니다.

내가 지적하고 싶은 것은 MND 환자, 정확히 말하면 MND 환자의 압도적 다수를 차지하는 ALS 환자는 굶어 죽 거나(음식을 삼킬 수 없게 되어) 또는 질식사한다(숨을 쉴 수 없 게 되어)는 점이다. 그런데 왜 이런 일이 일어날까?

MND 환자의 소화관은 기능상 아무 문제가 없다. 따라서 위에 튜브로 직접 영양분을 전달하는 매우 흔한 기술을 이 용하면 쉽게 생명을 유지할 수 있다. MND 환자의 폐도 기 능상에는 문제가 없다. 폐를 부풀리는 데 필요한 근육만 쇠 약할 뿐이다. 따라서 공기펌프로 폐에 공기를 넣어주면 된 다. MND 환자의 사망 원인은 실제로는 의학적 문제가 아니 라, 기술적 문제에 더 가까웠다.

적절한 기술을 이용해 잘 관리하면, MND는 불치병이라 기보다는 만성질환에 훨씬 더 가까운 것처럼 보였다. 적절 한 기술을 사용한다면, MND로 죽기보다는 심장병이나 암

과학은 마법으로 통하는 유일한 길이다

으로 죽게 될 것이다.

그런데도 왜 그렇게 많은 사람이 조기 사망했을까? 이유야 어떻든 MND 환자 대부분이 기술에 의존해 살아가는 방법을 택하지 않고 있다고밖에는 볼 수 없었다. 그들은 그런 기술이 있는지 몰랐을까? 아니면 비용 문제로 그 기술을 사용할 수 없었을까? 그도 아니면 살고 싶지 않았을까?

적어도 마지막 이유만큼은 이해할 수 있을 것 같다. 그동안 MND는 지극히 가혹한 병이었다. 생명 유지 장치를 사용해 살아 있다 해도, 꼼짝도 할 수 없이 눈만 움직일 뿐이다. 그 눈으로 볼 수 있는 거라고는 지루한 병원 천장뿐이다. 하지만 첨단 기술의 발전 덕분에 상황이 달라졌다. 최신 기술을 생각하면 스티븐 호킹 박사가 사용한 기술조차 조악해 보일 정도다. 세상이 급격히 변하고 있다는 것을 사람들이 모를 리 없지 않은가?

나는 이 문제로 더 이상 시간을 낭비하지 않기로 했다. 탐구 주제로는 흥미롭지만 내 병인 PLS와는 무관했기 때문이다. 그렇다 해도 호기심을 당겼다. 매혹적이지만 (적어도 당시의 내게는) 별로 쓸모없어 보이는 발견을 함께 나눌 다른 누군가가 없었기에, 어느 날 밤 나는 적포도주 잔을 기울이며 프랜시스에게, MND의 예후에 관한 가짜 뉴스가 압도적으로 많지만 진실은 MND에 걸려도 살려고만 하면 살 확률이 훨씬 더 높다고 자세히 설명해주었다. 프랜시스는 이 사실이 잘 알려지지 않은 것은 이상한 일이라는 데 동의했다.

그리고 더 중요한 또 한 가지 의문은 '왜 PLS에 대한 더 많은 정보가 존재하지 않을까?'였다.

이런 의문을 안고 3주 후 프랜시스와 나는 런던에서 재검사를 받기 위해 이틀 일정으로 320킬로미터를 여행했다. 첫 증상이 나타난 지 1년이 다 되어가고 있었다. 그동안 나는 온몸을 구석구석 검사했다. 그러나 모든 검사에서 아무것도 나오지 않았다. 그래서 나는 주치의에게 국가보건서비스, 즉 NHS가 제공하는 특별 혜택을 받게 해달라고 부탁했다. 영국인 대부분이 이 서비스에 대해 모르는 것 같지만, 누구나 전국 어디서든 원하는 의료 기관에서 검사나 치료를 받을 수 있다.

나는 국립 뇌신경 내과 및 외과 병원National Hospital for Neurology and Neurosurgery으로 가기로 했다. 내게 더 나은 선택지가 있을까? 외국에서도 진단을 받기 위해 올 정도였다. 나는 다른 카운티county에서 오는 것일 뿐인데 주저할 이유가 없었다. 이 병원이라면 PLS라는 진단을 확실히 내려주지 않을까. 그러기 위해 나는 중요한 모든 검사를 다시 했다. 그리고 추가로 요추천자lumbar puncture(척추 아랫부분에 바늘을 꽂아 골수를 뽑아내는 것─옮긴이) 검사도 실시했다.

나는 태아처럼 다리를 가슴 쪽으로 끌어당긴 채 왼쪽으로

과학은 마법으로 통하는 유일한 길이다

누웠다. 그것은 옛날에는 절대적인 복종을 의미하는 자세였다. 다른 한편으로, 나를 위압적으로 내려다보고 있는 상대가 곧 가할 물리적 학대로부터 내 몸을 지킬 수 있는 자세이기도 했다.

의사는 매우 큰 주사기를 손에 들고 있었다. 주사기 끝에는 불안할 정도로 굵고 긴 바늘이 달렸다. 돌아누운 내가 어떻게 이것을 알았는지 말하자면, 의사가 방금 전에 자랑스럽게 보여주었기 때문이다. 곧 실시할 시술로 영구 마비가 와도 고소하지 않겠다는 동의서에 서명한 직후에.

내 생각에 요추천자는 부당한 누명을 쓰고 있는 것 같다. 물론 낯선 사람(흰 가운을 훔쳐 처치실로 들어온 사이코패스일 수도 있다)이 내 시선이 미치지 않는 등 뒤에 서서 뜨개바늘처럼 굵은 바늘을 등줄기에 찔러 넣고 뚝뚝 떨어지는 뇌척수액을 작은 병에 모은다고 생각하면, 절대 당하고 싶지 않은 불쾌한 경험이라는 인상을 받을 수 있다. 하긴 할리우드 영화에서 그려지는 방식을 보면 그것을 공포와 악몽으로 여기는 것도 무리는 아니다.

하지만 나는 나쁘지 않은 경험이었다. 처음에 약간의 국소마취를 한다. 그다음에는 누군가가 누르고 만지면서 척추 사이에 바늘을 꽂는 느낌이 난다(이때 "절대 움직이지 말라"는 경고를 받는데, 하필 지금 발작이 일어나면 어떻게 하나 불안했던 기억이 난다). 그리고 끝으로 "느낌이 어때요?"라고 묻는다(나는 "다리에 감각이 아직 있습니까?"라는 뜻으로 추정했다).

검사는 쉽게 끝났지만, 말할 필요도 없이 결과는 정상이었다. 이 검사는 기본적으로 다발성경화증을 진단하기 위한 것이었기 때문이다. 내 병이 PLS라는 가설이 한층 더 설득력을 얻게 되었다는 것을 제외하면 완전한 시간 낭비였다. 다시 받은 MRI 검사에서도 이상이 발견되지 않았다. 그 결과 매우 유감스럽게도, 나는 한 번 더 고통의 임계점을 시험받게 되었다. 검사 일정에는 물론 'EMG 재검사'라고 완곡하게 적혀 있었지만.

이번에는 적어도 각오가 되어 있었다. 게다가 검사실로 들어오라고 손짓한 젊은 의사는 척 봐도 말하기 좋아하는 사람이었다. 나는 생각해보지도 않고 평소처럼 의사와 잡담을 나누기 시작했다. 마치 동료 대 동료로 대화를 나누듯. "당신은 왜 신경과를 선택했는가?" "앞으로의 진로는 어떻게 잡고 있는가?" "EMG 기계는 얼마나 정확한가?" 등등 나는 환자로서 의사에게 압도당하지 않기 위해 생각할 수 있는 모든 전문적 화제를 동원했다.

나는 의사와 빠르게 라포르rapport(상호 신뢰 관계를 나타내는 심리학 용어―옮긴이)를 형성했고, 덕분에 이후 40분을 편안하게 보낼 수 있었다. 의사는 검사를 진행하는 족족 그 결과를 중계방송해주었고, 우리는 그것과 관련해 전문적인 토론을 했다. 완전한 정적 속에서 다음 전기 충격을 마냥 기다리는 것보다는 이쪽이 훨씬 나았다.

"어머, 이 부위에 가벼운 탈신경denervation이 있군요." 의

과학은 마법으로 통하는 유일한 길이다

사는 내 종아리에 꽂힌 바늘을 물끄러미 바라보며 말했다. 풀이하면, 내 척추 '배전반'에서 하지 근육까지 뻗어 있는 신경에 문제가 생겼다는 뜻이었다. 그 신경을 둘러싼 절연체(미엘린 수초myelin sheath)가 약간 망가져 있었다.

"흥미진진하군요!" 나는 대답했다. 실제로 흥미진진한 상황이었다. 지난번 EMG에서는 절연체가 멀쩡하다고 나왔기 때문이다. 그렇다 해도 그때부터 벌써 몇 달이나 지났다. 우리는 신경 변성attenuation과 미엘린 수초에 대해 계속해서 잡담을 나누었다.

"음, 다른 부위처럼 보이는군요."

"정말요? 음, 그렇다면 정말 흥미롭군요. 지난 몇 달 동안 변화가 생겼다는 증거니까요." 나는 차분한 척하는 게 아니라, 거의 남의 일처럼 진심으로 매혹을 느꼈다. 한편 나의 또 다른 일부는 이런 생각을 하고 있었다. '이런! 뜻밖에도 PLS일 가능성은 확실히 사라졌어. 그렇다면 아주 고약한 ALS만 남았군. 아직 확실하지는 않지만…….'

내가 말을 계속하는 동안 의사는 전기 충격을 계속 가했고, 약 10분 정도는 별문제가 없었다. 탈신경은 더 이상 찾을 수 없었다. 그때 바늘이 오른쪽 엄지와 검지 사이의 살덩이에 이르렀다. 의사는 이 부분에 날카로운 바늘을 꽂고 약간 움직였다. 그러면서 어딘가에 있는 확성기에서 나오는 노이즈에 귀를 기울였다. 나는 노이즈가 빨리 들릴수록 좋고, 크면 더 좋다는 것을 눈치챘다. 그럴 때 의사가 그 지옥의 바늘 움직이는 것을 멈추었기 때문이다.

나는 의사가 그 다음에 전극을 어디에 꽂을지 신경 쓰지 않으려고, 부족한 해부학 지식을 늘어놓았다. "아, 제1배측골간근이군요! 그 부위를 조사하는 건 기본이죠……." 그것은 사실이었다. 진행된 ALS에서는 엄지와 검지의 간격이 크게 벌어진다고 알려져 있었다. 그 부위에 있는 제1배측골간근이 닳아 없어지는 탓이다.

"맞아요." 의사가 말했다. "역시, 예상대로…… 탈신경이 보이네요." 그게 맞았던 것이다.

나는 결론만 듣고 싶었기 때문에 곧바로 이렇게 답했다. "그러니까 엘 에스코리얼El Escorial 기준에 따르면 초기 ALS라는 말이군요." 엘 에스코리얼은 국제적으로 합의된 ALS 진단 기준을 부르는 약칭이다. 예를 들어, 상위운동뉴런의 탈신경에 더해 하위운동뉴런에도 세 곳 이상의 탈신경(이번 EMG에서 발견된 것)이 확인되면 ALS로 진단한다.

의사는 서슴없이 말했다. "네, 맞아요." 마치 시험을 치르는 의대생한테 이야기하는 말투였다. 그것은 정확히 내가 원하는 태도였다.

1~2초쯤 정적이 흘렀다.

"어떡해! 그렇게 말하면 안 되는 건데! 정말 죄송해요! 괜찮아요?"

나는 죄책감에 사로잡힌 의사를 안심시키려고 애썼다. 예상한 결과였고, 그저 확인을 하고 싶었을 뿐이라고 거짓

과학은 마법으로 통하는 유일한 길이다

말했다. 하지만 따지고 보면 의사는 내가 원하는 것을 해주었고, 그런 의미에서 나는 그녀에게 진심으로 고마웠다.

PLS가 아니라 ALS라는 결론은 확실히 큰 충격이었다. 하지만 내 마음속에는 이미 이 병에서 살아남으려면 뭐가 필요한지(영양 튜브와 인공호흡기가 필요하다) 정리되어 있었다. 그뿐만 아니라 이 병을 안고서도 생산적인 인생을 살기 위해서는 뭐가 필요한지도(많은 첨단 기기가 필요하다).

어쩌다 보니 내게 진단을 내리게 된 의사가 EMG를 완료하는 동안 나는 침대에 등을 대고 누운 채 두 가지 생각을 한 것으로 기억한다. 하나는 앞으로 필요하게 될 첨단 기기를 구체적으로 생각해봐야겠다는 것이고, 다른 하나는 '이 진단을 프랜시스한테 어떻게 전해야 그가 당황하지 않을까? 그리고 병원 근처에 있는 피트리Petrie 박물관의 고대 이집트 컬렉션을 예정대로 구경할 수 있을까?'였다.

다행히 프랜시스는 나만큼이나 진단을 담담하게 받아들였다. 그동안 우리가 많은 대화를 나눈 데다 인터넷에서 직접 검색해본 덕분이었지만, 솔직히 그것은 프랜시스가 엄청나게 멋진 사람이기 때문이었다. 피트리 박물관으로 걸어가는 길에 우리는 이 일이 중대 사건임을 받아들였다. 하지만 모두가 생각하는 것처럼 중대 사건은 아니었다.

이렇게 정리하고 나서 우리는 두 시간 동안 유물 구경을 마음껏 즐겼다. 유니버시티 칼리지 캠퍼스에 숨어 있는 피트리 박물관 2층의 전시 공간 두 곳에 수만 점의 유물이 전시되어 있었다. 너무 즐긴 나머지, 터무니없이 비싼 도록까지 샀다. 종합적으로 공부가 된 하루였다. 그리고 엉뚱하게 희망적으로 생각하면, 고약하게 운 좋은 날이기도 했다. 나는 근처 호텔로 돌아가면서, ALS 진단을 받고도 이렇게 즐거운 하루를 보낼 수 있는 사람은 별로 없을 것이라고 생각했다.

하지만 이렇게 오만할 수 있었던 건 딱 아홉 시간 반 동안이었다.

과학은 마법으로 통하는 유일한 길이다

# 인생을 건 선택

Life Choices

부자연스럽게 느릿느릿 좀비처럼 펜싱장으로 돌아가는 내 발걸음은 코너와 별반 다르지 않았을 것이다. 흰 반바지에 핏자국은 없었지만 그럼에도 나는 형언할 수 없는 고통에 시달렸다. 영영 지워지지 않을 마음의 상처를 받은 느낌이었다. 나는 걸으면서 차라리 코너처럼 호되게 매를 맞는 편이 나았을지도 모른다고 생각했다. 코너의 치욕은 적어도 이제는 끝났지만, 나의 치욕은 영원히 끝나지 않을 것만 같았다. 내가 받은 벌을 곱씹어 생각하면 할수록 내 삶의 특권을 지탱해온 틀이 하염없이 무너져 내렸다. 이제는 어떤 것도 유효하지 않았다. 내 미래를 약속했던 중요한 요소들은 이제 존재하지 않았다.

탈의실은 텅 비어 있었다. 벗어 던져놓은 내 옷만 덩그러니 남아 근심 걱정 없던 지난날의 나를 비웃고 있었다. 정신이 딴 데 팔린 채 나는 옷을 갈아입기 시작했다. 내 뒤를 이어 교장실을 나온 하우스 사감이 교사 휴게실로 향하는 길에 나를 돌아보더니 한마디 툭 던졌다. "튀지 말고 살아, 스콧!" 그러고는 사라졌다.

"네가 여기로 돌아올 줄 알았어." 펜싱 코치였다. 그의 표정을 읽을 수 없었다. 화가 난 걸까? 당황한 걸까? 둘 다일까? "펜싱 주장 건은 나도 유감스럽게 생각해. 실망이 클 거야. 하지만 학교 입장도 이해하렴. 다른 소년들한테 끼칠 영향과 학교의 평판을 생각하지 않을 수 없었을 테니까. 시대에 뒤떨어진 처사라는 걸 알아. 나는 남자들이 햄스테스 히스Hampstead Heath(런던 시내에 있는 넓은 공원으로, 동성애자들이 만나는 곳으로도 알려져 있다—옮긴이)에서 뭘 하든 그건 그들의 자유라고 생각해."

뜻밖의 말을 듣고 너무 기뻐서 순간적으로 울컥했다.

"네, 코치님! 그럼요! 당연하죠!"

"하지만 너도 이번 일로 배웠듯이 모두가 나처럼 생각하지는 않아."

코치는 더 할 말이 있는지 생각하며 잠시 그 자리에 서 있더니 없다고 판단한 듯 주머니에서 열쇠를 꺼냈다.

"나갈 때 잠가라."

나는 이것을 코치의 작별 선물로 받아들였다. 탈의실 문을 잠그는 것은 펜싱 주장에게만 맡기는 일이었다.

과학은 마법으로 통하는 유일한 길이다

"고맙습니다, 코치님."

옷을 다 갈아입은 나는 펜싱 가방을 어깨에 둘러메고 탈의실 문을 잠갔다. 그리고 운동장을 돌아 슬립slip 입구로 걸어갔다. 슬립은 운동장을 가로지르는 길쭉한 공용 통로로, 양옆에는 높은 울타리가 쳐져 있다. 이곳은 집으로 가는 지름길이었다. 나는 손목시계를 보았다. 5시 15분이 좀 지나 있었다.

3분 후 나는 양쪽으로 열리는 유리문을 열고, 태어나서 지금까지 살고 있는 1930년대 아파트 건물의 입구로 들어섰다. 현관홀에서 낡은 엘리베이터를 타고 꼭대기 층까지 올라가 부모님과 함께 사는 집으로 들어갔다.

어머니의 뺨에 가볍게 입을 맞춘 후 나는 세 시간짜리 숙제를 핑계로 내 방으로 도망쳤다. 머릿속에는 여전히 회오리바람이 몰아치고 있었다. 물리 예습에 억지로 집중하며 생각을 그곳으로 돌리려 해봤지만, 얼마 못 가 산산조각 난 현실로 돌아왔다. 퇴근한 아버지가 옷을 갈아입으러 침실로 향하다가 내게 손을 흔들었다. 작은 벤처 회사에 다니는 아버지는 다임러를 타고 출퇴근했다. 아버지의 귀가는 저녁 먹을 시간이 되었다는 신호였다. 곧 아버지가 내 방문 앞을 다시 지나가는 소리가 들려서 나도 아버지를 따라 식당으로 갔다. 어머니가 식사를 준비하고 있었다.

어머니는 원래 의사가 되려 했지만, 아버지와 결혼하면서 꿈을 포기했다. 내가 기억하는 한 가정주부로서 어머니를 가장 잘 설명하는 것은 윔블던 거리에서 사 온 채소와 해러즈Harrods 식품 매장에서 배달 온 고기를 바탕으로 엄격하게 짠 식사 메뉴였다. 그날은 수요일이었기 때문에 메뉴는 뉴질랜드산 양고기 요리에 으깬 감자, 당근, 완두콩을 곁들인 것이었다.

디저트를 먹은 후 로버츠Roberts 라디오를 켜기 전, 나는 부모님에게 묻고 싶은 게 있었다. 어쩌면 고백하고 싶었는지도 모른다. 지금까지는 감히 그럴 생각을 하지 못했고 그럴 필요도 없던 일을 갑자기 해보기로 한 것은 일련의 충격적인 사건이 나를 대담하게 만들었거나, 아니면 내 등을 떠밀었기 때문일 것이다. 이제는 상황이 달라졌다. 그 일은 내 세계를 쓰러뜨렸고, 나는 새로운 지축이 어디 있는지 알 필요가 있었다.

"오늘 학교에서 흥미로운 토론을 했어요. 찬반 논쟁이었죠. 한쪽 편은 '동성애는 완벽하게 받아들일 수 있는 생활 방식이다'라고 주장하고, 반대편은 '동성애는 신과 인류에 대한 모독이다'라고 주장했죠. 두 분은 어떻게 생각하는지 궁금해요. 양쪽 의견이 팽팽했어요."

어머니의 얼굴에 즉시 걱정이 비쳤다. 어머니는 내게 자신이 필요하다고 느끼면 언제든 사랑과 지원을 아끼지 않았다. 물론 아버지도 마찬가지였다. 두 분 모두 내게 포옹과 입맞춤을 아낌없이 주었다. 적어도 지금까지는 그랬다. 하지만 이 순간 부모님은 즉각 수비 모드를 취했다.

"정말이니? 양쪽이 팽팽했다고? 실망이구나. 안 그래요, 여보?" 어머니는 동의를 기대하며 아버지를 보았다.

과학은 마법으로 통하는 유일한 길이다

"음, 그런 것 같아." 어머니가 뭔가를 기대하는 얼굴로 계속 쳐다보았기 때문에 아버지는 다시 한마디를 덧붙였다. "그렇고말고."

"설마 교사들의 의견도 양쪽으로 갈리진 않았겠지!"

"실은 교사들도 약간 의견이 갈렸어요."

"에구머니나. 망측해라! 아이들한테 잘못된 생각을 심어주다니, 그러면 안 되지. 내일 교장한테 전화해서 항의해야겠구나."

"오, 그러지 마세요! 그럴 필요 없어요. 그냥 토론이었어요."

"그렇다면 좋아. 하지만 학교에서 그런 종류의 화제를 다루는 건 범죄야. 아이들에게 해를 끼칠 수 있으니까."

"하긴 부모님에게 이런 말을 꺼낼 수조차 없는 집에서 자란 아이라면 좀 힘들 것 같아요."

"왜? 무슨 일이 있었어?"

어머니는 언제나 총명하고 눈치가 빨랐다. 때로는 눈치가 너무 빨라서 탈이었다. 자칫하면 벼랑 끝으로 갈 수 있는 상황이었다.

"아뇨, 아무 일 없어요! 그냥 부모의 지지를 받지 못하는 친구들은 혼란스러울 것 같다는 뜻이었어요."

"넌 걱정하지 않아도 돼!"

어머니는 긴장을 풀었다. 나도 긴장을 풀었다. 아버지는 좀처럼 긴장하지 않는 사람이었다. 어머니는 손을 뻗어 내 어깨에 올렸다.

"걱정하지 마." 어머니는 어느 때보다 확신에 찬 목소리로 나를 안심시켰다. "혼란스러울 것 조금도 없어. 네 아버지도 그렇다고 말해주겠지만, 그 문제에 대해서는 의문을 갖지 말거라. 동성애는 당연히 혐오스러운 행동이야. 안 그래요, 여보?"

"당연하지!"

"내 말을 믿으렴." 어머니가 내 손을 쓰다듬었다. "양가를 통틀어 동성애자와 관련된 사람은 아무도 없었어." 어머니는 손을 거두더니, 가슴에 팔을 얹고 진저리를 쳤다. "그건 부모에게는 치욕이야. 정말 굴욕적인 일이지. 모두가 동정할 것 아니니. 특히 엄마를. 최신 연구를 보니 동성애의 원인은 지배적인 스타일의 어머니와 나약한 아버지라고 하더구나. 너무나 굴욕적이야! 안 그래요, 여보?"

나는 예습을 끝내야 한다는 핑계를 대고 미소를 지은 후 일어섰다. 그리고 내 방으로 가서 문을 잠그고 울었다. 부당함과 잔인함이 서러웠다. 학교 안에서 내가 알던 친숙한 세계를 잃어버린 것이 슬펐다. 그곳에서 앞날이 창창한 나는 고개를 높이 치켜들었다. 내 부모가 나를 온전히 알지 못할 뿐 아니라 나 같은 사람을 혐오스러운 존재로 여긴다는 사실이 괴로웠다.

그날 밤 나는 잠을 거의 이루지 못했다. 밤새도록 머릿속으로 그 일을 처리하고, 재평가하고, 폐기하고, 고뇌했다. 다음 날 아침 눈을 떴을 때는 5시가 조금 못 된 새벽이었다.

과학은 마법으로 통하는 유일한 길이다

길고 긴 밤을 보내고 나는 마침내 마음을 정했다.

　나는 교장의 조언을 따르기로 했다.

✳

36시간 후 나는 앤서니와 함께 방과 후 합창 연습에서 빠져나오고 있었다.

　"새로운 모습이로군!" 앤서니가 미국 TV 광고에서 흘러나오는 것 같은 목소리로 말했다. 나는 포즈를 취해 보이며 받아쳤다. "새로운 머리 스타일, 그리고 새로운 정장이야."

　나는 5 대 5 가르마를 타고, 피크트 라펠peaked lapel(재킷에서 아래 깃의 각도를 크게 위로 올린 것—옮긴이)이 붙은 재킷과 통 넓은 나팔바지로 된 멋진 진청색 정장을 입고 있었다.

　"머리는 더 기를 거야. 힐은 어때?"

　나는 바지 자락을 끌어올려 5센티미터짜리 힐을 드러냈다. 이 구두를 신자 내 키가 180센티미터를 훌쩍 넘었다. 앤서니가 교장의 과장된 말투를 흉내 내며 말했다.

　"수치야! 수치! 그 무슨 망측한 꼴이냐!"

　"교장이 말한 대로 실천하고 있는 거야, 앤서니. 새로운 인생을 시작하려고."

　"음, 근사해." 앤서니는 진심인 것 같았다.

　"이건 단지 시작일 뿐이야. 훨씬 더 원대한 계획이 있어."

　"야아! 궁금해 죽겠는데? 그 계획이 뭔지 하나도 빼놓지 않고 알고 싶은걸? 내일 펜싱장에서 말해줘." 앤서니는 순간 멈칫했다. 그리고 이때만큼은 평상시 목소리로 말했다. "펜싱 주장 일은 정말 유감이야."

앤서니에게 내 결심을 알리기에는 지금이 적기였다. 우리는 교내를 관통하는 긴 중앙 도로를 절반쯤 걸어온 터였다. 리지웨이 거리를 따라 각자 다른 방향으로 헤어지기 전까지 충분한 시간이 있었다.

"실은 내일 펜싱장에 나가지 않을 생각이야. 다시는 돌아가지 않아."

"뭐라고?" 앤서니가 걸음을 멈추었다.

"지난 두 달 동안 저녁마다 가라테 도죠道場에 다녔어. 도죠란 '학교'를 뜻하는 일본어인데, 일본 밖에서 최고 등급의 검은 띠를 보유한 선생이 그곳을 운영하고 있어. '극진회관'이라고, 가라테 중에서도 가장 거친 분파야. 몸을 완전히 접촉해 인정사정 봐주지 않고 킥을 날리는 거지."

"그래서?"

"펜싱 대신 가라테 도장에서 주당 열 시간씩 훈련을 받고 싶다고 체육 선생님한테 말했어. 둘 다 할 시간은 없다고 설명했지. 다만 펜싱 경기에 학교 대표로 나갈 수 없는 것이 유감이라고 말했더니 선생님도 납득했어. 확인이 필요했던 것 같지만, 그렇게만 말했어. 마지막에는 따뜻하게 격려까지 해주셨어."

"너를 쫓아냈으니 자업자득이지. 그런데 그 도장은 어디

과학은 마법으로 통하는 유일한 길이다

에 있어?"

"레인스 파크Raynes Park. 오토바이로 20분밖에 안 걸려. 거기에 가면 '진짜' 사람들이 있어. 사립학교 학생은 나밖에 없을걸. 어쨌든 대부분이 나보다 나이가 많아. 난 그곳이 마음에 들어."

"브루스 리(이소룡)의 세계라……." 당시는 무술 영화 전성기였고, 섹시한 배우 브루스 리가 주연으로 등장한 〈용쟁호투Enter the Dragon〉는 무술의 절대적 기준이었다. 앤서니는 다시 걷기 시작했다. "연극부는 어쩌기로 했어? 연기자의 꿈이 꺾인 것에 대한 대책은 뭐야?"

"무슨 소리야, 이 세상이 연극 무대인데!"

"그렇지, 세상 모든 남녀는 단지 배우일 뿐이고! 그건 알아. 하지만 연극반 대신 뭘 할 계획이냐고?"

"컴퓨터 공부! 미래는 컴퓨터 시대가 될 거야."

"컴퓨터라고?" 앤서니가 또다시 걸음을 멈추었다.

"컴퓨터부에 가입할 거야."

"잠깐만. 우리 학교엔 컴퓨터부가 없어. 뉴욕에 있는 동호회에라도 가입하겠다는 거야?"

"맞아, 컴퓨터부가 없지. 근데 빌링스Billings 선생님이 사용할 수 있는 IBM 컴퓨터가 한 대 있어. 그걸 몇 명이서 돌아가며 일주일에 한 번씩 쓰기로 했지."

"그 컴퓨터가 도대체 어디에 있는데?"

"머턴 폴리테크닉Merton Polytechnic."

"폴리테크닉이라니!" 앤서니가 다시 교장의 말투를 흉내 내며 말했다. "수치야! 수치! 그 학교 학생들은 라틴어도 배우지 않고, 문법은 엉망이고, 옥스브리지Oxbridge(옥스퍼드대학과 케임브리지대학의 별칭—옮긴이)의 철자조차 몰라……."

"알아. 그런데 그래서 더 멋지지 않아? 나는 노는 애들과 사랑에 빠질지도 몰라!"

"그 전에 그 노는 애들이 너를 두들겨 팰 거야, 피터!"

"그래서 가라테를 배우잖아……."

나의 섹슈얼리티, 막 시작된 반항, 그리고 바뀐 스포츠 종목이 아귀가 딱딱 맞아떨어진다는 것을 깨닫고 앤서니의 얼굴에 천천히 미소가 번졌다.

"학교는 자신들이 뭘 했는지 몰라!"

"진심으로, 속박에서 해방된 느낌이야. 스스로를 완전히 재발명할 거야."

말로 뱉고 나니 실감이 났다. 앤서니의 열정적 반응은 내게 꼭 필요했던 믿음과 확신을 주었다.

"변신이군!"

"그래, 변신이야. 딱 맞는 표현이야. 기득권은 있는 그대로의 나를 받아들이지 않아. 앞으로 내가 어떻게 변신하는지 지켜봐! 나 같은 사람을 처음으로 보게 될 거야. 자기들이 상대하고 있는 대상이 뭔지도 모르겠지!"

"학교를 상대로 싸우려는 게 아니구나?"

"물론이야." 나는 극적 효과를 위해 말을 끊었다. "나는 세

과학은 마법으로 통하는 유일한 길이다

상을 상대로 싸울 거야! 예전에 펜싱 코치가 내게 이런 말을 한 적이 있어. '피터, 언제나 별을 목표로 삼아. 그래야 적어도 달에는 닿을 수 있어.' 그 말에 대해 생각해봤는데, 생각하면 할수록 잿빛 암석을 탐험하는 건 재미없을 것 같아. 나는 빛의 속도보다 빠르게 우주를 여행하고 싶어."

이번에는 앤서니도 아무 말을 하지 않았다. 그저 걸음을 멈추고 탐색하듯 나를 쳐다볼 뿐이었다.

"앞으로는 불공평한 현실을 참지 않기로 했어. 그것을 바꿀 거야. 얻어맞고 복종하는 것도, 선택지를 빼앗기고 다수에 맞춰 사는 것도 하지 않아. 내 약점을 강점으로 바꿔서 새로운 선택지를 만들 거야. 그리고 협박에 절대 굴복하지 않을 거야. 그자가 아무리 큰 권력을 가졌다 해도. 앞으로는 기성세력이 나를 괴롭히려고 할 때마다 반격하고, 반격하고, 또 반격할 작정이야. 결국 놈들이 굴복할 때까지."

"그리고 네가 평화협정을 얻어낼 때까지!"

"아니! 무조건적 항복을 받아낼 때까지."

앤서니가 득의만만하게 웃었다. 내 생각이 마음에 든 모양이었다. 그는 다시 발걸음을 옮기며 자신의 소감을 한마디로 요약했다.

"난투가 되겠군!"

나는 멈춰 섰다. 앤서니도 멈춰 섰다.

"난투라니?" 나는 믿을 수 없다는 투로 외쳤다. "이건 전쟁이야!"

나는 사이보그가 되기로 했다

# 다음 날 아침

The Morning After

갑자기 잠을 깬 나는 실눈을 뜨고 침대 옆의 낯선 시계를 보았다. 새벽 3시 5분이었다. 그때까지 악몽에 시달렸던 것을 알고 순간적으로 잠이 확 달아났다.

그 순간 나를 지배한 것은 열여섯 살의 그날을 떠올리게 하는 압도적 무력감이었다. 교장실 밖에서 마냥 기다리는 열여섯 살의 나. 얼굴이 하얗게 질리고 입은 힘없이 벌어진 채 울렁거리는 위장과 쿵쾅대는 심장을 견디며 소음 방지 문 너머로 들려오는 희미한 소리에 귀 기울이던 그때. 뭐라고 중얼거리는 소리. 이어지는 정적. 한 대, 두 대, 세 대. 끙끙 앓는 소리. 그러고는 문이 열린다. "다음!"

이런 밤의 공포는 늘 예고 없이 닥쳤다. 공포의 파도는 끝없이 밀려와 마침내 나를 압도했다.

과학은 마법으로 통하는 유일한 길이다

*넌 죽을 거야.*

아냐, 안 죽어. 영양 튜브와 인공호흡기가 있어.

*참으로 한심하군. 그것으론 가당치도 않아. 그렇게 해서 해결 된다면 모든 MND 환자가 그렇게 하겠지. 그런데 다 죽잖아. 너도 언젠가 죽을 거야. 그래도 그들은 피할 수 없는 운명을 받 아들일 용기라도 있지.*

누가 피할 수 없는 운명이래? 그들은 단지 아무것도 하지 않고 있다가 몸에 갇히는 것뿐이야.

*꿈 깨. 망상에 사로잡힌 이 잘난 몽상가야! 넌 과학계의 수치 야. 통계를 믿으라고. 넌 반드시 2년 안에 죽을 거야. 다른 모 든 사람들과 똑같이.*

스티븐 호킹이 살 수 있다면 나도 살 수 있어.

*아이고, 그러서? 위대한 스콧-모건 박사님은 자신이 지구상에 서 가장 유명한 우주물리학자와 동급이라고 생각하시는 모양 이네. 얼마나 오만하고, 얼마나 절망적이면 그러실까?*

호킹 박사는 1985년에 인공심폐를 장착했어.

*호킹 박사는 너보다 훨씬 젊을 때 MND에 걸렸어. 병의 진행 도 너보다 훨씬 느렸고. 호킹 박사는 너보다 훨씬 부자라서 최 고 수준 간호를 24시간 받을 수 있었어. 넌 그렇지 않아. 어느 모로 봐도 비교가 불가능해. 넌 보통 사람들처럼 아주 평범하 고 예외 없는 죽음을 맞게 될 거야. 물론 네가 죽어도 아무도 모를 테지.*

설령 일찍 죽더라도 적어도 5년은 더 살 수 있을 거야. 환자들의 10퍼센트가 5년을 생존해.

*그건 너보다 진행이 느린 MND에 걸린 사람들 얘기지. 너는 더 빨리 악화될 거야. 설령 5년을 더 산다 해도, 눈알만 빼고 온몸이 마비되겠지. 몸이라는 궁극의 구속복에 갇히면 살아도 산목숨이 아닐 거야.*

그래도 이겨내는 사람들이 있어.

*넌 아닐걸. 너의 감각 기능은 사라지지 않아. 그래서 가려움을 느끼지만, 절대로 긁을 수 없지.*

그래도 이겨내는 사람들이 있어.

*넌 아닐 거야. 폐소공포증에 시달리겠지. 겁 없는 대학 시절에 좁은 동굴에 갇혔던 일 기억나? 그 당시 너 자신이 얼마나 침착하게 궁지에서 벗어났는지 항상 자랑하지만, 이번에는 어림없어. 네 똑똑한 머리도, 그동안 받은 비싸고 훌륭한 교육도 아무런 도움이 되지 않을 거야. 안 그래?*

아니야.

*말을 못 하는 것만으로도 견딜 수 없을 거야. 네가 끊임없이 지껄일 때마다 참고 견뎠던 사람들은 비로소 네가 입을 닥치게 되어 기쁠 거야. 그것도 네겐 고통이겠지.*

그럴지도 모르지.

*넌 주변 사람들의 인생도 망치려 하고 있어. 견딜 수 없는 사람은 너뿐만이 아니야. 첫 증상이 나타난 지 겨우 1년밖에 안 됐는데 넌 이미 절뚝거리잖아. 네가 발을 질질 끌며 다가가면 모두가 널 외면할 거야. 넌 거북한 존재야. 프랜시스에게도 마찬*

과학은 마법으로 통하는 유일한 길이다

*가지이고.*

*알아.*

*프랜시스는 이러려고 너와 결혼한 게 아니야.*

*알아.*

*그런데 넌 너무 비대한 자아를 가지고 있어. 어떤 희생을 치르더라도 살아남으면 그뿐이라는 듯 이기적으로 굴고 있지. 그로 인해 네 주변 사람들, 무엇보다 너를 가장 사랑하는 사람이 어떤 고통을 받을지 따위는 조금도 신경 쓰지 않아.*

*맞아.*

*프랜시스는 행복하게 살 자격이 있어.*

*맞아.*

*네가 주장하는 것의 10분의 1만큼이라도 그를 사랑한다면, 그가 괴로워하는 걸 보고만 있지는 않을 거야. 네가 서서히 쓸모없는 존재가 되어가는 걸 지켜보라고 하지는 않겠지. 함께해왔던 일들에 차례로 고통스러운 작별을 고하게 내버려두지는 않을 거야. 그러다 넌 떠나버리면 그만이지만, 그는 홀로 남겨지겠지. 정말 사랑한다면 그를 지켜줘야 하는 거 아냐?*

*맞아.*

*안 그러면 프랜시스는 네게 반감을 품을 거야. 그리고 언젠가는 널 떠나겠지. 지린내 나는 늙은이들로 가득한 요양원에 너를 처넣고 홀로 죽게 내버려둘 거야.*

뭐? 그런 터무니없는 말이 어디 있어?

아직 한밤중이다. 나의 잠재의식이 MND라는 병의 무서운 실체를 정면으로 마주한 것은 이때가 처음이었다. 심호흡을 하고 마음을 가라앉히라고! 어떻게든 헤쳐나갈 방법을 생각해내야 해.

어느새 나는 내 옆에서 잔잔하게 코를 고는 프랜시스의 존재를 깨닫고 그제야 안도했다. 그는 언제나 내 옆에 있었다. 어떤 싸움을 벌이더라도. 세상을 상대로 싸우는 프랜시스와 피터. 이제는 심장이 쿵쾅거리지 않았다. 호흡도 평온을 되찾았으며, 어두운 구석에 웅크리고 있던 공포도 사라졌다.

공포가 사라진 그 자리를 차지한 건 훨씬 측은한 존재였다.

내면의 독백을 주고받는 동안 나의 잠재의식과 의식의 역학 관계가 완전히 역전되었다. 내 상대역 배우는 이제 소년보다 약간 큰 어린 남자였다. 교장실로 불려가기 몇 년 전의 나 자신이었다. 벌거벗은 채 방구석에 숨어 무릎을 끌어안고 덜덜 떨고 있다. 식은땀으로 범벅이 된 지금의 나처럼.

*무서워.*

알아. 무서운 게 당연해. 당연히 그럴 거야. 하지만 아침이 오면 해가 뜰 거고, 프랜시스도 일어날 거야. 둘이서 맛있게 아침을 먹고 나면 기분이 훨씬 좋아질 거야. 그러고 나서 프랜시스와 함께 세상에 맞서 싸워 승리하는 거야. 그러니까 이제 강해져야 해.

*하지만 MND가 더 강해.*

과학은 마법으로 통하는 유일한 길이다

아니, 그렇지 않아. MND는 그저 너를 괴롭히는 불량배일 뿐이야. 기성세력의 깡패 두목 같은 거라고. 스콧-모건은 괴롭힘에 굴복하지 않아. 너도 알잖아.

*하지만 치료 방법이 없어.*

치료 방법은 얼마든지 있어. 의학적 치료가 아니라 첨단 기술을 이용한 치료라서 아직 아무도 그 잠재력을 모를 뿐이야. MND는 너무나 오랫동안 아무 저항도 받지 않고 사람들을 괴롭혔고, 그래서 그 병을 만나면 두려워하는 게 습관이 되었지. 환자들은 '마법의 치료법'이 등장해서 자신을 구해주기만을 기다리고 있어. 그런데 나는 다른 종류의 치료법에 기대를 걸고 있어. 근본적으로 새롭고, 정말 굉장한 치료법이지. 새로운 '기술'로 과학소설 같은 일을 현실로 만드는 거야. 그것이 가능하다는 걸 난 알아.

*재미있을까?*

뭐라고?

경로를 휙 틀며 당돌한 질문을 던지는 잠재의식에 나는 완전히 무방비 상태였다. 10초 혹은 20초 정도 나는 양극단의 감정을 동시에 느끼는, 뭐라 표현할 수 없는 기이한 경험을 했다. 공포, 분노, 절망을 느끼는 동시에 그만큼이나 강렬한 흥분, 기쁨, 희망을 느꼈다.

그런 다음에는 새로 솟아오른 긍정적인 감정이 우위를 점하기 시작했다. 나는 온기를 느꼈다. 몸의 중심에서 힘이 솟아나는 느낌이었다. 마음속에 울려 퍼지던 공포의 메아

나는 사이보그가 되기로 했다

리가 서서히 줄어들더니 사라졌다.

말라붙은 눈물에 뺨이 따끔거렸지만 나는 웃고 있었다. 활력이 넘쳐흐르는 것 같았다.

이제부터 나는 찰스 디킨스가 말하는 "최고의 시절이자 최악의 시절"(《두 도시 이야기》에 나오는 문구―옮긴이)을 보내게 되겠지만, 정말 멋진 여정이 될 것이다! 그러기 위해서는 은하의 이 모퉁이에서 우리가 구할 수 있는 가장 멋진 테크놀로지를 찾아내야 한다.

*이제부터 모험이다! 우리는 모험을 사랑한다!*

통계적으로 나는 2년 후 죽는다. 다시 말해, 미래를 다시 쓰고 세상을 바꿀 시간이 2년 있다는 뜻이었다.

앞으로 무수한 싸움이 기다리고 있을 것이고, 그 싸움 끝에 사느냐 죽느냐, 최종 결판이 날 것이다. 우리는 이겨서 세상의 모든 것을 바꾸거나, 아니면 처참하게 실패할 것이다. 절대 실패하지 않겠지만, 타협은 있을 수 없다.

MND는 내가 죽기를 바란다.

하지만 나는 거부한다.

또한 산송장이 되어 '연명'하는 것도 거부한다.

또한―이건 일종의 계시처럼 떠오른 생각이었는데― 나는 다른 모든 MND 환자들을 내버려두는 것도 거부한다. 2년 후 죽는다는 선고에 겁을 먹고 죽음의 공포에 덜덜 떨며 사는 것을 두려워하는 사람들을 버리지 않을 것이다. 우리는 군대를 조직하고, 사회운동을 일으킬 것이다. 이건 반란이다!

이건 MND 환자들만의 일이 아니다. 질병이나 사고, 또는 노화로 생긴 심한 신체장애를 최첨단 기술로 해결하려는 시도다. 자유롭게 사고할 수 있지만 불편한 육체에 갇혀 있을 수밖에 없는 모든 사람과 관련된 일이다. 그리고 더 강하고 더 훌륭한, 지금과는 다른 '나'가 되고 싶어 한 적이 있는 모든 10대와 어른들을 위한 싸움이다.

이건 인간의 정의를 다시 쓰는 일이다.

죽지 않을 궁리나 하며 시간을 허비할 때가 아니다. 나는 이제 좀 더 사는 방법 같은 데는 조금도 관심이 없다. 오늘 밤 프랜시스와 함께 우리가 가진 최고의 샴페인을 따고, 내가 죽지 않는 방법을 찾는다는 접근법을 버린 것을 축하하자.

이제부터는 나 같은 사람들이 진정으로 '번영'을 누릴 방법을 찾아나갈 것이다.

# 미국 건국 200주년

Bicentennial

좌석 옆 창문에 머리가 부딪히는 바람에 나는 다시 잠에서 깼다. 1번 고속도로를 달리던 그레이하운드 버스가 또다시 도로의 파인 구멍 위를 통과할 때였다. 수천 킬로미터 앞에서 구입한 싸구려 공기베개는 또다시 터져버렸다. 눈을 떴을 때 나는 미소를 머금고 있었다. 브래드Brad 꿈을 꾸고 있었던 것이다.

이른 새벽이었고 바다가 언뜻 보였다. 이대로 깨어 있다가 일출을 보는 게 좋겠다는 생각이 들었다. 나는 옆에 앉은 앤서니가 깨지 않도록 조심스럽게 기지개를 켰다. 앤서니는 내 어깨에 머리를 기댄 채 잠들어 있었다. 우리는 매일 밤 번갈아가며 창가 쪽 자리에 앉았다.

앤서니와 함께 여행을 한 지도 어언 두 달이 되어갔다.

과학은 마법으로 통하는 유일한 길이다

1976년 여름이었고, 미국 건국 200주년을 맞아 거리의 모든 소화전이 빨강, 하양, 파랑으로 칠해져 있었다. 우리는 뉴욕에서 출발해 필라델피아로 가서 제럴드 포드 대통령이 참석한 독립 200주년 기념행사를 보았다. 그런 다음 장거리 버스를 탔다. 대륙을 횡단해 서부 해안으로 갔다가 남부를 찍고 다시 돌아오는 여정이었다. 얼마 전 플로리다에서는 그곳에 있는 모든 놀이공원에 갔지만, 내게 훨씬 더 중요한 사건은 커내버럴곶Cape Canaveral(나는 그곳을 언제나 '케네디곶'으로 기억하는데, 내 마음속에서 언제나 달에 착륙한 아폴로 로켓을 연상시키기 때문이다)을 본 것이었다. 그리고 지금은 미국 본토 최남단인, 열대 지방 키웨스트Key West로 향하고 있었다.

브래드라는 이름의 마른 청년이 우리가 탄 버스에 오른 것은 세인트루이스에서였다. 그는 꽉 끼는 청바지와 몸에 딱 붙는 캡 소매 티셔츠 차림에, 카우보이부츠를 신고 진짜 카우보이모자를 쓰고 있었다. 브래드는 큰 가방을 선반에 올리고 나서, 통로를 사이에 두고 앤서니와 내 옆자리에 앉았다. 운 좋게도 이날은 앤서니가 창가에 앉을 차례였다.

160킬로미터쯤 더 가서 해가 지고 사방이 어둑어둑해질 때쯤, 나는 브래드와 잡담을 나누기 시작했다. 앤서니가 눈을 좀 붙이겠다고 해서 나는 그가 편히 자도록 통로를 건너 반대편 자리로 옮겼다. 브래드는 열아홉 살로 나보다 한 살 많았다. 그는 나와는 다른 세계 사람으로, 로데오에 나가서 길들여지지 않은 진짜 야생마를 탔다. 굉장히 매력

나 는  사 이 보 그 가  되 기 로  했 다

적이고 뼛속까지 미국인인 사람이었다. 브래드 옆자리로 옮긴 지 30분이 지났을 때 브래드의 손이 내 다리에 닿는 것을 느꼈다.

마침 버스 안은 어두컴컴했고 앤서니는 졸고 있었기 때문에 브래드와 나는 키스를 하기 시작했다. 친척 외의 남자와 키스한 것은 그날이 처음이었다(친척의 경우는 물론 혀가 동반되지 않았다). 진정한 카우보이답게 브래드는 항상 카우보이모자를 쓰고 있었다.

브래드는 한밤중에 캔자스시티에서 내렸다. 그는 조각상처럼 우두커니 서서 버스가 떠날 때까지 기다렸다. 그러다 창밖을 내다보는 나를 향해 살며시 웃으며 가볍게 고갯짓을 했다. 그러곤 작별 인사의 의미로 카우보이모자의 챙을 잡은 채 버스가 모퉁이를 돌 때까지 지켜보았다. 이윽고 내 시야에서 그의 모습이 사라졌다. 그리고 그제야 깨달았지만, 나는 제대로 된 첫 키스의 흥분에 사로잡혀 그의 다리를 만지는 것은 생각도 못 했다. 그러니 그의 가느다란 허리 아래의 다른 부분에 대해서는 말하나 마나였다.

갑자기 하수처리장을 지나가는 것 같은 냄새가 풍겼다. 하지만 고속도로 양쪽에 바다가 펼쳐져 있는 걸로 보아 하수처리장 냄새일 리는 없었다. 나는 팔꿈치로 앤서니를 쿡쿡 찔러 깨웠다.

"방귀 뀌었지!"

앤서니가 졸린 눈으로 안경을 집었다.

과학은 마법으로 통하는 유일한 길이다

"여기가 어디야?"

"세븐마일 브리지Seven Mile Bridge 근처인 것 같아. 세계에서 가장 긴 다리 중 하나니까 봐둘 가치가 있어. 그나저나 해 뜨는 것 좀 봐!"

불과 몇 분 만에 하늘이 붉은 오렌지색으로 물들었고, 잿빛이던 바다가 갑자기 짙은 에메랄드빛을 띠었다. 이런 광경은 처음 보았다.

"이런 건 난생처음 봐." 내 마음의 소리를 듣기라도 한 듯 앤서니가 말했다. "참고로, 악취를 풍겼다는 너의 명예훼손성 고발에 대해서는 정식으로 부인하겠어." 그는 우여곡절 끝에 대학에서 법학을 전공하게 되었다. 우리는 마이애미에서 보온병에 담아온 식은 커피를 나눠 마셨다. 이것이 그의 뇌를 깨운 모양이었다. "졸업 후 킹스 칼리지 스쿨에 가본 적 있어? 혹시 그 뒤로 '그리운' 교장과 마주친 적은?"

"그 거룩한 홀hall에 발도 들여놓은 적 없어." 나는 산호색으로 물든 바다가 차창을 빠르게 지나가는 것을 바라보았다. 그러다 문득 기억이 떠올라 덧붙였다. "두 선생님에게 노골적인 과외 권유를 받았어, 거절했지만. 그중 한 명이 누군지 넌 짐작도 못 할걸! 그리고 또 다른 세 선생님과는 술을 마시며 아주 친밀한 회식을 했지. 그리고 이렇게 말했지. '잘 먹었습니다만, 술을 마시고는 섹스하지 않아요.' 요령이 갈수록 늘고 있어."

앤서니는 내게서 입맛 당기는 가십거리를 모두 끄집어낸

후 잠시 생각에 잠겼다. 그러고는 느닷없이 이렇게 말했다. "난 아직도 네가 말하는 '기계 지능의 문제'를 잘 이해하지 못하겠어!"

바그너 오페라의 복잡하기 짝이 없는 줄거리도 금방 이해하는 사람이 왜 그것을 모를까 하는 생각이 들었지만, 그 말은 삼킨 채 설명을 시작했다.

"잘 들어, 이런 거야. 전에도 몇 번이나 설명했듯이⋯⋯." 앤서니는 멋쩍은 표정을 지었다. "컴퓨터는 점점 더 영리해질 것이고, 그러다 보면 내가 상대하는 대상이 인간인지 기계인지 분간할 수 없는 시대가 올 거야."

"알아, 튜링Turing 테스트!" 앤서니는 내가 여러 번에 걸쳐 얘기할 때 귀 기울여 들었음을 증명하려는 듯 자신 있게 말했다.

"맞아, 그게 튜링 테스트야. 지능을 가진 기계(또는 기계 여러 대)가 훨씬 더 뛰어난 지능을 가진 기계를 만들 수 있는 날이 머지않았어."

"거기까지는 알겠어. 기계가 초지능을 가져서 결국 인간을 지배하게 된다는 고전적인 줄거리, 그건 알겠어. 하지만 네가 꿈꾸는 기계는 그게 아니라⋯⋯."

"지능 증폭 장치야!" 내가 끼어들었다.

"그래. 인간의 다음 단계 진화는 생물학적 뇌와 기계 뇌를 융합하는 것이라고 네가 말했지. 그 결과 아이큐와 수명이 무한히 늘어나고, 다른 별로 여행을 떠나고, 우주에 거주하는 등 과학소설에나 나올 법한 일들이 실현될 거라고. 좋아, 그것도 알겠어. 그래서 기계 지능의 문제가 뭔데? 지금 당장은 최고의 컴퓨터조차 민달팽이 수준의 지능이라는 점을 빼면."

이미 앤서니는 컴퓨터에 대해, 내가 (그가 상세히 가르쳐주었음에도 불구하고) 오페라에 대해 알고 있는 것보다 훨씬 더 많은 것을 알고 있었다. 그래서 나는 나쁜 소식을 전하며 그가 실망하지 않도록 신경 썼다.

"민달팽이 수준의 지능조차 있는지도 확실하지 않아. 하지만 일단 그 문제는 제쳐두기로 하고……. 내가 생각하는 문제는, 지능 증폭기 방향으로 연구하고 있는 소수의 과학자들이 근본적으로 잘못 생각하고 있다는 거야. 그들의 주장에 따르면, 언젠가 인류는 탄소계 물질인 생물학적 뇌를 스캔해서 그 데이터를 실리콘계 물질인 기계 뇌로 옮길 수 있고, 그때부터 인류가 제한된 수명에서 해방될 거라는 거야."

"그게 뭐가 문제야?"

"그렇게 될 리가 없으니까!"

"지금 당장은 안 돼도 결국은 시간문제 아니야?"

"내 말은, 원천적으로 불가능하다는 거야. 이론적으로 불가능해."

"네가 그걸 어떻게 알아?"

"실리콘 뇌는 복사본이기 때문이지. 그들이 신나서 떠들어대는 '불멸'의 실리콘 뇌는 원본이 아니라 사본이야. 그것은 원본과 똑같은 기억을 가지고 있고, 영원히 살 수도 있어. 하지만 원본은 죽겠지. 설상가상으로, 데이터를 스캔하는 과정에서 생물학적 뇌의 신경세포가 하나씩 파괴된다면, 데이터 전송 그 자체로 인해 원본이 죽고 말 거야! 나는 이것을 '업로드 문제'라고 불러."

"아! 어제 네가 장황하게 말했던 게 그거구나? 커크Kirk 선장은 엔터프라이즈호에서 전송될 때마다 죽는다고 했지?"

"맞아! 그거야. 엔터프라이즈호의 전송 장치는 인체를 스캔하는 동시에 그것을 비물질화해서 그 데이터를 우주로 전송하지. 그러면 전송받는 행성에서 인체를 재구성해."

"나도 〈스타트렉〉을 봤어⋯⋯."

"어린 내 눈에도, 커크 선장의 사본이 매회 재구성되고 있다는 게 분명했어. 원본을 비물질화하지 않으면, 두 명의 커크 선장이 동시에 존재하게 되니까. 한 명은 엔터프라이즈호에 있고, 또 한 명은 어느 행성 표면에 있고. 실제로 한 에피소드에서 그런 일이 일어났어. 그러니까 작가들도 자신이 커크 선장과 대원들을 매회 죽이고 있다는 것을 알았다는 소리지."

"매회 새로운 배우를 뽑았다면 돈이 굉장히 많이 들었을 거야."

"오, 저기 봐! 펠리컨이야!"

과학은 마법으로 통하는 유일한 길이다

우리는 둘 다 키웨스트에 매료되었다. 버스 정거장조차 우리가 아는 거리와는 차원이 달랐다. 그레이하운드 버스를 타고 미국을 여행하는 것의 알려지지 않은 장점 중 하나는 그 도시에서 가장 물가가 싼 (즉 가난한) 지역에 정거장이 있는 것임을 우리는 일찌감치 깨달았다. 반대로 기념비와 관광 명소는 그 도시에서 가장 비싼 (즉 부유한) 지역에 집중되어 있었다. 그렇다 보니 한쪽에서 다른 쪽으로 걸으면 그 도시의 경제적 스펙트럼 전체를 볼 수 있었다.

"여기 노숙자는 없나 봐?" 앤서니가 의아하다는 듯 물었다. 워싱턴에 갔던 일을 떠올리며 한 말이었다. 그곳에서 우리는 하루의 대부분을 백악관과 링컨 메모리얼을 둘러보며 보낸 후, 슬럼 같은 동네—적어도 윔블던에서 온 두 소년에게는 그렇게 보였다—에 이르렀다.

"햄버거를 한 입 물었을 때였지!" 나는 그때의 일을 떠올렸다.

"그렇다고 뱉을 필요까진 없었잖아."

"아무리 카페 유리창 바깥쪽이었어도 얼굴에서 겨우 몇 센티미터 떨어진 데서 오줌을 갈기는 데 어떡해!"

몇 시간 후, 키웨스트에서 구시가지로 온 우리는 완전히 반하고 말았다. "이런 곳에서 살면 얼마나 좋을까." 우리는 그 아름다운 섬을 제대로 봐야 한다고 주장하는 동네 사람들에게 설득당해, 화사한 색깔의 2인승 자전거를 빌려 섬을 한 바퀴 돈 참이었다. 그러고 나서 키웨스트 항구에 막 도착해 헤밍웨이의 단골 술집이었던 슬로피 조스Sloppy Joe's에서 한잔할까 생각하는 중이었다.

"미국에서 살면 정말 좋을 것 같아."

"여기서 일하려면 미국 법을 배워야 하지 않을까?"

"오, 내가 법학을 공부하는 건 단지 엄마를 안심시키기 위해서야. 여차하면 먹고살 방책이 있다는 걸 보여드리려고. 내게는 언제나 오페라뿐이야. 오페라야말로 열정을 바칠 수 있는 대상이지."

"그렇고말고. 네가 옳아. 넌 진심으로 오페라를 사랑하지. 변호사가 돼도 물론 잘하겠지만, 무대감독이 되면 정말 잘할 거야. 네가 '더 현실적인' 다른 일보다 오페라를 선택하는 건 필연이야. 내가 최근에 생각한 '논리와 사랑의 법칙Law of Logic and Love'에 따르면 그래."

"운이 척척 맞는군. 그건 인정하지. 그런데 그 법칙은 뭐에 대한 거야?"

"우주의 이치를 설명하는 법칙이야. 우리들 각자가 인생을 바꾸는 결정을 내릴 때마다 어김없이 작동하는 암묵적 규칙이 있다고 생각해. 어느 선까지는 논리가 우리를 이끈다 해도, 결정적 순간이 오면 언제나 사랑이 논리를 이겨."

과학은 마법으로 통하는 유일한 길이다

길고 무더운 여름이 이어지고 있는 영국으로 돌아와 7주가 지났을 때, 어머니와 아버지가 다임러에 내 짐 가방과 상자를 싣고 런던에서도 호화로운 동네에 속하는 사우스켄싱턴 South Kensington으로 왔다. 임피리얼 칼리지 오브 사이언스 앤 드 테크놀로지Imperial College of Science and Technology는 이 (매우 편리한) 지역에 위치하고 있었다.

나는 옥스퍼드나 케임브리지는 거들떠보지도 않고 임피리얼 칼리지를 선택했다. 이건 기성세력에 대한 정면 도전 이었다(그리고 우리 하우스 사감이 보기에는 '결정적' 실수였다). 당시 임피리얼 칼리지는 영국에서 컴퓨터과학 학위 과정 을 갖춘 유일한 대학이었다는 점에서, 내게는 완벽하게 이 치에 맞는 선택이었다. 나는 미래는 컴퓨터의 시대가 될 거 라고 확신하고 있었다. 반면 우리 하우스 사감은 옥스브리 지를 마다하고 다른 대학을 선택함으로써 기득권의 암묵적 규칙을 대놓고 무시한 내 파렴치한 행위는 "학교에 대한, 부 모에 대한, 그리고 무엇보다 자기 자신에 대한 배신"이라고 확신했다. 사감에 따르면 "머리가 있으면 누구나" 그렇게 생각할 거라고 했다.

"대학이 아주 멋진 곳에 있구나." 이것이 어머니가 내린 판정이었다. "웨스트엔드West End 한가운데라니! 공원을 가 로질러 옥스퍼드 스트리트로 걸어갈 수 있고, 서펜타인Serpentine 연못을 지나 켄싱턴 가든에도 갈 수 있구나. 반대 방향에는 극장가가 있고, 나이츠브리지Knightsbridge도 엎어지면 코 닿을 거리야. 먹을 게 떨어지면 언제든 해러즈 식료품점에 가서 사면 되겠네."

우리는 하숙집 동네 중 한 곳에서 적당한 면적의 원룸을 발견하고 짐을 옮기기 시작했다. 다 나른 후, 우리는 새로 산 전기 주전자와 오래전부터 쓰던 티포트로 차를 우렸다. 침대 옆에 있는 작은 개수대에서 컵을 다 씻었을 때, 부모님이 윔블던으로 돌아갈 시간이 되었다. 나는 부모님을 차가 있는 곳까지 배웅한 후 작별 키스를 하고, 떠나는 차를 향해 손을 흔들었다. 그리고 하숙방 침실 담당(매일 침대를 정리하고 방 청소를 해줄, 모성이 넘치는 런던내기 가사도우미 두 명)에게 인사를 하고 내 방으로 돌아왔다.

나는 책상 옆에 서서 커다란 창을 통해 정원을 내려다보았다. 함박웃음에 얼굴이 찢어질 것 같았다. 마침내 탈출했다…… 이제부터는 상류 중산층 동네의 역겨운 관습, 편견, '남들에게 어떻게 보일까 걱정하는' 사고방식 속에서 살지 않아도 되었다. 나는 한때 사랑했던 학교의 특권과 무자비함에서도, 갈수록 더 증오하게 된 기득권에서도 탈출했다. 그리고 나 같은 사람들을 증오한다고 말하는 동시에 나의 가장 중요한 비밀을 모르기 때문에 나를 사랑한다고 주장한 부모님과 친척에게서도 벗어났다. 내 어린 시절과 교육은 내게 많은 기회를 주었다. 그건 정말 감사할 일이다. 그

과학은 마법으로 통하는 유일한 길이다

점을 부인하지는 않는다. 하지만 그것을 위해 내가 치러야 했던 대가는? 나답게 살 수 없다면 그런 기회가 다 무슨 소용인가?

너무 좋아서 나도 모르게 크게 환호성을 질렀다. 그런 후 창문에서 몸을 돌려, 어렵게 얻은 행복에 상기된 얼굴로 캠퍼스로 향했다.

나는 자유였다.

# 까불지 마!

Bollocks to That!

"이번에 터득한 게 하나 있어. 어차피 불치병으로 진단받아야 한다면 개중 MND가 낫다는 거야."

내가 버클리 스퀘어Berkeley Square에서 근무할 때 내 비서로 일한 이래 거의 30년 동안 친구로 지낸 헬렌Helen이 내 말을 듣고 웃었다. 그러고 나서 웃어도 되는지 생각하는 눈치더니, 다시 웃고 라테를 또 한 모금 마신 후 진담이냐고 묻는 듯 눈썹을 치켜올렸다.

"진담이야!" 나는 열변을 토했다. "만성 통증도 없지, 구역질도 없지, 갑자기 사고를 당하거나 뇌종양 같은 병에 걸린 사람들과 달리 주변을 정리할 시간도 많아. 게다가……." 나는 극적 효과를 위해 잠시 뜸을 들였다. "이게 가장 중요한 점인데, 말기에……." 나는 가장 반응이 좋을 것 같은 말을

과학은 마법으로 통하는 유일한 길이다

고르느라 애를 먹었다. "협상의 여지가 있어. 하기 나름이란 뜻이야."

우리는 런던의 NHS 병원 구내식당에서 대기하는 중이었다. MND 센터 원장에게 진료 예약을 해둔 터였다. 마침내 내 병을 의사에게 공식적으로 확인받게 된다. 하지만 나는 이미 내 자가 진단을 뒷받침하는 메일을 받았다. 검사 결과가 나오기 전부터 그에게 문의를 했던 것이다.

"하지만 다들 MND를 세상에서 가장 잔인한 병이라고 하지 않아요?" 다른 천사들이 밟으려고 하지 않는 영역으로 들어가는 것을 두려워하지 않는 것이야말로 헨렌의 가장 큰 장점이었다.

"맞아. 하지만 왜 그렇게 말하는지 지금 당장은 잘 모르겠어. 뇌종양 말기보다는 훨씬 낫다고 생각해. 만성 통증에 시달리거나, 구역질을 달고 살거나, 정신을 놓는 것보다도 낫고. 세상에는 온갖 종류의 끔찍한 죽음이 있잖아."

"그건 맞아요. 그런데 왜 다들 그렇게 말할까요?"

"나도 모르지! 끔찍한 병인 건 맞아! 이 병이 환자와 주변 사람들에게 얼마나 큰 고통을 주는지는 잘 알아. 하지만 더 나쁜 상황도 있다는 말을 하고 싶은 거야. 나는 완전히 꼼짝하지 못하게 되기 전에 사전 대책을 강구할 생각이야. 곧 만날 의사가 도움을 줄 거야."

지금 생각해보면 헬렌은 내가 병을 부정하고 있다고 생각했을지도 모른다. "당연히 모두가 그걸 원하죠. 하지만 의

사는 아마 매뉴얼 같은 걸 줄 거예요. NHS는 그런 종류의
일은 아주 잘하니까.”

✳

“그런 일에 말려들고 싶지 않습니다.”

면담이 화기애애했던 건 딱 5분 동안이었다. 에어컨이 잘
돌아가고 있음에도 의사의 얼굴은 벌겋게 달아올라 있었다.

“그래요? 저는 능동적으로 사전 대응하는 방식의 치료를
원하는 것뿐이에요. 방금 말씀드렸다시피 선수를 치자는
거죠.”

“거듭 말씀드리지만, 저는 이 일에 말려들고 싶지 않습니
다.” 의사가 끼어들며 화를 냈다. 나로서는 이해가 되지 않
았다. “MND는 예측이 불가능해요. 따라서 사전 대응이 어
렵습니다. 사후 대응이 유일한 방법이에요!”

나는 ‘이 똥멍청이야’라고 말하고 싶었지만, 충동을 참으
며 정중하게 응수했다. “대단히 흥미로운 관점이지만, 선생
님의 독보적 경험을 빌려 이 병이 어떻게 진행될지 예측해
볼 수는 없을까요? 가장 유력한 시나리오를 상정하고 최선
의 대비를 하면 안 될까요?”

“불가능합니다!” 그러고 나서 의사는 이유를 한마디로
정리해주었다. “당신한테 그렇게 할 수 있다면 벌써 모든
MND 환자한테 그렇게 했겠죠!”

과학은 마법으로 통하는 유일한 길이다

그렇게 할 수만 있다면 '맞춤 치료'라는 흥미로운 실험이 될 텐데. 나는 이를 악문 채 웃으며 외교적인 전략을 구사했다. 하지만 완전한 시간 낭비, 에너지 낭비였다. 25분 후 내가 마지못해 내린 결론은 이러했다. 영국에서 가장 경험이 풍부한 MND 전문의는 진단하는 데는 명의인지 몰라도 과학자 근성을 전혀 가지고 있지 않았다. 그에게는 규칙이 있었고, 그 규칙을 깰 방법은 없었다. 도전할 가치조차 없었다.

의사는 사전 대응을 해보자는 내 의견에 적극적으로 반대했을 뿐만 아니라, 악화되고 있던 간헐성 경련(가끔 두 다리가 통제 불가능할 정도로 떨렸다)에 대해 납득할 수 없는 판정을 내렸다. "약이 부족해서 그렇습니다!" 그는 '바클로펜baclofen'이라는 근이완제를 병원 밖에서 허용된 최대치로 처방했다. 나름의 친절한 배려였다. 하지만 애초에 제대로 움직이지 않는 근육을 극적으로 이완시키는 게 무슨 의미가 있는지 의문이 들었다.

나는 믿음직한 지팡이에 의지하며 진료실을 나와 비틀거리면서 중앙 출입구로 향했다. 의사의 말을 요약하면 이런 얘기였다. 병이 진행되는 것을 손 놓고 지켜보는 것 말고는 방법이 없다. 피할 수 없는 운명에 굴복하고 기존의 프로토콜을 따라야 한다. MND에 대한 효과적인 치료법은 없으며, MND에 걸리면 죽는다는 의학계의 정설을 받아들여야 한다. 유리로 된 출입문 앞에 왔을 때 문이 쉿 소리와 함께 열리며 차가운 공기가 내 얼굴을 때렸다. 그 순간 나는 속마음

나는 사이보그가 되기로 했다

을 시원하게 내뱉었다.

"까불지 마!"

✳

인간의 정의定義를 바꾸는 건 고사하고 MND 세계의 규칙을 바꾸는 것만도 간단치 않았다.

"엄청 힘든 싸움이 되겠어." 나는 프랜시스에게 면담 결과를 전하며 말했다.

"당연하지! 의료계도 어디나 마찬가지로 암묵적 규칙에 따라 움직이니까."

"실은 어느 기업보다 훨씬 더 암묵적인 규칙에 얽매여 있지. 예전에 NHS와 미국의 다양한 병원에 대한 분석을 한 적이 있어."

"누가 아니래! 넌 암묵적 규칙과 그 규칙을 깨는 방법에 관한 전문가잖아. 이 세계가 어떻게 움직이는지 알잖아. 모른다 해도 알아내는 방법을 알 거야. 그러니까 네가 정말 똑똑하다면, 네 전문 지식을 이용해서 그 거지발싸개 같은 병의 미래를 완전히 다시 쓰는 방법을 알아내! 네가 고객들에게 항상 하던 말이잖아. 그러니 직접 증명해봐. 지금까지 해왔던 일을 이번에는 너 자신을 위해, 그리고 그 혜택을 받을 모든 사람을 위해 해보는 거야."

프랜시스가 옳았다. 은퇴하기 전에 나는 기업부터 국제

123
과학은 마법으로 통하는 유일한 길이다

기구까지 온갖 조직을 움직이는 '암묵적 규칙'을 해독해 바꾸는 방법을 연구했다. 그리고 이 주제로 여러 권의 책을 썼다. 프랜시스가 내 직업적 자부심을 노골적으로 건드리자, 도전에 응하는 게 마땅하다는 생각이 들었다. 나는 런던의 명의名醫를 정중하게 해고하고, 정든 동네인 데번Devon의 NHS로 돌아왔다. 점점 비대해지는 대도시의 대학 병원들과는 거리를 두는 게 좋겠다는 생각이 들기 시작했다. 그곳의 의사들은 평판에 금이 갈까 봐 돌다리를 두드리다가 결국 깨뜨리는 경향이 있다. 나는 직감적으로 서부의 NHS라면 실험에 좀 더 열려 있지 않을까 하는 생각이 들었다.

그래서 프랜시스와 나는 NHS에서 온 'MND 책임간호사, 간호 네트워크 코디네이터 남서부 지역 담당'이라는 거창한 직함을 가진 매력적인 여성을 우리 집으로 초대했다. 그녀의 명함을 읽는 데 이미 5분을 써버렸기 때문에, 나는 곧장 본론으로 들어갔다.

"트레이시Tracy, 만나서 정말 반가워요. 시간을 절약하기 위해 상황을 간추려 설명해드릴까 하는데, 어떻습니까?"

트레이시는 소파에서 몸을 앞으로 기울여 비스킷을 또 하나 집더니, 다시 뒤로 기대고 기대에 찬 얼굴로 미소를 지었다.

"알다시피, 진단 일자를 고려하면 저는 통계적으로 22개월 내에 죽게 됩니다." 공교롭게도 그 말을 한 순간 트레이시가 초콜릿 다이제스티브를 한입 물었지만, 그녀는 과자

부스러기를 뒤집어쓴 와중에도 대화의 맥락에 어울리는 엄숙한 표정을 유지했다.

"당연히 당신은 나를 잘 모를 거예요. 하지만 나를 잘 보세요. 당신의 직관적인 직업적 견해로 볼 때, 내가 통계적으로 정해진 날짜에 힘없이 죽을 사람 같습니까?"

트레이시는 강한 부인의 뜻으로 고개를 세차게 가로저으며 비스킷을 문 입으로 "음음!"이라고 말했다.

"치료 방법을 기다리는 건 헛된 꿈이에요. 당신도 알고 나도 알아요."

그녀는 회피하기 위해 눈썹을 치켜올렸다. 그래서 나는 정곡을 향해 계속 밀어붙였다.

"MND를 위한 전 세계의 모든 자선단체, 모든 아이스 버킷 챌린지Ice Bucket Challenge는 치료제를 찾기 위한 연구 기금을 모으기 위한 것입니다. 그런데 지난 50년 동안 개발된 약은 딱 한 가지예요. 20년 전에 개발된 리루졸riluzole, 생명을 몇 달 연장하는 게 고작이죠. 게다가 자선단체와 연구자들이 아무리 노력해도, 현재 진행되고 있는 연구 중 이미 진단받은 환자를 도울 수 있는 건 없어요."

"다양한 임상 시험이 진행되고 있는 건 아세요?"

"물론 압니다. 하지만 그중 일부가 성공한다 해도, 기껏해야 근위축이 진행되는 속도를 약간 늦출 뿐이겠죠. 게다가 그때까지 5년은 걸리지 않을까요? 그때쯤이면 저와 같은 시점에 진단받은 환자의 90퍼센트는 죽고 없을 거예요.

과학은 마법으로 통하는 유일한 길이다

MND가 파괴한 것을 되돌리기 위한 약, 즉 근육과 운동뉴런, 그리고 대뇌피질을 원상 복구할 치료제가 나오려면 수십 년이 걸리겠죠."

트레이시는 입술을 앙다물고 천천히 고개를 끄덕였다.

"따라서 명백한 결론은, 제가 다른 경로를 선택해야 한다는 거예요. 그러기 위해서는 당신의 도움이 필요해요. 제가 계속 살아갈 수 있도록 적절한 시점에 위에 영양 튜브를 삽입하고, 기도에 인공호흡기를 연결해주었으면 합니다. 제 부모님은 두 분 다 건강했고 90대까지 사셨어요. 저 역시 아파서 결근한 날이 하루도 없었어요. 따라서 마비된 상태로 수십 년을 산다는 가정하에 치료를 계획해야 한다고 생각해요."

어떤 이유에서인지 트레이시는 씹기를 멈추더니, 몇 초간 비스킷에서 초콜릿을 빨아 먹기만 했다. 그녀가 저작 행위를 재개하는 것을 보고 나는 말을 계속했다.

"저는 로봇공학으로 박사 학위를 땄어요. 따라서 당신도 아마 그렇게 생각하겠지만, 이건 저 자신을 대상으로 연구할 정말 좋은 기회예요!"

나는 트레이시의 얼굴이 굳어져 있는 것을 어쩌다 보고, 지루해서가 아니길 바랐다. 혹시라도 그 경우일까 봐 나는 더욱 열심히 설명했다.

"저는 최첨단 기술을 엄청나게 투입해서, 어떻게 하면 몸 안에 갇혀서도 재미있게 살 수 있는지 알아볼 계획이에요.

제게는 이것이 말 그대로 인생을 건 실험입니다!"

나는 미소를 지었다. 하지만 트레이시의 표정은 꿈쩍도 하지 않았다.

"요컨대 저는 매우 장기적이고 유익한 관계를 고대합니다." 트레이시가 만난 모든 사람이 처음에 이런 식으로 시작했을 것이다. 어쨌든 흥미롭게도, 그녀는 특별한 반응을 보이지 않았다. 실제로 마지막 30초 동안 트레이시의 얼굴을 관찰한 결과, 나는 그녀가 대단한 포커페이스라는 결론을 내렸다.

그때 트레이시의 잊지 못할 명언이 튀어나왔다.

"음…… 많은 도움이 되었습니다."

내 기억이 맞다면, 그때부터 대략 한 시간 동안 대화가 순조롭게 진행되었고, 화제는 필연적으로 내 신체 기능을 어떻게 유지하느냐에 대한 문제로 옮겨갔다. 트레이시가 그 표현을 처음으로 사용한 것은 이 무렵이었다. 나중에 알았는데, 간호 전문가는 MND 진단을 받은 사람과의 첫 면담에서 거의 의무적으로 그 표현을 쓴다고 한다.

"좋은 소식은, 병이 진행되어도 배설을 스스로 통제할 수 있다는 거예요."

트레이시는 마치 이것이 희소식인 것처럼 말했다. 알고 보니 그것은 궁극적인 좋은 소식과 나쁜 소식을 말하기 위한 포석이었다.

"스콧-모건 박사님, 좋은 소식은 앞으로도 스스로 볼일을

과학은 마법으로 통하는 유일한 길이다

볼 수 있다는 것이고, 나쁜 소식은 머지않아 화장실까지 스스로 갈 수 없게 된다는 겁니다."

나는 그 사실을 몇 주 전에 알았기 때문에, 나름의 대책도 생각해두었다. 하지만 화제가 트레이시의 전문 영역으로 옮겨가자 그녀가 매우 편안해 보여서, 대화가 저절로 흘러가게 두기로 했다. 어쨌든 모든 MND 환자가 똑같은 문제를 겪었을 테니, 표준 해결책이 무엇인지 알아두는 것도 나쁘지 않을 듯했다.

"그렇군요! 그럼 마비가 진행되어 화장실에 갈 수 없을 때 어떤 임상적 조치를 씁니까?"

"간병인입니다." 그녀가 설명했다.

"좋아요, 그럼 간병인은 뭘 합니까?"

"아!" 트레이시가 뭐 그런 당연한 걸 물어보느냐는 말투로 답했다. "물론 볼일을 볼 수 있게 해드리죠."

'볼일을 볼 수 있게 해드린다'는 것이 실제로 무엇을 의미하는지 생각해봤는가. 나는 어린애 같은 비합리적인 이유로 이 시나리오가 그다지 마음에 들지 않았다. 그래도 나는 답이 뻔한 다음 질문을 기어코 했다.

"좋아요. 그럼 언젠가 폐렴에 걸려서 강력한 항생제를 투여할 경우 설사를 할 수도 있을 텐데, 그때는 간병인이 뭘 해줍니까?"

그러자 트레이시는 사실상 반색을 했다. 물론 답을 아는 질문이었으니까.

나 는 사 이 보 그 가 되 기 로 했 다

"기저귀가 뭐 때문에 있겠어요?"

나는 지금이야말로 내가 준비한 의견을 말할 절호의 기회라고 생각했다.

"제가 조금 다른 방법을 제안해도 될까요?"

과학은 마법으로 통하는 유일한 길이다

# 불사조가 되다

Being Immortal

"죽는 줄 알았어! 농담이 아니라, 내 인생에서 그렇게 끔찍한 폐소공포증은 처음이었어. 동굴은 팔꿈치를 옆구리에 딱 붙인 채 겨우 기어갈 수 있을 정도로 좁고 헬멧이 자꾸만 천장에 부딪쳐 짜증 나 죽겠는데, 이 자식이 이렇게 소리치는 거야." 나는 이렇게 말하며 '꼬마 닉Nick'을 향해 맥주잔을 기울였다. 닉은 싱긋 웃었는데, 그럴 때면 코너와 놀라울 정도로 닮아 보였다. "'되돌아가자! 너무 좁아!'라고 말이야. 그래서 하자는 대로 되돌아가려고 하는데, 되돌아가는 게 불가능한 거야. 앞으로밖에는 움직일 수 없었어."

학생회관 바에서 나는 이야기 삼매경에 빠져 있었다. 구사일생으로 살아 돌아온 사람의 기쁨과 환희에 취해 무용담을 늘어놓았다. 그때 나는 열아홉 살이었고, 인생의 봄을 누리는 중이었다. 그해 여름과 초가을 대부분을 실외에서 보낸 탓에, 어깨까지 자란 머리카락은 밝게 변색되었고 피부는 햇볕에 그을려 있었다. 몸에 걸친 옷은 소매 짧은 흰 티셔츠에 꽉 끼는 리바이스 청바지였다. 그날 테이블에 둘러앉은 네 명 중 누군가가 테이블 밑을 볼 정도로 내 옷차림에 관심이 있었다면 알았을 테지만, 청바지 끝단을 카우보이부츠 안에 집어넣었다. 나는 그 스타일을 '제임스 딘 룩'이라고 불렀지만, 그건 그레이하운드 버스에서 만난 나의 카우보이 '브래드'에 대한 나만의 은밀한 오마주였다.

"그럼 닉은 어떻게 뒤로 움직일 수 있었어?" 존John이 물었다. 그는 벌써 파인트로 한 잔을 마신 뒤였다. 나는 그해 여름에 존과 함께 라샴Lasham 비행장에서 패러글라이딩 면허를 땄다.

"두더지만 한 땅꼬마니까 그렇지, 멍청아." 한 학년 위인 버스터Buster였다. 그는 말끝마다 욕설을 넣는 것으로 전기공학 기말시험이 다가오는 것을 기념하고 있었다. 버스터와 나는 스럭스턴Thruxton 비행장에서 하루 동안 경비행기 조종 체험을 한 적이 있었다. 그때 우리는 탈출 훈련도 했다. 경비행기 날개 위에서 뛰어내리는 순간부터 큰소리로 6초를 세고, 그 사이에 낙하산이 펼쳐지지 않으면 허리에 매달린 비상 낙하산을 작동시켜야 하는데, 그때도 버스터는 이렇게 외쳤다. "우라질 하나, 우라질 둘……." 그의 낙하산은 '우라질 다섯'에 펼쳐졌고, 지상에서 지켜보던 사람들

과학은 마법으로 통하는 유일한 길이다

은 가슴을 쓸어내렸다.

"우라질!" 닉이 맞받아치며 늘 그렇듯 귀엽게 씩 웃었다.

"기억하지?" 나는 하던 이야기를 계속했다. "물웅덩이 속을 헤엄치느라 얼마나 추웠는지."

"무슨 우라질 상황인데?" 물론 버스터였다.

"동굴에 물이 찬 곳이 있어서, 숨을 깊이 들이마시고 헤엄쳐야 했거든." 경험 많은 동굴 탐험가 닉이 설명했다. "동굴 속 물은 1년 내내 더럽게 차갑지."

"그래서 어떻게 빠져나왔어?" 존은 정말 흥미를 느낀 듯 물었다. 물론 취기가 흥미를 불러일으킨 것일 수도 있지만.

"음, 운 좋게도……." 내가 이어서 말했다. "바로 그 순간 닉이 엄청난 양의 메탄가스를 내뿜었거든." 모두가 사춘기 소년들처럼 깔깔댔다.

"네가 끼어서 못 나올까 봐 걱정돼서……." 닉이 변명하듯 말했다.

"나는 네가 가연성 폭발물이 됐을까 봐 걱정했어. 조금만 불꽃이 튀었어도 동굴이 통째로 날아갔을지 몰라."

"그래서 어떻게 나왔냐니까?" 존이 다그쳐 물었다.

"현존하는 명백한 위험이 나로 하여금 용기를 내게 했다고나 할까……. 필사적으로 숨을 참고 그 우라질 동굴에서 나왔지!"

우리는 한바탕 웃고 나서 맥주를 홀짝였다. 하지만 내 이야기의 결말은 새빨간 거짓말이었다. 당시에 내가 얼마나 공포를 느꼈는지를 감추기 위해 허세를 부린 것이었다. 머리 위에 수십 미터의 암석을 인 채 캄캄한 동굴 속에 갇혔고, 내가 길을 막고 있는 바람에 닉도 빠져나갈 수 없는 데다, 뒤에서 내 다리를 잡고 끌어당겨줄 사람도 없다는 걸 깨달았을 때, 정말 오싹했다. 난생처음으로 완전한 공포를 느꼈다. 폐소공포증이 나를 짓눌렀다. 태어나 처음으로 느껴본 절대적 공포였다. 머릿속에서 물이 펄펄 끓어넘치는 느낌이었다. 나는 자제력을 잃어가고 있었다.

나의 합리적인 뇌가 자신의 존재를 증명하려고 고군분투했다. '심각한 상황이야. 공포에 사로잡히면 정말로 위험해질 수 있어.' 몇 년 전 나는 감전사할 뻔한 적이 있었다. 방과 후 학교에 혼자 남아 있다가 전기가 통하는 전기 코드를 손으로 잡고 말았다. 꼼짝도 할 수 없었다. 너무 놀라 죽음을 생각할 경황도 없었다. 눈앞이 어두워지면서 시야가 좁아졌다. 시야 중심에는 나를 죽이려 하는 평범한 조명 기구가 있었다. 나는 죽을힘을 다해 조명 기구를 흔들었다. 몇 번 흔들자 조명 기구가 기우뚱거리다 마침내 균형을 잃고 쓰러졌다. 그 순간 나는 정신을 잃었다.

그때도 빠져나올 방법을 생각해냈다. 이번에도 마찬가지다. 얼마 후 나는 냉정을 되찾기 시작했다. '다른 문제와 비슷하게 다루면 돼.' 스스로를 타일렀다. '진정해. 다른 생각은 하지 마. 공포를 내려놔. 위기에서 벗어날 방법을 어떻게든 생각해내야 해.' 마침내 나는 집중하기 시작했다. 하지만

과학은 마법으로 통하는 유일한 길이다

불행히도 집중이 최고조에 달했을 때, 닉이 뒤로 움직여보려고 꼼지락거리다 그랬는지, 궁지에 몰렸다고 생각한 탓인지 큰 소리로 방귀를 뀌었다. 이 부분은 어쩔 수 없는 사실이었다. 그 소리는 동굴 안에 쩌렁쩌렁 울려 퍼질 정도는 아니었지만, 우리가 갇힌 '석관'의 무덤 같은 정적 속에서는 너무 컸다.

"미안!"

나는 다시 집중하려고 시도했다. 몸을 꼼지락거려봤다. 실패였다. 다음에는 팔꿈치를 대고 몸을 밀어보았다. 그것도 실패였다. 초조해진 나는 마지막으로 세 가지 동작을 한꺼번에 동원해보기로 했다. 즉, 팔꿈치로는 밀고, 발끝으로는 당기고, 몸을 동그랗게 말았다. 그러자 몸이 약간 뒤로 움직였다. 작전이 통했다! 그제야 안도감이 들었다. 희망이 생겼다. 그때부터는 같은 동작을 반복하기만 하면 되었다. 아마 수백 번쯤 했을까. 마침내 폐소공포가 물러나고 의기양양한 안도감이 밀려왔다.

"음…… 생각보다 간단하네." 닉이 내 뒤에서 빠져나오며 말했다.

나는 잽싸게 학생회관의 현실로 돌아왔다.

"농담이 아니라……." 버스터는 이번만큼은 실제로 농담을 하는 것 같지 않았다. "우라질, 우라지게 위험했군! 우라질 죽을 뻔했잖아!"

"아닐걸." 잘생긴 태프Taff가 처음으로 입을 열었다. 웨일스 억양으로 노래하듯 말하는 그는 나보다 두 살 위였고, 비인기 학문인 지질학으로 석사 과정을 밟고 있었다. 웨일스에 사는 일가친척 중 대학에 들어온 사람이 그가 처음이라는 걸 감안하면 그의 선택이 더더욱 인상적으로 보였다. 나는 태프와 친했다.

"난 피터가 죽는 걸 이미 봤잖아……." 태프가 노래하듯 말했다. "잘 죽지 못하더라고. 아직 초보야. 어쨌든 본인은 아직 죽을 생각이 없어."

나는 태프가 이 말을 하는 걸 전에도 들은 적이 있지만, 이 자리에 모인 다른 사람들도 들었는지는 기억나지 않았다.

"프랑스에서였던가?" 존이 물었다.

"맞아." 태프가 확인해주었다. "휴가를 맞아 프랑스 쪽 피레네산맥에 스키를 타러 갔을 때였지(참고로 눈이 거의 없었지만 그건 다른 얘기다). 그때 일행 중 몇 명이 산행을 하기로 했어. 깊은 골짜기가 내려다보이는 높이까지 올라갔지." 태프가 '밸리valley'를 웨일스 억양으로 발음하면 매우 섹시하게 들렸다. "전망을 보려고 잠시 멈추었는데, 피터가 글리사드glissade를 보여주겠다고 하더라."

"우라질 '글리사드'가 대체 뭔데?" 버스터가 지적 호기심을 보였다.

"그건 눈 덮인 사면斜面을 빠르게 미끄러져 내려오는 기술이야. 몸을 웅크린 채 한 발로 균형을 잡고, 그 다리를 스키처럼 이용하지." 내가 설명을 덧붙였다.

과학은 마법으로 통하는 유일한 길이다

"우라지게 멍청한 하산 방법 같군. 아무튼 계속해봐." 버스터의 재촉에 태프가 이야기를 다시 이어갔다.

"그래서 피터가 글리사드를 보여주기 시작했어. 시작은 멋졌지. 나는 내심 '좀 가파른 것 같은데…… 그래도 뭐 어때'라고 생각했어. 그때 피터가 속도를 올렸지. 나는 이번에도 '좀 빠른 것 같은데…… 그래도 뭐 어때' 하고 생각했지. 그 순간 피터가 다른 곳보다 약간 더 반짝이는 지대로 진입하더니 갑자기 빙그르르 도는 거야. 우리 모두 피터가 얼음 위를 미끄러지고 있다는 걸 알았어. 나는 '우라질 어떡해!' 하고 생각했어."

끝이 어떻게 될지 안다는 듯 킬킬거리는 사람이 있었지만, 모두가 태프의 한마디 한마디에 귀를 기울였다. 앞으로 무슨 일이 일어날지 알고 있는 존과 나조차.

"피터는 점점 더 속도를 내며 산비탈을 미끄러져 내려가고 있었어. 머리를 아래로 둔 채로. 완전히 통제 불능이었지. 그때 나는 피터가 벼랑 끝으로 다가가고 있다는 걸 깨달았어. 높이가 장난이 아닌 벼랑이었지. 골짜기 밑까지 1,000미터는 족히 되었을 거야. '우라질, 우라질, 어떡해!!!' 나는 소리쳤어. 바로 그때, 지금 벼랑을 걱정할 때가 아니라는 걸 알았어. 피터 코앞에 바위가 있어서, 벼랑 아래로 떨어지기 전에 먼저 머리를 부딪혀 죽을 상황이었거든."

"우라질, 우라질, 진짜 우라질 상황이네!" 버스터가 중얼거렸다.

"그리고 1초 후였어." 태프가 말을 이었다. "피터의 정수리가 바위에 정면으로 부딪히는 것을 내 눈으로 똑똑히 봤어. 그렇고 그런 돌멩이가 아니라 제대로 된 바위였지. 피터의 머리가 거기에 탁 하고 부딪히며 공중으로 튀어 오르고, 이어서 온몸이 내던져졌어. 그러고는 바닥에 팅겨 90도를 돌았고, 그대로 몇 초쯤 옆으로 미끄러지며 벼랑 끝으로 가더니, 영화의 한 장면처럼 절벽 끝에서 스르륵 멈추는 거야. 벼랑 끝을 우라질 2미터 남겨놓고 말이야. 그래서 나는 생각했지. '음, 이걸 다행이라고 해야 하나. 이미 죽었을 텐데.' 그때 어유 깜짝이야, 피터가 일어나서 손을 흔들지 뭐야!"

청중 가운데 둘은 믿기 어렵다는 표정을 짓고 우리는 의미심장한 웃음을 짓는 가운데, 태프가 그날 내가 어떻게 죽음을 모면했는지 설명했다. 문제의 그날 나는 하마터면 머리통이 함몰될 뻔했다는 사실도 모른 채, 그저 벼랑 밑으로 떨어지지 않아서 다행이라고 생각하면서 친구들을 향해 산비탈을 올라가기 시작했는데, 그들이 내 쪽으로 내려오고 있었다. 왜 그러지 하는 생각이 들었지만 어쨌든 가슴이 뭉클했다.

4분의 1쯤 올라간 지점에서 우리는 만났다. 거기서 친구들은 내게 욕설, 포옹, 악수 세례를 한바탕 퍼붓고 나서 내가 죽은 줄 알았던 장소로 되돌아가 어떻게 된 일인지 조사해보자고 했다.

내가 죽지 않은 이유는 물리 법칙으로 간단히 설명할 수

과학은 마법으로 통하는 유일한 길이다

있었다. 그리고 약간의 운도 따랐다. 바로 옆에 있지 않는 한 보이지 않았을 테지만, 문제의 바위에는, 바람에 날려 온 눈이 한쪽 끝을 따라 완벽한 스키 슬로프 형태로 쌓여 있었다. 내가 바위에 접근했을 때, 내 머리는 바위에 부딪히는 대신 이 슬로프를 미끄러져 올라가 몸뚱이와 함께 공중으로 날아갔다. 그러는 동안 나는 잠시 덜컹거리는 느낌을 받았을 뿐이다.

"운이 나빴다면 넌 지금쯤 사이보그가 되어 있을지도 몰라. 예전의 너보다 더 훌륭하고 강하고 빠른 존재……." 닉이 드라마 〈600만 달러의 사나이Six Million Dollar Man〉 도입부에 흘러나오는 내레이션을 모방해 미국식 억양으로 말했다.

"우리에겐 우라질 기술이 있다!" 버스터가 내레이션을 마무리했다.

"그 얘기가 나왔으니 말인데……." 나는 1년 전 우리가 다 같이 〈스타워즈〉를 보러 간 뒤부터 내내 물어보고 싶은 게 있었다. "다스베이더가 어떻게 먹고, 마시고, 싸는지 궁금한 사람은 나뿐인 거야?"

"응." 모두가 입을 맞춘 듯 대답했다.

"생각해보면, 그건 기술적으로 아주 흥미로운 도전이야. 다스베이더는 몸 안의 배관을 완전히 교체한 게 틀림없어."

"좋은 정보야." 버스터가 말했다. "혹시 내가 우라질 다스베이더가 될 때를 대비해 꼭 기억해둘게."

# 고집 있는 MND

MND with Attitude

"즉, 저는 다스베이더와 같은 문제에 봉착하게 될 겁니다."

이 비유가 제대로 전달되지 않은 듯해서 나는 논점을 분명하게 설명했다. "먹고, 마시고, 배설하는 문제. 이건 의료 문제가 아닙니다. 공학적 문제예요! 따라서 공학적 해법이 있습니다. 해법은 사실 아주 간단하지만, 그것이 저를 자유롭게 해줄 겁니다."

내 말이 트레이시의 관심을 끈 것 같았다.

"내 몸에 배관을 다시 깔자고 제안하는 겁니다."

이 말은 확실히 트레이시의 관심을 끈 듯했다.

"한 번에 세 가지 수술을 하는 겁니다. 위에 음식과 물을 공급하는 관인 '인풋', 방광에서 소변을 내보내는 관인 '아웃풋 1', 그리고 결장에서 대변을 내보내는 관인 '아웃풋 2'를

과학은 마법으로 통하는 유일한 길이다

설치하는 겁니다." 그렇게 말하니 정말 간단하게 들렸다. 너무 간단하게 들렸을까 봐 나는 한마디를 덧붙였다. "위루술, 방광루술, 장루술을 한꺼번에 하는 거죠."

"아아……."

"물론……." 내가 '물론'이라고 한 건 트레이시가 정식 교육을 받은 간호사이고, 그래서 내 말을 이해할 것 같아서였다. "내가 원하는 건 뻔한 장루술이 아닙니다. 일반적인 장루술에서는 불필요한 결장을 30센티미터나 남깁니다. 그러면 장점액 배출 때문에 며칠에 한 번씩 관리를 해줘야 합니다. 그래서 마지막 30센티미터까지 전부 제거했으면 좋겠습니다. 기본적으로, 지하실의 불필요한 배관을 제거하는 일과 같아요."

나는 마치 로열 플러시(포커에서 최고의 패─옮긴이)를 터트리기라도 한 듯한 얼굴로 트레이시를 보았다. 이번에도 반응은 없었다. 예의 그 포커페이스였다. 잠시 후 마침내 트레이시가 입을 열었다.

"음, 큰 도움이 되겠군요." 출발이 좋다. "그렇지만……." 아, 아닌가? 그런 다음에 트레이시는 내게 정중하게 현실을 알려주었다. 지구상의 어떤 외과 의사가 내가 원하는 시술을 해줄지 모르지만 아마 그 전에 국가보건서비스, 즉 NHS의 자금조달위원회 사람들이 우르르 몰려와 수술을 말릴 것이라고. 나의 방광과 결장은 현재 멀쩡했고 앞으로도 괜찮을 것이다. 어떤 의사가 멀쩡한 장기에 손을 대겠는가?

하지만 트레이시는 다음 한마디로 나의 영원한 믿음을 얻었다. "그래도 한번 해보죠."

✳

성가신 문제가 하나 더 있었다. 공기로 폐를 부풀리는 근육이 2년 후면 기능을 상실하는데, 그때는 어떻게 호흡을 계속할 것인가? 나는 지역 NHS 호흡기 전문의가 내 생각에 동의하는지 확인하고 싶어서 가장 빠른 면담 날짜를 잡았다. 존Jon이라는 이름의 그 의사는 명의로 유명했기에 나는 그를 만날 날을 학수고대했다.

프랜시스와 나는 들어오라는 말을 듣고 널찍한 진료실로 들어서면서, 자신을 존이라고 소개하는 사람 양옆에 두 명의 동료가 서 있는 것을 보았다. 그 병원의 호흡기 의료진이 내 문제에 관심을 보이고 있다는 생각에 순간 우쭐했다. 그러나 이내 존이 트레이시에게 언질을 받고 지원군을 대동한 것임을 깨달았다. 이해는 하면서도 혹시 트레이시가 '고집 있는' MND 환자가 있다고 관계자들에게 말하고 다니는 건 아닐까 하는 끔찍한 의심이 들기 시작했다.

나는 형식적 인사를 마친 후 곧바로 본론에 들어갔다. 시간 낭비할 것 없이 이 새로운 친구들에게 인공호흡 장치에 대한 내 견해를 곧장 밝히기로 했다. 그러는 편이 그들에게도 나을 거라고 생각했다.

과학은 마법으로 통하는 유일한 길이다

"트레이시에게 들으셨다면, 제가 왜 기관절개술tracheosto-my(기관에 직접 구멍을 뚫어 기도를 확보하는 수술―옮긴이)을 서두르는지 아실 겁니다. 그런데 더 강조하고 싶은 점은, 저 자신은 이 상황을 다시없을 기회로 생각하고 있다는 겁니다. 제 몸은 머지않아 움직이지 않게 될 겁니다. 그건 피할 수 없어요. 그 과정에서 제 몸을 실험 재료로 신체 기능 증강에 관한 최첨단 연구를 할 수 있을 거예요."

말을 하는 동안 존과 의료진의 표정을 유심히 살펴본 나는 그들도 트레이시와 맞먹는 포커페이스일지 모른다고 결론 내렸다. 존이 마침내 모두를 대신해 입을 열었다.

"잘 알겠어요. 하지만 기관절개술을 당장 결정할 필요는 없습니다. 아직 생각할 시간이 충분히 있어요."

"아아, 여러분은 나를 아직 잘 모르는군요. 그렇죠?" 내가 대답했다.

그로부터 30분 후 존과 그의 동료들은 나에 대해 알 만큼 알게 되었다.

"그러면 정리해볼게요." 프랜시스가 끼어들어 '이건 중요한 문제다'라는 어투로 말했다. "기관절개술을 하면, 운이 나쁘지 않는 한 피터가 계속 호흡할 수 있다는 건 틀림없죠?"

"그렇습니다. 물론 일부 환자는 알 수 없는 이유로 갑자기 사망하기도 합니다. 그리고 폐렴도 문제가 될 수 있어요. 하지만 말씀하신 대로입니다. 우리가 돕는다면 피터 씨는 호흡을 계속할 수 있습니다."

"호흡을 계속할 수 있는데도 피터가 죽는다면 그 이유가 뭐죠?"

존은 어깨를 으쓱해 보였다.

"심장병? 암? 아무도 모르죠. 하지만 운이 좋다면, 그래서 모든 것이 계획대로 된다면 MND로 죽지는 않을 겁니다."

아침 11시에 우리는 높은 유리잔에 얼음처럼 차가운 맥주를 따라 마시는 퇴폐적인 여유를 즐겼다. 바 카운터에서는 벌써 햇살에 은은하게 반짝이고 있는 카리브해의 흰 백사장이 보였다. 주인을 동반하지 않은 개 한 마리가 청록색 바다 옆 해변을 따라 산책하고 있었다. 그 모습을 잠시 지켜보다가 내 옆에서 행복한 얼굴로 사람들을 관찰하는 프랜시스의 모습을 마음속에 새겨두었다.

아직도 등이 욱신거렸다. 전날 도로를 건너기 위해 지나치게 의욕적으로 경사로를 오르다 휠체어가 뒤로 넘어진 탓이었다. 도로에 머리를 다치지는 않았지만 등뼈가 심하게 부딪쳤다.

휠체어 접근성이라는 개념은 말할 것도 없고, 건강과 안전이라는 개념도 아직 카리브해까지는 도착하지 않은 듯했다. 아니면 이곳에는 단순히 장애인이 없을지도. 어느 쪽

과학은 마법으로 통하는 유일한 길이다

이든 휠체어에 '갇힌' 몸인 나는 보도 연석의 경사로를 보고 차도로 내려왔다가, 길 건너 맞은편에는 보도로 올라가는 경사로가 없어서 차도에서 오도 가도 못 하는 신세가 되기 일쑤였다.

전날의 사고에서는 무사했지만, 그 일은 일종의 '주의보'였다. 최근 떠나기 전에 나는 여행 보험사에 내가 새로운 진단을 받았다는 사실을 알려야 한다고 생각했다. 지난 10년 동안 우리는 로이즈Lloyds의 연중 여행 보험을 들어왔다. 또한 30년 이상 로이즈와 금융 거래를 해왔다. 나는 보험 대리인에게 현재 내 문제는 걸을 수 없는 것뿐이라고 꼬박 한 시간에 걸쳐 조리 있게 설명했다. "네, 의사도 여행을 해도 괜찮다고 했어요." "아뇨, MND로 인해 단기적으로 겪을 문제는 없다고 했어요." "네, 의학적으로는 불치병이지만 꼭 그렇지만은 않아요."

며칠 후 막 출발하기 직전에 나는 여행 보험을 거절하는 형식적인 편지를 받았다. 정확히 말하면, 친절한 말투로 평소와 다름없이 보험을 적용하지만 MND와 약간이라도 관련이 있거나 MND에서 유래했다고 의심되는 사고에는 보험을 적용할 수 없다고 했다. 나는 기껏해야 보험료가 약간 인상될 거라고 예상했다. MND 진단을 받은 지 얼마 안 돼 어떻게든 헤쳐나가 보려고 발버둥치는 사람에게 이런 처사는 치명타였다. 이건 잔인할 뿐 아니라 완전히 비과학적인 처사로 보였다. 충격을 받은 나는 보험을 들지 않기로 했다.

우리는 위험을 감수하기로 했다. 나를 받아줄 보험회사를 찾을 시간이 없었다. 그런 회사를 어떻게 찾아야 하는지도 모르고, 애당초 그런 회사가 존재하는지도 알 수 없었다. 게다가 나는 다리가 불편한 것을 제외하면 아무런 문제도 없었다. 걷는 게 좀 불편하다고 그것을 보험사에 통보하는 사람은 없다. 즉, 내가 MND로 진단받았다고 해도 현재로서는 보험 가입을 거절하기는커녕 보험료를 올릴 이유조차 없었다. 어쨌든 지금까지 단 한 번도 보험금을 청구한 적 없는 프랜시스와 나는 이번에도 청구할 필요가 없을 거라고 스스로를 안심시켰다. 설령 그런 일이 생기더라도 그건 MND와는 아무 관계가 없을 터였다.

그러던 차에 내 휠체어가 넘어진 것이다. 두개골에 금이라도 갔다면 어떻게 됐을까? 이건 순전히 휠체어 사고이며 건강한 사람에게도 충분히 일어날 수 있는 일이라고 주장할 수도 있을 것이다. 하지만 내가 휠체어를 탄 이유가 MND 때문이 아니라고 상대방을 어떻게 납득시킬 수 있겠는가? 만일 내가 전문 병원(필시 미국 본토도 갔을 것이다)에 실려 갔다면, 그리고 거액의 병원비를 청구받았고 의료 전용기로 귀국했다면 나는 보험이 없어서 파산했을 것이다.

그런 상상을 차가운 맥주를 마시며 쫓아버렸다. 술집 안은 고맙게도 그늘이 졌지만, 그래도 노트북 화면을 읽기에는 주위가 너무 눈부셨다. 노트북 화면에 띄워놓은 문서는 전 세계에 흩어져 있는 친구들에게 보내는 이메일이었다.

과학은 마법으로 통하는 유일한 길이다

그들에게 내 병에 대해 알리고, 아직은 괜찮다고 안심시키는 내용이었다. 하지만 편지의 마지막은 일종의 선언문이 되었다.

내가 최근에 운동뉴런장애로 진단받았다는 사실이 밖에서 보면 상당히 비참한 일로 여길 거야. 앞으로 몇 년에 걸쳐 뇌를 제외한 내 온몸이 서서히 기능을 멈추게 돼. 그러다 결국 숨을 쉴 수 없게 되겠지. 인공호흡기를 사용해도 몸 안에 갇혀 꼼짝할 수 없어.

하지만 이건 완전히 잘못된 관점이라고 생각해. 대신 내 뇌의 관점에서 상황을 봐줘. 몸에서 해방된 나의 뇌가 나(자기를 인식하는 부분)를 따라 특별한 여행을 떠나는 거라고.

운이 나쁘지 않다면 내 뇌는 당분간 문제없이 기능할 거야. 하지만 이 여행은 생명에 적대적인 '암흑의 허공'으로 가는 편도행이야. 이 이상한 여정은 앞으로 나아갈수록 외로워질 거야. 이 허공에서 현실 세계를 향해 정보를 발신하는 것은 매우 어려워. 또 현실 세계에서 정보를 얻는 수단도 고작 웹캠 영상을 보는 정도지(내 눈과 귀가 제대로 기능하고 있다면). 다른 환자가 간 길을 따른다면, 지루한 요양원의 천장만 올려다보는 처지라고나 할까.

하지만 다행히도 지금은 21세기야! 나와 내 뇌는 선사시대 이래로 수많은 사람을 집어삼켜온 '암흑의 허공'행 경로에서 벗어날 수 없어. 그렇다면 적어도 이 기회를 이용해 '발견의 항해'를 해보려고 해. 철저히 과학적으로 생각하는 거야.

손에 넣을 수 있는 모든 첨단 기기를 그 암흑의 세계로 가져가고 싶어. 나는 그저 살아남고 싶은 게 아니야. 번영을 누리며 잘 살고 싶어!

그래, 이것이 반항적인 생각인 건 인정해. 하지만 '규칙을 깨라!'라는 나의 인생 모토는 이번에도 변함이 없어.

이것이 이 반란의 목적이야. 너무 멀리 가기 전에, 믿을 수 있는 생명 유지 장치를 장착하고 싶어. 호흡을 계속하고 다른 신체 기능들을 유지하는 건 대체로 의료 문제가 아니라 기계적 문제야. 암흑의 허공으로 정보를 들여오고 외부 세계로 정보를 내보내는 뛰어난 의사소통 시스템도 필요해. 또한 최신 센서와 로봇 장치도 도입할 거야. 그러면 잃어버린 기능을 되찾을 뿐만 아니라 내 뇌가 원래 갖고 있는 처리 능력을 계속 이용할 수 있어. 아직은 인간의 뇌가 세계 최고의 컴퓨터보다 훨씬 뛰어나니까.

나는 또 암흑의 허공에 빛을 끌어들이고 싶어. '무無'를 밀어내고 그곳을 사이버공간, 가상현실, 증강현실, 인공지능으로 채울 거야. 기술이 있는데 왜 고립되어 고독하고 따분하게 여생을 보내야 하지?

나는 평생 작가였고, 음악과 미술 애호가였어. 나는 문학, 음악, 미술의 새로운 영토를 개척하고 싶어. 몸이라는 궁극의 감옥에 구속되었을 때, 허기진 뇌의 수많은 부위를 자극할 수 있었으면 좋겠어. 미지의 평행 세계에 고립된 존재의 복잡한 심

**147**
과학은 마법으로 통하는 유일한 길이다

정을 표현하는 논문, 연설문, 음악, 그래픽 아트를 창조할 거야. 또한 내가 하고 있는 여행에 대한 책을 쓰고, 교향곡 '암흑의 허공으로부터'를 작곡하고, '변신'이라는 제목의 미술 작품을 창작하고 싶어.

그 결과물들을 너희한테 보낼게.

인류가 충분히 지혜롭다면, 내가 떠나는 이 기이한 편도 여행의 목적지는 고독한 감옥이 아니라, 집처럼 느껴지는 곳이 될 거야. 그래, 가상의 집이라고 해두자. 하지만 내가 쫓겨난 원래 집보다 훨씬 아늑하고, 쾌적하고, 안전하고, 보람 있는 곳일 거야. 하지만 무엇보다, 모든 창의적 과학 탐구가 그렇듯이 나는 지식의 최전선을 확장하고 싶어. 제대로만 하면 수백만 명, 심지어 수십억 명을 도울 수 있을지도 몰라.

그리고 이 탐구의 분명한 부산물이 있어. 무엇보다, 사고나 질병으로 몸이 마비된 모든 사람의 삶을 혁명적으로 개선할 효과적 방법을 제시할 수 있어. 또한 늙으면 누구나 겪을 수밖에 없는 문제인 심각한 장애와 고독을 해결하는 데도 큰 도움이 될 거야.

사람들이 잘 모르는 부산물도 있어. 인공지능이 폭발적인 발전을 계속하면, 우리는 인공지능과 인간의 뇌를 이음매 없이 감쪽같이 연결하는 방법을 모색할 필요성이 높아질 거야. 인공지능을 이용해 우리의 지능을 증폭할 방법, 혹은 치매를 보완할 방법을 알아낼 필요가 있을 거야. 그렇게 하지 않으면 종species으로서 우리는 기계에 뒤처질지도 몰라.

나는 사이보그가 되기로 했다

내가 앞으로 실험하려는 최첨단 생명 유지 장치는 모두 컴퓨터에 기반을 두고 있어. 앞서 말한 연구의 잠재적 부산물은 이 사실로 인해 막대한 혜택을 누릴 거야. 현재의 발전 속도로 보면, 지금 10만 파운드에 달하는 엄청나게 값비싼 장치도 10년 후에는 3,000파운드 정도면 살 수 있게 돼.

그러면 많은 사람이 이 모든 부산물을 이용할 수 있어. 이것은 내가 떠나는 암흑의 허공으로의 여행을 견딜 만한 정도가 아니라 보람 있게 만들어주는 가장 빛나는 보상이야. 적어도 나는 그렇게 생각해.

이 여행의 효능: 나는 고립되지 않는다.

의의: 엄청나게 많다.

게다가 말 그대로 인생을 건 실험인 이 허공으로의 여행을 준비하는 동안 계속해서 내 머리를 스친 흥미로운 생각이 하나 있어. 최첨단 장비의 24시간 감시와 지원 덕분에 만일 내가 운동뉴런장애로 진단받지 않은 것보다 더 오래 그리고 더 많은 것을 하면서 살게 된다면, 그거야말로 흥미로운 일이 아닐까?

과학은 마법으로 통하는 유일한 길이다

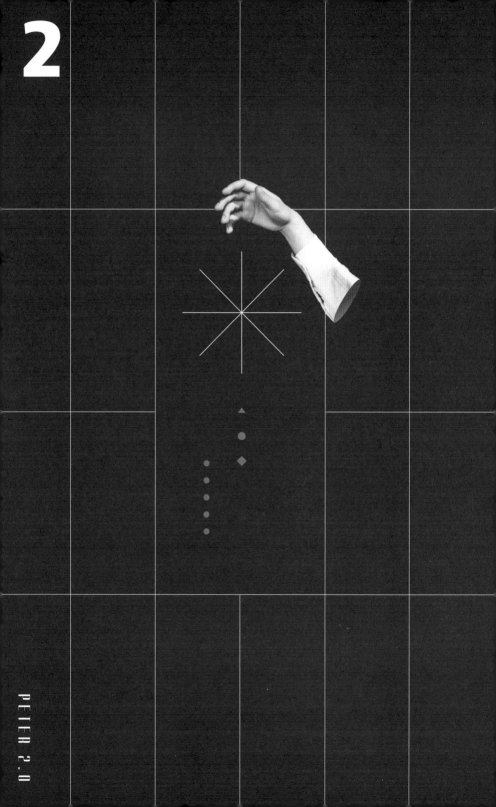

# 인간이
# 중요한 존재인 것은
# 규칙을 깨기
# 때문이다

HUMANS matter because they BREAK THE RULES

# 주도권을 쥐다

Taking the Initiative

내 반란 선언에 대한 반응은, 프랜시스와 함께 카리브해의 섬들을 다닐 때의 경험만큼이나 다양하고 극단적이었다. 놀라운 것도 있었고, 솔직히 끔찍한 것도 있었다. 대부분은 위로의 말로 시작했다. 몇 명은 프랜시스를 걱정하기도 했다. 하지만 공통점은 딱 거기까지였다.

지인이라고는 해도 서먹서먹한 사이인 몇몇 사람이 굳이 지원을 제안하거나 조언을 건네기도 했다. 그런가 하면 (극히 일부였지만) 내가 그런 병에 걸렸다는 소식을 듣고 마음이 무거워졌다고 말하는 친구들도 있었다. 그런 소식을 전하는데 더 적합한 방법이 있었을 거라는 투로. 일 때문에 알고 지내던 동료 몇 명은 아주 긴 답장을 보내왔는데, 그 내용은 내가 쓴 것을 표현만 바꾸었을 뿐이었다.

내가 정성 들여 쓴 선언에 대해서는 지나가듯 언급했을 뿐 그 뒤로는 전혀 상관없는 이야기를 늘어놓은 사람들도 있었다. 하지만 적어도 이런 반응은 우리에게 익숙했다. 내가 진단을 받았을 무렵 우리의 20년 지기인 비니Vinny는 프랜시스와 내가 진단 소식을 털어놓고 상황을 대충 설명하며 걱정하지 말라고 말했을 때, 열심히 듣더니 인상을 쓰며 이렇게 말했다. 얼굴을 찡그리며 내뱉은 첫 마디가 이것이었다.

"나도 가끔씩 다리가 저려."

"뭐라고?"

"가끔 손에 감각이 없을 때도 있고." 프랜시스와 나는 멍하니 있었는데, 비니는 그것을 계속 말해보라는 표시로 받아들인 모양이다. "잠이 들자마자 갑자기 깨기도 해."

프랜시스가 참다못해 끼어들었다.

"우리가 방금 한 말 안 들었어?"

"들었지. 혹시 나도 무슨 병이 있나 해서!"

이건 비니와 이야기하다 보면 자주 겪는 일이었다. 그는 많은 장점이 있었지만 가끔 자기중심적이었다. 프랜시스의 어머니가 돌아가셨을 때도, 비니의 첫 마디는 이랬다.

"나도 요즘 두통에 시달리고 있는데……."

비니와는 정반대로, 말보다 실질적인 도움을 준 친구들도 소수 있었다. 지금도 시카고에서 오페라 감독을 맡고 있는 앤서니는 음악 치료 전문가를 소개해주었다. 또한 스

인간이 중요한 존재인 것은 규칙을 깨기 때문이다

벤Sven이라는 친구는 그가 경영 컨설턴트였을 때부터 알고 지냈고 현재는 사노피Sanofi(공교롭게도 내가 복용하고 있는 리루 졸을 만드는 제약 회사)의 이사였는데, 내게 도움이 될 만한 전 세계의 연구 사례를 분석해주었다. 그리고 나 자신이 경영 컨설턴트일 때부터 친구로 지낸 미셸Michele은 세상의 도움 을 얻어내는 데 주력했다. 그녀는 그 일을 의논하기 위해 수 백 킬로미터나 떨어진 먼 곳에서 차를 몰고 우리가 사는 곳 으로 와주었다.

"네 메시지를 널리 전할 필요가 있어! 심각한 장애를 지 닌 사람들의 삶을 바꾸기 위해 필요한 연구를 장려하려면, 사람들에게 네 이야기를 널리 알릴 필요가 있어."

"문제는 내가 가진 연락처가 너무 오래되었다는 거야. 예 전의 직장 동료들도 내가 누구에게 연락해야 하는지 모르 는 것 같고!"

"좋아. 누구에게 알려야 할지 모른다면, 그 사람들이 너한 테 연락하게 만들면 돼."

내가 미셸을 처음 만난 건 15년 전 영국 BBC 사장으로부 터 BBC의 암묵적 규칙을 분석해달라는 요청을 받았을 때 였다. 미셸은 BBC 뉴스 프로그램의 책임자로, 하루에 60시 간 분량의 뉴스 콘텐츠를 제작했다. 미셸이라면 분명 누구 에게 연락해야 하는지 알 것이다.

"이런 일과 관련해서는 누구에게 연락해야 할지 전혀 모 르겠어. 시간을 좀 줘. 다시 연락할게."

미셸은 약속대로 며칠 후 내게 이메일을 보내 〈더 타임스 매거진The Times Magazine〉의 칼럼니스트 멜라니 리드Melanie Reid에게 연락해보라고 했다. 멜라니는 몇 년 전 교통사고로 사지가 마비되었고, 현재 장애인의 일상을 담은 칼럼을 연재하고 있으며, 이 칼럼으로 상도 받았다. 미셸은 자신은 멜라니의 연락처를 모르지만 〈더 타임스 매거진〉 편집부가 그녀의 메일 주소를 알려줄지도 모르니 한번 문의해보라고 말했다. 그러면서 패트Pat 씨에게도 연락을 해보겠다고 덧붙였다. 패트는 BBC에서 미셸 밑에서 일했으며, 현재는 '슈거 필름Sugar Films'이라는 잘나가는 TV 제작사를 운영하고 있었다. 어쩌면 패트가 좋은 아이디어를 가지고 있을지 모르고, 어쩌면 이 일에 직접 참여하고 싶어 할지도 모른다고 했다. 그리고 미셸이 제안한 마지막 방법은 SNS였다.

나는 오랜 시간을 들여 'MND와 함께 번영하기'라는 내 비전을 되도록 짧고 설득력 있게 전달할 수 있는 이메일을 작성했다. 그리고 마침내 〈더 타임스 매거진〉 편집부와 연락이 닿았다. 그들은 내게 이것저것 묻더니 멜라니의 이메일 주소를 주었다. 나는 즉시 이메일을 보냈지만 반송되었다. 이틀 뒤 미셸이 다른 주소를 알아봐줘서 다시 시도했다. 하지만 답장이 없었다.

그로부터 2주 후 메일 도착 알림이 울렸다. 나를 응원한다는 멜라니의 답장이었다. 그 일을 계기로 우리는 21세기식 교류를 시작했다. 우리의 대화는 모두 메일을 통해 이뤄

인간이 중요한 존재인 것은 규칙을 깨기 때문이다

졌다. 정보와 통찰을 가득 담은 자극적이고도 훈훈한 대화였다. 그러고 나서 내 생일 직전이자 멜라니와 연락을 주고받은 지 한 달이 조금 넘었을 무렵 2018년 4월 14일 자 〈더 타임스 매거진〉에 내 이야기를 소개하는 멜라니의 칼럼이 실렸다. 약간의 배경을 설명한 후 멜라니는 이렇게 썼다.

피터 스콧-모건의 도전은 우리를 설레게 한다. 그것은 그가 로봇공학자이자 작가이며, 우리 사회를 뒤에서 움직이는 '암묵적 규칙'을 아는 조직론 전문가이기 때문이다. 통념에 도전하는 자유사상가로 살아온 피터(2005년에 동반자와 함께 영국 최초의 게이 커플로 등록하고 정식 결혼식까지 올렸다)는 점점 진행되는 자신의 병을 받아들이고, 자기 자신을 실험 재료로 이용해 어떻게 하면 어려운 상황에서도 잘 살 수 있는지 보여주려고 한다. 나는 그것을 용기라고 부르고 싶다. 그는 합리적인 태도라고 부르겠지만 말이다⋯⋯.

멜라니는 계속해서 꼬박 한 페이지에 걸쳐 자신의 의견을 펼친 후 이렇게 끝을 맺었다.

세상에 변화를 일으키려면, 모든 수준에서 피터와 같은 개척자들이 절대적으로 필요하다.

나의 메시지가 마침내 세상에 알려졌다. 며칠 내에 TV 제작사 세 곳에서 연락을 해왔다. 그중 하나는 미셸의 친구가 운영하는 슈거 필름이었다. 세 곳 중 내가 하고 싶은 이야기에 진지하게 관심을 가진 곳은 슈거 필름뿐이었다. 나머지 둘은 MND가 얼마나 끔찍한 병인지, 그리고 프랜시스와 내가 얼마나 용감한지 같은, 시청자의 흥미를 불러일으키는 자극적인 이야기에 더 관심을 보였다. 그래서 나는 슈거 필름과 계약하기로 했다. 계약 직후 슈거 필름은 채널 4(영국의 주요 방송사)로부터 황금 시간대에 내보낼 다큐멘터리 프로그램 제작을 의뢰받았다. 방송이 나가면 — 아마 1~2년 후 — 나의 메시지가 정말로 널리 알려질 것이다.

정말 잘된 일이었다. 하지만 그렇게 오래 기다릴 수 없었다. 다큐멘터리가 곧 방영된다는 사실을 이용해 몇몇 기업으로부터 내가 하려는 연구에 대한 지원과 협력을 얻어낼 필요가 있었다. 지금 당장 메시지를 내보낼 수 있는 다른 플랫폼도 있으면 좋을 것 같았다.

"그 여자가 말한 대로 MND협회의 이사로 출마하는 게 어때?"

너무도 뜻밖의 제안이라서 그 순간 프랜시스가 농담하는 줄 알았다. MND협회의 지역 대표에게서 다가오는 이사 선거에 나가보라는 권유를 받은 지 얼마 되지 않은 터였다. 나는 미적지근하게 대답했다.

"첫째, 투표권을 가진 5,000명의 회원은 아무도 나를 모르기 때문에 내가 당선될 리 없어. 둘째, 그 여자가 말한 대

인간이 중요한 존재인 것은 규칙을 깨기 때문이다

로면 이사의 거의 모두가 재선에 출마했고 그들이 당선될 게 거의 확실해. 따라서 새로 당선될 확률은 사실상 5분의 1 뿐이야. 불가능하단 얘기야. 셋째, 협회는 언제 가능할지 모를 기적의 치료법을 찾는 데만 매달리고 있는 것 같아. 협회 웹사이트 어디를 봐도 기술적 치료에 대한 언급은 없어. 그러니까 그들이 하는 활동은 내가 하려는 일과 접점이 없어. 따라서 나는 당선되고 싶지 않아. 넷째……."

"잠깐, 잠깐만 기다려봐! 그들이 이해하지 못한다고 해서 말해볼 필요도 없는 건 아니잖아. 기술적 접근법의 잠재력에 대해 너보다 잘 설명할 수 있는 사람이 있을까? 'MND와 함께 번영하기' 위한 최첨단 연구를 공약으로 내세워 선거에 출마해봐. 만일 네가 이사가 된다면, 네가 협회를 도울 수도 있고, 협회가 너를 도울 수도 있을 거야. 그래도 그들이 네 말을 이해하지 못할 경우 사임하면 되잖아."

논의 끝에 나는 프랜시스의 논리에 항복했다. 얼마 전 작성한 '선언문'을 요약해 그것을 토대로 출마의 변을 쓰고, 정식으로 출마를 선언했다. 그리고 마침내 소셜 미디어 계정도 만들었다.

지역 NHS 병원의 대장大腸 전문의에게서 연락이 온 건 이 무렵이었다. 그 의사는 내 몸의 '배관 공사' 계획에 대해 의논하고 싶다는 뜻을 내비쳤다. 커다란 진전이었다. 우리는 즉시 약속을 잡았다. 몇 주 후 따사로운 봄날, 나는 휠체어를 밀고 그의 진료실로 들어갔다.

"피터 씨군요!" 의사는 손을 내밀어 악수를 청했다. "당신 얘기는 많이 들었어요. 당신 계획에 대해서도요."

나도 그에 대해 조사를 해보았다. 내 계획을 의논하기에 적격인 사람 같았다. 그는 전 세계 어느 대학 병원에서도 소신을 펼칠 수 있는 부류였기 때문이다.

"닉Nick 선생님! 만나서 정말 반갑습니다."

나는 이 관계가 성공하길 바랐다. 나아가 그 의사가 내 계획에 대해 나만큼이나 열의를 갖게 만들어야 했다. 동료 의사 대부분이 당혹스러워할 만한 제안도 귀담아듣고 이해하게 만들어야 했다. 나는 본능적으로, 우리의 대화를 과학자 대 과학자의 논의로 끌어올리려고 시도했다.

나는 나 자신의 문제에 국한해 말하기보다는 MND라는 병, 환자의 삶의 질, 그리고 몸과 마음을 아우르는 전체론적 관점의 임상 치료에 대한 소신을 피력했다. 그리고 의사가 납득하기를 바라며 이렇게 마무리했다.

"……따라서 이것은 세계 최초로 MND 환자가 자유의사로 선택하는 수술에 도전할 멋진 기회입니다. 지금까지 MND 환자에게는 선택의 여지도, 희망도 없었습니다. 그러나 이제 트리플 오스토미tripleostomy(ostomy는 인공 항문이나 방광을 만드는 수술을 말한다—옮긴이)라는 선택지가 있습니다.

'트리플 오스토미'는 좀 더 학술적으로 들리는 용어를 쓰는 게 좋겠다는 판단에 따라 내가 하루 전날 생각해낸 조어였다. 적어도 '배관 공사'보다는 설득력이 있을 터였다.

인간이 중요한 존재인 것은 규칙을 깨기 때문이다

닉은 내게 몇 가지를 확인하더니, 고개를 갸우뚱거리기 시작했다. 그러고 나서 활짝 웃었다.

"그건 쉬운 일이에요! NHS가 당연히 해야 할 수술입니다. 수술을 집도할 의료진을 꾸려 가능한 한 빨리 진행하도록 하겠습니다."

MND 치료에 대한 내 생각에 의심을 품은 적은 없다. 그렇다 해도 의료 전문가가 내 생각에 동의하며 실행에 옮기겠다고 말해주니 무척 기뻤다. 닉은 약속대로 최고의 마취과 의사, 상부upper 소화기외과 의사, 그리고 비뇨기과 의사로 구성된 수술 팀을 꾸렸다. 이 자체가 대단한 일이었는데, 서로 다른 분과의 외과 의사들은 대화를 나누는 건 고사하고 병원에서 만나는 일조차 드물었기 때문이다. 집도의들은 세 가지 작은 수술을 단순히 결합하기보다는 하나의 통합적인 수술을 고안했다. 이렇게 하면 위험을 조금이라도 줄일 수 있었다(그래도 상당한 위험이 남아 있었지만). 또한 모든 수술을 몸에 부담이 적은 복강경으로 하기로 했다. 여기까지만 해도 대단한 일이었다. 하지만 이 수술에서 정말로 독창적인 부분은 마취였다.

MND 환자를 마취하는 최적의 방법에 관한 연구 데이터는 거의 없었다. 하물며 내가 앞으로 받을 큰 수술의 경우는 말할 것도 없다. 왜냐하면 그런 큰 수술이 이루어지는 일이 일단 없기 때문이다. 의사는 대략 이런 심정이 아닐까. "보통은 관상동맥 우회술을 하지만, 어차피 이 환자는 곧 죽는

데 굳이 고생할 필요가 있을까?" 그런 이유로 우회술은 이뤄지지 않는다.

마취과 의사 마리Maree는 트리플 오스토미 수술을 위한 최적의 마취 방법을 결정할 때, 기본 원리로 돌아가서 마취 방법을 처음부터 생각해야 했다. 늘 하던 방식은 전혀 참고가 되지 않기 때문이다. 이를 위해 마리가 해야 했던 작업을 생각하면 지금도 대단하다는 생각이 든다. 일반 마취 방법 중 몇 가지는 MND의 진행을 앞당길 위험이 있어 제외되었다. 근이완제도 사용하지 않기로 했다. MND 때문에 예상치 못한 반응을 일으킬 수 있었기 때문이다. 하지만 가장 큰 위험은 수술이 끝나고 마취가 풀린 후에도 목 근육이 마비되어 인공호흡기를 뗄 수 없을 가능성이었다. 나는 두 번 다시 자발 호흡을 할 수 없을지도 모른다.

마리는 프랜시스와 나를 앉혀놓고 심각한 대화를 시작했다.

"이 수술을 하지 않을 때보다 훨씬 빨리 인공호흡기에 의존해야 할 수도 있어요."

나는 오래전에 이 가능성을 검토해보았다. 따라서 내 결정은 바뀌지 않았다. 프랜시스도 마찬가지였다.

"저는 몸에 갇히게 될 때까지 걸리는 시간보다 훨씬 오랫동안 몸 안에 갇힌 상태로 살 작정이에요. 우리가 집중해야 하는 부분은 장기적인 삶의 질입니다. 몸속에 갇히게 될 때까지 얼마나 걸릴지 중요하지 않습니다. 트리플 오스토미

인간이 중요한 존재인 것은 규칙을 깨기 때문이다

이후 일어날 수 있는 최악의 가능성은 자발 호흡을 못 하는 것인데, 그 경우 저를 즉시 수술장으로 데려가서 기관절개술을 해주세요. 그렇게 되면 저는 하루에 가장 많은 '오스토미' 수술을 받은 사람으로 《기네스북》에 오르게 되겠죠. 그것도 나쁠 건 없어요."

# 사랑하는 사람

Somebody to Love

되돌아보면 나는 인생에서 가장 중요한 세 가지 결정을 한 해에 모두 내렸다. 세 가지 모두 일어날 가능성이 매우 낮았고, 세 가지 모두 생각지도 못한 엄청난 영향을 미쳤다. 하지만 셋 중 하나라도 없었다면 나는 사이보그가 되지 못했을 것이다. 내가 뼛속까지 과학자가 아니었다면, 그해를 '운명의 해'로 부를 것이다. 하지만 나는 과학자이므로 '일어날 가능성이 매우 낮은' 선택이었다고 말해야겠다. 그해는 1979년이었다.

역순으로 살펴보면, 세 번째로 중요한 결정은 어쩌다 보니 그렇게 되었다고 할 정도로 일어날 가능성이 낮은 것이었다. 바로 전화번호 하나를 우연히 발견한 것이다. 나는 여전히 동정童貞인 채로 2월의 칙칙한 나날을 보내던 중 이제

인간이 중요한 존재인 것은 규칙을 깨기 때문이다

부터 진지한 자세로 내 이상형 '아발론'을 찾아야겠다고 결심했다. 하지만 어디서 그를 찾을 수 있을까? 런던에 있는 두 곳의 게이 클럽에서 상대를 찾는 게 당시 게이 사회의 '암묵적 규칙'이었지만 그건 내키지 않았다. 그런 곳은 단지 섹스 상대를 물색하는 장소로 보였기 때문이다. 나는 인생을 걸 수 있는 낭만적 사랑을 찾고 싶었다. 그러기 위해서는 누군가와 취기 없이 맨 정신으로 진지하게 시간을 보낼 필요가 있었다.

초조해진 나는 방 안의 서랍을 뒤적이다가 밑바닥에서 특별할 것 없는 봉투 하나를 발견했다. 봉투 안에는 언뜻 평범해 보이는 옛날 잡지 기사 조각이 몇 개 들어 있었다. 알고 보니 그것은 내가 (옛 음악 선생님과의 술자리에서) 어찌어찌 손에 넣은 딱 한 권뿐인 〈게이 뉴스Gay News〉에서 잘라낸 소중한 기사들이었다. 월간지인 그 잡지는 영국 게이 사회의 유일한 구명 밧줄이었다. 하지만 그 기사들은 수년 전의 것이라서 아무 도움이 되지 않았다. 어딜 가면 연인을 찾을 수 있는지 알려주는 대목은 단 한 줄도 없었다. 그런데 짧은 기사 뒷면에 세로로 잘린 반쪽짜리 광고가 있었다. 'Th, Cliff H, Hote.' 그리고 더 작은 글자로 'Torquay'라고 적혀 있고, 이어서 다섯 자리 숫자가 있었다. 전화번호임이 틀림없었다. 이 숫자는 나를 게이 세계와 이어주는 단 하나의 가느다란 줄이었다. 내가 내린 세 번째로 중요한 결정은 그 번호로 전화를 건 것이다.

"죄송하지만 전화를 잘못 거셨습니다. 여긴 호텔이 아니라 레스토랑입니다."

사과하고 전화를 끊으려는 순간 나는 불현듯 전화기 반대편 남자는 내가 누구이고 어디서 전화를 거는지 알 수 없을 거라는 생각이 들었다. 즉, 자초지종을 말한다 해도 거리낄게 없는 것이다. 나는 그 번호를 어디서 찾았는지 설명했다.

"몇 년 전 전화번호군요. 앨런Alan의 클리프하우스 호텔을 찾으시는 모양인데, 그곳은 게이 전용이 됐어요. 전화번호를 알려드릴게요."

게이 전용 호텔이라니! 그런 곳이 있는 줄도 몰랐다. 데번의 해안에 있다는 점도 좋았다. 그런데 그곳은 런던에서 아주 멀었다. 나는 수첩에서 3월 말에 긴 연휴가 있는 것을 확인한 후, 그 번호로 전화를 걸어 친절한 부지배인과 통화했다. 그는 게이 전용 호텔이 맞다고 확인해주었다. 영국에서 딱 하나뿐인 곳이고, 내가 말한 연휴에 3일을 묵을 수 있다고 말했다. 그리고 그곳이 마음에 쏙 들 거라면서, 직접 안내해주겠다고 했다. 약속한다고…….

※

클리프하우스 호텔은 웅장한 빅토리아 양식의 빌라로, 토어만Tor灣의 푸른 바다 옆에서 새하얗게 반짝였다. 중앙 현관으로 이어지는 진입로를 따라 호텔로 걸어 내려가면서

인간이 중요한 존재인 것은 규칙을 깨기 때문이다

본 주변 풍경은 완벽했다. 나도 모르게 얼굴에 미소가 번졌다. 나는 발에 스프링을 단 것처럼 안으로 들어갔다.

안에는 아무도 없었다. 나는 누군가 나오기를 기다렸다. 천장이 매우 높았다. 내부 인테리어는 초록색이었다. 사람을 부르자 50대로 보이는 남자가 나왔다. 내부 장식과 비슷한 초록색 옷을 입고 있었다. 그는 호텔 지배인 앨런이었다. 아뇨, 부지배인은 지금 없습니다. 약속을 했다면 제가 대신 안내해드리지요. 네, 돌아오는 대로 그에게 알리겠습니다. 아뇨, 다른 손님들은 아직 도착하지 않았습니다. 네, 이번 연휴에는 방이 꽉 찼습니다. 아뇨, 고객님 또래는 없습니다.

그때 내 오른쪽에 있는 넓은 라운지에서 남자 넷이 킬킬거리며 나왔다. 그들은 늙고 연약해 보였다. 뭐가 그리 재미있는지 알 수 없었을 텐데도 앨런은 곧바로 그들의 농담에 장단을 맞췄다. 나는 그의 태도를 보고 깊은 인상을 받았다. 앨런은 그 남자들을 배웅하며 조심해서 다녀오라고 인사했다. 그들은 여전히 10대 소녀처럼 까르르 웃으며 항구 쪽으로 산책을 나갔다. 내가 뭘 기대한 걸까? 갑자기 끔찍한 실수를 저지른 것 같은 느낌이 들었다.

내 방은 과거 축사였음이 틀림없어 보이는 긴 건물 2층에 있었다. 커다란 창으로 안뜰이 보였다. 20분 후쯤 나는 이 창가에 서서 내 운명을 한탄했다. 내가 예약한 곳이 '요양원'이었다니! 월요일까지 이곳에 있어야 하는데, 오늘은 겨우 금요일이었다. 안내해주겠다고 나와 약속한 부지배인도 보나 마나 노인일 터였다. 그와 함께 3일을 보내야 하다니. 바로 그때 나는 아발론을 보았다.

그는 긴 돌계단을 성큼성큼 걸어 내려오고 있었다. 그 계단은 지상 층에 있는 눈에 잘 띄지 않는 문에서 아래층의 안뜰로 이어졌다. 그 문이 마치 성의 비밀 통로를 연상시켰고, 거기서 등장한 그는 젊은 기사처럼 보였다. 실제로, 불그스레한 금발 머리를 어깨까지 기른 그는 나의 젊은 기사, 즉 아버지가 살해당해 왕위를 계승하기 직전의 아발론과 똑같았다. 그는 날씬하고 근육질이었다. 게다가 멀리서 보기에는 내 또래 같았다. 그는 곧 안채 구석으로 들어가더니 사라졌다.

밖에는 이슬비가 내리기 시작했다. 빗방울이 창틀에 고이다가 밑으로 흘러내렸다. 나는 계속 창가에 서서 밖을 바라보았다. 혼란스러웠다. 아니, 솔직히 말하면 무모할 정도로 희망을 느꼈다. 어쩌면 아발론은 호텔 손님일지도 모른다. 어쩌면 그와 친해질 수 있을지도 모른다. 어쩌면…….

하지만 그때 내 뇌의 분석적인 쪽이 치고 들어왔다. 손님이라면 비밀 출입구를 알 리 없잖아. 게다가 아발론은 마치 임무를 수행하는 사람처럼 한눈을 팔지 않고 성큼성큼 걸어갔다. 뭔가를 배달하러 왔거나, 아니면 뭔가를 가지러 왔을 것이다. 호텔과는 아무런 관계가 없을지도 모른다. 그렇다면 이성애자일 가능성이 높다. 보통 그렇듯이.

안뜰 건너편 정면으로, 지하층에 두 개의 커다란 창을 통

인간이 중요한 존재인 것은 규칙을 깨기 때문이다

해 호텔 주방 같은 장소가 보였다. 내가 창밖을 내다보기 시작한 뒤로, 그곳에 누가 왔다 갔다 하는 모습은 보이지 않았다. 그때 그가 나타났다. 내 쪽으로 등을 돌리고 있었지만 틀림없는 아발론이었다. 그 머리카락과 날씬하고 강건한 체격은 그 사람이 확실했다.

말도 안 되는 이유로 심장이 요동치기 시작했다. 마음이 들뜨고 행복감을 느꼈다. 말이 되든 되지 않든 상관없었다. 그때 그가 손에 주전자를 들고 나를 향해 몸을 돌려 창가의 싱크대로 오더니, 수도꼭지를 틀고 기다렸다. 그리고 위쪽을 올려다보았다.

순간 나를 보는 줄 알고 그를 향해 미소를 지으려 했지만, 그의 시선이 나를 비켜나 있음을 깨달았다. 나는 그 자리에서 꼼짝도 하지 않고 관음증 환자처럼 그를 지켜보았다. 그는 아름다웠다. 그의 얼굴을 실제로 본 건 이때가 처음이었다. 주전자를 채우는 데는 몇 초밖에 걸리지 않았지만, 그사이에 나는 사랑에 빠졌다. 그때 그가 고개를 숙이고 수도꼭지를 잠그더니, 뒤돌아 내 시야에서 사라졌다.

이제 어쩌지? 나는 그가 다시 나타나기만을 기다렸다. 5분이 지나도 그는 나타나지 않았다. 하지만 이 호텔 안에 있는 것은 틀림없었다. 그를 찾아나서야 한다. 하지만 이런 꼴로는 안 된다. 아직 여행복 차림이었다. 나는 여행 가방에서 꺼낸 옷을 걸어둔 작은 옷장 앞에서 한참을 심사숙고한 끝에 꽤 눈길을 끄는 앙상블을 골랐다. 꼭 끼는 빨간 바지와 가슴에 달라붙는 눈부시게 하얀 티셔츠, 그리고 22세기 우주인이 입을 법한 은색 블루종 재킷. 1970년대 후반임을 감안하면, 굉장히 멋져 보였다.

나는 안뜰에서 라운지로 이어지는 긴 복도를 따라 천천히 걸어갔다. 호텔에서 BGM이 흘러나왔다. 안채에 들어서자마자 음악이 바뀌어 아트 가펑클Art Garfunkel의 노래 〈브라이트 아이즈Bright Eyes〉의 소울풍 전주가 나오기 시작했다. 당시 내가 가장 좋아하던 곡이었다. 좋은 징조였을까? 나는 다이닝 룸, TV 룸, 응접실, 현관홀 등 그가 있을 만한 장소를 둘러보았다. 그는 어디에도 없었다. 이제 넓은 라운지만 남았다. 입구에서 들여다볼 때는 아무도 없었다. 나는 그 안으로 들어가 보았다. 거기에 그가 있었다.

그는 입구에서 멀찍이 떨어진 프렌치 도어(가운데서 양쪽으로 여는 유리문—옮긴이) 옆 구석진 자리에 작은 테이블을 사이에 두고 앨런과 마주 앉아 있었다. 나를 등지고 앉은 그의 어깨에 불그스레한 금발이 출렁였다. 앞에는 티포트와 컵이 놓여 있고, 발치에는 골든래브라도가 졸고 있었다. 라운지 안에서는 음악이 한층 크게 들렸다.

앨런이 나를 보더니 자리에서 일어나 걸어왔다. 그리고 (무슨 모의라도 하듯) 아발론 경을 가리키며 말했다. "이분이 우리 부지배인 프랜시스예요." 그러고 나서는 마치 쇼가 시작되길 기다리는 듯 설레는 표정으로 뒤로 물러났다. 나는 감사의 뜻으로 그에게 미소를 지어 보였다. 인생 최고의 쇼

인간이 중요한 존재인 것은 규칙을 깨기 때문이다

를 앞두고 내 몸의 모든 세포가 긴장하고 있었다. 나는 10대 시절 품었던 낭만적 희망과 꿈을 한 몸에 담고 있는 상대를 향해 걸어갔다. 쇼가 시작되었다.

'너무 가까이 가면 안 돼. 그가 놀랄 테니까. 너무 큰 소리로 말해도 안 돼. 침착하게 굴어. 친구처럼 따뜻하고, 다정하게.'

"안녕하세요! 전화로 약속한 사람인데요……."

나는 말을 한 박자 쉬었다. 무의식적으로 음악에 맞추려고 했는지 그저 우연이었는지는 모르지만, 그가 나를 돌아본 순간 음악이 〈브라이트 아이즈〉의 강렬한 후렴으로 치달았다. 그리고 그 '반짝이는 눈'이 나를 보았다. 꿰뚫을 듯한 푸른 눈이었다. 그 순간부터 그의 눈은 다른 데로 가지 않고 내 눈을 따라 움직였다. 그가 미소를 지었다. 그때 나는 기사 아발론이 마법사 라하일란에게 미소 지을 때 어떤 모습인지를 한 번도 제대로 상상해본 적이 없다는 것을 깨달았다.

앨런의 설명을 듣자 프랜시스는 나를 기억해냈다. 그리고 그날 남은 시간 동안 자신의 약속을 충실히 지켰다. 내 인생에는 정해진 각본대로 연기하는 배우가 된 것처럼 느껴지는 순간이 몇 번 있었는데, 그날이 그랬다. 모든 것이 각본처럼 술술 풀려나갔다. 프랜시스는 나와 달리 열여섯 살에 학교를 자퇴했지만(그의 어머니 말마따나 그 정도면 '다 컸기' 때문에), 나와 마찬가지로 야심 찬 꿈을 품

나 는 사 이 보 그 가 되 기 로 했 다

고 있었다. 프랜시스는 나와 달리 세상 물정에 밝았지만 (가난한 노동자 계층의 삶에서 벗어나야 했으므로), 나와 마찬가지로 게이로 태어난 것에 당당했다. 프랜시스는 (겨우 두 살 연상이었음에도) 나와 달리 동정이 아니었지만, 나와 마찬가지로 진정한 사랑을 찾고 있었다. 그 외에 뭐가 더 필요한가?

만난 지 한 시간도 채 되지 않아 프랜시스가 물었다. "첫눈에 반한 사랑을 믿어요?"

그 대답은 내게는 이미 자명한 것이었다. "물론이죠!"

몇 초 후 그는 조용히 손을 뻗더니 내 허리를 안고 끌어당겼다. 그리고 끝없는 키스를 시작했다.

＊

그로부터 3일 동안 나는 10대 시절의 고독과 금욕 생활을 순식간에 보상하기 시작했다. 또한 사랑에 빠진 상대에 대한 모든 정보를 하나도 남김없이 게걸스럽게 먹어치웠다.

우리는 내면으로 들어가면 매우 비슷했다. 둘 다 게이였고, 야망이 있었고, 제임스 본드 팬이었고, 운동신경이 뛰어났고, 사랑을 찾고 있었다. 하지만 그 밖에는 공통점이 전혀 없었다. 우선 나는 프랜시스가 학교에서 라틴어를 배운 적이 없다는 사실을 알고 놀랐다. 단 한 학기도 배우지 않았다고 했다. 그의 친구 중 누구도 라틴어를 배우지 않았다는 사실을 알고는 더욱 놀랐다. 그의 세계에서는 그것이 표준이

인간이 중요한 존재인 것은 규칙을 깨기 때문이다

었다.

그 일은 나로 하여금 세상에 눈을 뜨게 했다. 프랜시스는 매우 총명했다. 공통 관심사에 대해 이야기를 나눌 때 그는 지적인 동료처럼 느껴졌다. 모든 것을 털어놓고 서로에 대해 알아가는 동안 나는 깨달았다. 프랜시스는 대학 교육을 받지 않았음에도 지적 수준이 상당했다. 그런 사람을 평생 한 번도 만난 적이 없었다. 내가 '펜싱fencing'을 좋아한다고 말했을 때 그는 울타리fence를 친다는 말로 알아들었다.

내가 당연하게 여기는 많은 것이 그에게는 당연하지 않았고, 그럴 때마다 내가 그 빈틈을 채워주는 것을 기쁘게 받아들였다. 하지만 동시에 미처 몰랐던 면에서 내가 얼마나 무지하고 무교양했는지도 직시하게 되었다. 놀랍게도 프랜시스는 학술적인 주제 외의 광범위한 분야에 깊은 조예가 있었다(왜 그랬는지는 모르지만 나는 그 점에 당황하지 않았다). 무엇보다 그는 '현실 세계에서 사는 일Living in the Real World'(당시 히트곡의 제목—옮긴이)에 능숙했는데, 나는 그것에 대해 아는 게 거의 없었다. 나만의 틀에 갇혀 살며 그 사실을 알지도 못했다. 그래서 그랬는지, 나는 프랜시스로 인한 새로운 배움에서 매혹과 해방감을 느꼈다.

해방감에 젖은 건 나만이 아니었다. 긴 연휴 동안 호텔을 채운 손님 대부분이 그랬다. 그들은 나이가 많았음에도(대부분이 아버지뻘이고 할아버지뻘도 있었다) 나에 대해 소녀처럼 수다를 떨었다.

"음! 사립학교 출신이라……. 에로틱해!" 그들은 내게 직접 말을 걸기보다는 나 들으라는 듯 말했다. "사립학교 출신의 유일한 문제는 고학력 등신이 된다는 거지."

나는 이 점에 동의하지 않을 수 없었다.

"어머!" 속눈썹이 너무 진해서 마스카라를 칠한 줄 알았던, 약간 고상을 떠는 게이 남성이 요들풍으로 말했다. "쟤는 외모도 훌륭하고 뇌도 훌륭해!" 그는 프랜시스에게 말하고 있었지만 손으로는 나를 가리켰다. "나라면 쟤를 꽉 붙잡겠어." 그가 모의라도 하듯 속삭였다.

"꽉 붙잡을 거예요."

점점 깊은 사랑에 빠져들며 천국과도 같은 사흘을 보낸 후, 마침내 일상으로 돌아갈 날이 왔다. 소울메이트를 두고 떠나는 것은 큰 고통이었지만, 프랜시스에게 꼭 돌아오겠다고 약속하자 그래도 견딜 만했다. 우리는 머지않아 함께 살 것이다. 정확히 스물한 살이 되는 날에. 이제 그날을 겨우 3주 남겨놓고 있었다. 남은 장애물은 부모님께 커밍아웃하고, 임피리얼 칼리지에 무기한 휴학을 신청하는 것이었다.

기차를 타고 패딩턴Paddington역까지 와서 지하철 디스트릭트 라인District Line으로 갈아타고 윔블던으로 돌아온 나는 캐리어를 끌고 리지웨이로 가는 언덕을 개선장군처럼 올랐

인간이 중요한 존재인 것은 규칙을 깨기 때문이다

다. 역에서 부모님 집까지는 약 1킬로미터 거리였다(나는 그곳에서 일주일을 보낼 예정이었다). 약속대로 나는 집에 들어서자마자 프랜시스에게 전화를 걸었다. 누가 들을까 봐 부모님 침실에 놓인 전화기를 사용했다. 한 시간쯤 통화했을 때, 어머니가 문 사이로 얼굴을 내밀며 아버지가 방금 퇴근했다고 알렸다. 이제 전화를 끊어야 했다.

별일도 아닌데 그렇게 하는 것이 놀라울 정도로 어려웠다. 우리 둘은 간신히 이렇게 말했다. "안녕……." 하지만 둘 다 끊지 못했다.

프랜시스가 침묵을 깼다. "아직 거기 있어?"

나는 평생을 걸고 이렇게 답했다."

"언제까지나! 영원히 네 곁에 있을 거야."

나 는  사 이 보 그 가  되 기 로  했 다

# 갈림길

Fork in the Road

"나 같은 보통 사람이 어떻게 이걸 처리하지?" 프랜시스가 느닷없이 물었다. 토키 항구의 바다에 면한 장애인 전용 주차 구역에 레인지 로버를 주차하던 중이었다. 수십 년 동안 만나면서 우리는 거의 텔레파시로 의사소통을 할 수 있는 경지에 이르렀음에도, 그건 너무 막연한 질문이라서 나도 뭐라고 대답해야 할지 몰랐다.

"어?"

"장애인 주차 배지를 받는 거 말야!" 프랜시스는 내 장애인 주차장 이용권을 흔들더니 그것을 밖에서도 볼 수 있게 대시보드에 올려놓았다.

"대부분의 사람은 너처럼 공무원을 설득하지 못할 거야. 요즘 절차가 까다로워져서 주차 배지를 받는 게 거의 불가

인간이 중요한 존재인 것은 규칙을 깨기 때문이다

능한가 봐. 나 같은 사람은 서식을 채우는 건 고사하고 그걸 읽는 것조차 두려워. 총 몇 쪽이었지?"

"여섯 쪽이었나."

"맞아! 서식을 채워 넣었더니 몇 장이나 됐지?"

"20쪽." 주차 배지 신청서는 내가 장애인이 되어 작성한 첫 번째 서류였다. 나를 무심코 '중증 장애인'이라고 적은 한 유전학 전문의의 진단을 계기로 나는 수많은 신청서를 작성하게 되었다.

"그러니까! 너는 중요한 것을 머릿속에 넣어두었다가 그 것을 논리정연하게 정리해서 상대가 논박하기 어렵게 써 내려가는 데 익숙하지만, 나는 힘들어. 장담하는데, 장애인 배지를 받을 자격이 되는 사람 대부분이 그걸 받기 위해 필 요한 증거를 제시할 수 없을 거야. 네가 아니었다면 나도 그 중 하나였겠지."

프랜시스는 차에서 내리더니 곧장 뒤로 돌아가 휠체어를 내렸다. (NHS의 보조금을 보탰음에도) 엄청나게 비싸게 주고 산 것이었다. 그는 그것을 조수석 옆에 붙여 내가 올라타는 것을 도왔다. 이른 아침이었다. 관광객들은 각자의 호텔, 게 스트하우스, B&B(조식을 제공하는 민박─옮긴이)에서 영국식 아침 식사를 즐기고 있을 시간이었다. 그들이 해안으로 쏟 아져 나올 때까지는 아직 시간이 있었다. 햇빛은 눈부셨고, 수면은 그 빛을 받아 반짝였다. 바다에서 불어오는 산들바 람은 따사로웠으며, 야자수가 사각사각 소리를 냈다.

나 는 사 이 보 그 가 되 기 로 했 다

"선창에서 시작하는 게 어때?" 내가 제안했다. 우리의 산책 코스는 선창에서 항구로 가거나 항구에서 선창으로 가거나 둘 중 하나였다. 2년 전 여름에는 20분이면 바닷가를 한 바퀴 돌 수 있었다. 요즘에는 내가 너무 느려서 한 시간은 족히 걸렸다. "배럴해파리barrel jellyfish를 볼 수 있을 거야." 배럴해파리는 쓰레기통만 한 대형 해파리로, 최근 몇 년 동안 토키 주변에서 여름을 보내는 새로운 습성이 생겼다.

"PIP personal independence payment를 받는 건 어때?" 프랜시스는 아직도 신청서를 생각하고 있었다. 갓 도입된 장애 급여를 말하는 것이었다. "그 신청서는 분량이 얼마나 됐더라?"

"어마어마했지. 질문만 20쪽이었어!"

"다 채워 넣었을 때 몇 쪽이었지?"

"40쪽이 넘었어."

우리는 프린세스 가든스Princess Gardens를 가로질러 해안 산책로를 따라 오른쪽으로 돌았다.

"작은 책 한 권 분량을 술술 써 내려가는 건 대부분의 사람에게 불가능한 일이야."

"솔직히 나도 지금까지 작성한 서류 중 가장 힘들었어. 제도 자체가 가능한 한 신청을 할 수 없도록 설계되어 있는 것 같았어. 그래서 그렇다는 전제하에 답변을 작성했지. 나는 의사들도 납득할 수 있도록 온갖 증거를 제시했지만 몹시 고통스러운 작업이었어."

"게다가 너와 정확히 같은 운명에 처한 많은 사람은 그걸

인간이 중요한 존재인 것은 규칙을 깨기 때문이다

해낼 시간도, 에너지도, 문장력도 없어. 무서운 일이야." 우리 바로 앞에서 한 노인이 지팡이 두 개를 들고 산책길을 천천히 걷고 있었다. 노인을 앞지르는 동안 프랜시스는 잠시 말을 멈추었다. "우리는 운이 좋아."

"매우 운이 좋지." 그때 즉흥적으로 설익은 아이디어가 내 입에서 튀어나왔다. "생각해보면, 우리는 항상 세상과 싸웠어. 우리는 항상 섬 같은 존재였지. 우리에겐 그들이 필요하지 않았어. 그들도 우리를 원치 않았고. 그런데 이제 그들이 우리를 필요로 할지도 몰라."

우리는 프린세스 극장에서 건너편에 있는 빅토리안<sup>Victorian</sup> 선창 입구에 도착했다. 거기서 왼쪽으로 돌아 선창 갑판으로 올라갔다. 갑판 틈을 통해 바다가 보였다.

"도대체 무슨 소리야?"

"내가 하고 싶은 말은—참 오지랖도 넓다고 생각하겠지만—앞으로 2년 동안 우리가 세상에 도움이 될 것 같다는 생각이 들어. 지금까지의 인생을 더한 것보다 훨씬 더."

"저기 봐! 파란 보트 옆이야."

거의 투명한 대형 해파리 두 마리가 수면 바로 밑에 둥둥 떠 있었다. 나는 연설을 잠시 멈추고 5분 동안 해파리를 지켜보았다.

"갑자기 자선 활동가라도 되고 싶은 거야?"

"설마! 그건 아니야."

"흠, 그럼 돈벌이가 목적인가? 그쪽이 더 낫지."

"돈도 아니야. 농담하는 게 아니야. 너와 내가 변화를 일으킬 수 있다고 생각해. 세상을 바꾸는 거야."

"네가 아직 건강할 때 마지막 몇 번의 여름을 우리 둘이서 함께 즐기는 게 어때? 이 시간은 다시 돌아오지 않아. 아무도 고마워하지 않을 일에 모든 걸 바쳐가며 허세를 부리느라 남은 에너지와 우리가 함께 보낼 시간을 낭비하지 않았으면 좋겠어."

프랜시스에게 어떤 반응을 기대했는지는 모르지만, 나는 원하던 대답을 듣지 못해 다소 실망했다.

"나도 알아. 멍청한 짓이겠지. 근데 우리 결혼식 때와 비슷한 기분이 들어. 처음에는 조용히 치르려고 했지만, 많은 사람이 우리에게 기대를 걸고 있다는 걸 깨달았잖아. 우리만큼 운이 좋지도, 강하지도 않은 낯선 사람들이. 우리는 세상에 대고 '닥쳐'라고 말할 수 있는 입장이었고, 실제로 그렇게 했지. 나는 우리가 그렇게 한 것이 정말로 자랑스러웠어. 이번에도 그때와 같은 느낌이 들어. 그게 다야."

우리는 선창이 끊기는 지점까지 왔다. 앞에는 계단이 있었다. 계단을 내려가자 평소처럼 남자(언제나 남자뿐이었다) 몇 명이 낚싯대를 들고 서서 방파제 밖으로 늘어뜨린 가느다란 낚싯줄을 멍하니 지켜보고 있었다. 많은 세월을 함께 보내면서 우리는 항상 끝에 있는 등대까지 걸었다. 하지만 그런 날은 이제 끝났다. 프랜시스가 허리를 굽혀 내 손을 잡았다.

인간이 중요한 존재인 것은 규칙을 깨기 때문이다

"알아. 네 계획에 반대한다는 말은 아니야. 단지 잘 생각해보지도 않고 어떤 일에 뛰어들고 싶지 않다는 거야. 할 거면 제대로 해야지." 그 순간 나는 프랜시스가 내 계획에 찬성해줄 것임을 알았다. 프랜시스는 물론이고 나 역시 우리가 하려는 일이 뭔지 아직은 몰랐지만 말이다. 그가 다시 몸을 똑바로 세웠다. "그래서, 세상을 구하기 위한 너의 거창한 계획이 뭔데?"

이럴 때 프랜시스가 나는 가장 좋았다. 그는 용감하지만 주의 깊었고, 호기롭지만 허세를 부리지 않았다.

"1984년에 《로봇공학 혁명》을 썼을 때 그 마지막 장에서 내가 뭐라고 주장했는지 기억해? 우리는 살아생전에 갈림길에 설 것이다. 어느 쪽 길을 선택하느냐에 따라 인류의 미래가 달라질 것이다."

"응, 출판사가 그 장을 빼라고 압력을 넣었지."

"그렇게 되지 않아 다행이야. 가장 유력한 미래, 즉 우리가 아무것도 하지 않으면 맞이하게 될 미래에 로봇 지능은 독자적으로 발전하고, AI는 혼자서 점점 더 영리해질 거야. 그러면 인간의 지위는 결국 애완동물이나 해충의 지위로 강등되겠지."

"그건 할리우드 영화에 자주 나오는 암울한 미래잖아."

"맞아! 내가 주장한 대안은 인류가 AI와 융합하는 미래였어. 인류도 AI도 혼자서는 할 수 없는 일을 할 수 있는 방향으로 인류의 능력을 증폭하는 거지. 인류와 AI의 협업이랄까."

나는 사이보그가 되기로 했다

"그 미래야말로 MND 환자와 심각한 장애인, 그리고 노인에게 도움을 줄 수 있다고 생각하는 거지?"

"맞아! 우리는 이미 갈림길에 와 있어. 지금 선택해야 해! 일반 대중은 그걸 깨닫지 못하고 있어. 정치인도 마찬가지고. 하지만 IT 산업은 눈치채고 있어. 함구하고 있을 뿐이지. 지금 일어나고 있는 일에 사람들의 관심을 끌고 싶지 않으니까."

"무슨 일이 일어나고 있는데?"

"우리는 'AI가 독자적으로 발달하는 미래'로 치닫고 있어. 합의는 고사하고 논의한 적도 없이 무턱대고 그쪽으로 가고 있지. 다른 길, 다른 미래가 존재한다는 걸 지적하는 사람조차 없어. 이러다 우린 고속도로 출구를 지나쳐버리듯, 다른 길로 들어설 타이밍을 놓치고 말 거야. 되돌아갈 방법은 없어. 한번 지나치면 다시는 그 길을 선택하지 못할 거야."

"오, 맙소사!"

"다른 미래의 가능성은 지금도 이미 희박해지고 있어. 하지만 적어도 AI가 독자적으로 발전해가는 길 대신 인간과 협업하는 길로 미래를 끌고 갈 방법이 있다고 생각해. 어디까지나 우리가 그런 미래를 원한다면 말이지."

"할리우드 블록버스터에서 좋아할 스토리군!"

"그럴 거야. 지금껏 없던 시나리오니까. 무슨 말을 하고 싶으냐면, 내가 지난 1년 동안 생각해온 MND와 함께 번영하기 위한 계획이 열쇠가 될 수 있다는 거야. 내 계획은 만

인간이 중요한 존재인 것은 규칙을 깨기 때문이다

인을 위한 'AI와의 협업'을 연구하고, 그 성과를 보여주는 멋진 기회가 될 거야. 생각해봐. 심각한 장애를 앓는 수백만 명의 번영, 혹은 수십억 노인의 번영이라는 목표를 반대할 사람이 어디 있겠어?"

"없겠지. 신 행세하는 거냐고 비꼬는 패거리를 빼고는 아무도."

"J. F. 케네디가 10년 내에 달에 가겠다고 선언한 것만큼이나 대담한 목표이긴 해. MND는 해결하기 쉽지 않은 문제이기 때문에 AI와의 협업을 보여주기에 적격이지. 나는 인간 기니피그 역에 적임이고 어쩌면 최고의 두뇌와 최고의 기업 중 몇몇이 이 계획에 관심을 보일지도 몰라. 그렇게 되면 '모든 게' 달라질 거야."

"무슨 말인지 알겠어. 그런데 왜 너와 내가 함께 보낼 수 있는 얼마 남지 않은 귀중한 시간을 희생해야 하지? 월급을 받고 이런 것들을 고민하는 사람들한테 맡기면 안 돼?"

"왜냐하면 우리가 하려는 그 일을 할 수 있는 사람은 우리 말고 없을 것 같은 예감이 들기 때문이야. 아무리 둘러봐도 누구 하나 시도하려는 기색도 없어. 하물며 MND 환자 중에 그런 생각을 가진 사람이 있겠어? 반대로 현 노선을 유지하려는 세력은 막강해. 이대로 두면 미래는 잘못된 결말로 가게 되어 있어. 하지만 다른 미래를 제시할 기회가 아직은 있어. 인간을 위협하지 않는 더 안전한 다른 길을 우리가 제시할 수 있어."

나는 사이보그가 되기로 했다

호화 요트 한 척이 정박소를 떠나 외항으로 향하고 있었다. 거대한 흰 돛이 우뚝 솟은 돛대를 따라 서서히 올라갔다. 우리는 바쁘게 오가는 선원들을 바라보았다. 그때 프랜시스가 나를 돌아보았다.

"이제 그만 가는 게 좋겠어." 프랜시스는 미소를 지으며 말했다. "다른 미래는 앉아서 기다린다고 오는 게 아니잖아!" 그 말을 듣자 갑자기 기분이 좋아졌다. 우리는 선창을 따라 요트와 속도를 맞추며 되돌아갔다. 요트가 오른쪽으로 방향을 돌려 정박소를 빠져나갈 때 우리는 왼쪽으로 돌아 해변으로 향했다. "네가 말하는 다른 미래가 우리한테 정확히 어떤 모습일지 설명해줘. 일단 세상 사람들은 잊고. 물론 우리 둘만의 일이 아니라는 건 알아. 하지만 난 그 다른 미래가 우리 둘에게 어떤 것일지 궁금해."

우리는 해안 산책로를 따라 계속 갔다. 오른쪽에는 큰 카나리야자가 늘어서 있고, 왼쪽으로는 아침 햇살에 반짝이는 푸른 바다가 보였다.

"우선, 너도 알다시피 나는 사실상 사이보그가 될 거야."

"넌 처음 만났을 때부터 그런 이야기를 했지. 근데 네가 하려는 일을 있는 그대로 말하면, 대부분의 사람이 귀를 닫아버릴 거야. 너한테는 근사한 생각일지도 몰라도 그들에게는 기분 나쁘고 심지어는 섬뜩한 얘기지. 그런 건 SF 영화에나 나오는 스토리라고 생각하니까."

"맞아. 하지만 이건 픽션이 아니라 사실이야! 내가 가능

인간이 중요한 존재인 것은 규칙을 깨기 때문이다

하다고 생각하는 것의 극히 일부라도 실행에 옮길 수 있다면, 나는 인류 역사상 최초로 완전한 사이보그가 될 거야."

"옛날부터 장기이식을 한 사람들을 사이보그라고 부르지 않았나?"

"그건 그래. 사이보그의 정의에 따라서는 페이스메이커를 장착한 사람도 '사이보그 생명체'가 될 수 있어. 그런데 내 경우는 완전한 교체야. 나의 거의 모든 것이 불가역적으로 바뀌게 될 거야. 몸도 뇌도."

"아, 휴게소가 문을 여나 봐. 커피 한잔할까?"

우리는 길을 건너 야외에 놓인 테이블 사이를 통과해 쌍여닫이문이 있는 가게 입구로 향했다. 길쭉한 실내는 너덜너덜한 벽, 노출된 에어컨, 잡다한 그림과 거울, 가구가 놓여 뉴욕의 다락방 분위기를 풍겼다. 빈자리가 둘뿐이어서, 우리는 평소 즐겨 앉는 큰 창가 자리를 선택했다. 매장 한가운데 있는 그 자리에서는 포구가 보였다. 실내 분위기에 걸맞게―젊고 날씬하고 텁수룩한 수염을 기른―힙스터 분위기를 풍기는 웨이터가 주문을 받았다. 카페라테 더블 샷두 잔을 시킨 후 나는 말을 계속 이어갔다.

"말할 필요도 없이, 내 몸에서 현실 세계와 물리적으로 접촉하는 모든 부분은 로봇으로 대체될 거야. 그 결과로 나의 오감은 필연적으로 강화될 거고."

"필연적으로!"

"그보다 훨씬 더 중요한 건 내 뇌의 일부와 외적 페르소나

**184**

의 모든 것이 AI로 대체된다는 거야. 즉, 완전한 인조인간이 되는 거지.”

“무슨 말인지 모르겠어.”

“‘원래의 나’, 즉 피터 1.0은 더 이상 존재하지 않게 된다는 뜻이야. 새로운 나, 즉 피터 2.0에서는 원래 뇌의 대부분(기본적으로 동작을 관장하는 부분이라서 결국에는 기능을 멈추게 된다)이 인공두뇌에 의해 확장될 거야. 반면 내 몸은 눈을 제외하고는 단순히 뇌를 움직이기 위해서만 존재하게 돼.”

“요컨대 연구소 실험대에 놓인 뇌와 같은 존재가 된다는 거로군. 네가 항상 말했듯이!”

“뭐 대체로 그와 비슷한 형태로 세계와 소통하게 되겠지. 멀리 있는 상대와 인터넷을 통해 로봇을 원격 조종하면서.”

“하지만 나는 너와 소통하고 싶어. 네가 세상과 어떻게 소통하든 그건 상관없어. 나는 로봇이 아니라 내가 반려자로 선택한 사람과 소통하고 싶다고.”

“다른 말로 설명해볼게. 앞으로 내 일부는 로봇이 될 거야. 그것도 ‘진짜’ 나야. 그러니까 나는 기계 반 생물 반, 디지털 반 아날로그 반으로 존재하는 거지. 내가 계속 나로 살아갈 방법은 내가 알기로는 이것뿐이야. 수다를 떨고, 농담하고, 웃고, 인상을 쓰는 내 인격을 그대로 유지하면서 계속 나로 살아가려면, 변할 수밖에 없어. 물론 너는 앞으로 내 로봇 몸과 인공 뇌하고만 소통할 수 있겠지만, 그 안에는 원래의 내가 그대로 존재한다는 사실을 너도 알게 될 거야.”

인간이 중요한 존재인 것은 규칙을 깨기 때문이다

다행히 이 철학적으로 심오하고 감정적으로 심란한 순간, 우리가 주문한 라테가 작은 손잡이가 달린 높은 잔에 담겨 나왔다. 웨이터는 커피콩의 생산지에 대해 친절하게 설명해줄 태세였지만 우리는 굳이 묻지 않았다. 그저 웨이터에게 고맙다고 말하고, 제공된 긴 숟가락으로 라테를 저은 다음 꼭대기에 얹힌 거품을 마셨다. 그러는 동안 우리 둘 다 마음에 여유가 좀 생겼다. 나는 문득, 내가 방금 말한 엄청난 아이디어를 소화하려면 받아들일 시간이 필요하다는 것을 깨달았다. 사실 나 자신도 이제야 비로소 생각이 정리되는 것 같았다.

　　"좋아." 대화를 재개한 것은 프랜시스였다. "네가 생각하고 있는 것을 정확히 말해줘."

# 암묵적인 미래

Unwritten Futures

"BBC 감독한테 들은 대처 총리에 관한 얘기 생각나? 대처가 텔레비전 인터뷰를 할 때는 꼭 한쪽 귀에 이어폰을 꽂았고, 그 이어폰으로 어떤 팀이 통계, 영리한 답변, 재치 있는 한마디 등을 알려주었다는 얘기."

"응. 카메라에 잡히지 않는 오른쪽 귀에 이어폰을 끼었지."

"내 인생도 그렇게 되었으면 좋겠어! AI 시스템이 주변에서 일어나고 있는 일을 파악해 내비게이션처럼 조건에 따라 세 가지 정도의 제안을 해주는 거야. 물론 나와 똑같은 목소리를 합성하는 장치도 필요하겠지."

"오! 너도 스티븐 호킹 박사와 같은 목소리를 사용할 줄 알았어."

"수십 년 전 스티븐 호킹도 훨씬 더 좋은 목소리로 업데이

인간이 중요한 존재인 것은 규칙을 깨기 때문이다

트할 수 있었어. 초창기 버전의 목소리가 너무 유명해져서 바꾸지 않았던 것뿐이지. 난 아직 내 목소리가 생생할 때 최상의 음질로 녹음을 남겨놓을 계획이야. 녹음실에 가서 모든 가능한 소리 조합을 녹음해두는 거지. 그렇게 해두면, 앞으로 몇십 년 동안 최신 기술이 나올 때마다 내 목소리를 업데이트할 수 있어."

"그런데 어떻게 네가 아니면 할 수 없는 새로운 말을 AI가 하게 만들 수 있지?"

"내가 생각해둔 방법은, 대화의 시작은 음성 합성기한테 맡겨두고, 그사이에 내가 하고 싶은 말을 눈으로 타이핑해서……."

"잠깐! '눈으로 타이핑한다'는 게 무슨 소리야?"

"전에도 말한 적이 있는데, 안구 추적 기술을 말하는 거야. 눈은 마비되지 않을 테니 키보드를 볼 수 있어. 그러면 내 눈동자가 어느 키를 보는지 컴퓨터가 알아내는 거지. 눈동자를 추적하는 기술을 이용해서 말이야."

"좋아, 알겠어."

"계속 이어서 말하면, 대화의 시작은 AI가 제안한 문장을 내 음성 합성기가 말하게 하는 거야. 그동안 나는 안구 추적 기술을 이용해 형식적인 문장, 즉 계절 인사, 감사 또는 사과의 말 같은 것들 사이에 나만의 문장을 삽입하면 돼. 물론 텍스트 자동 완성 엔진을 사용해서."

"내 휴대폰에 있는 그거?"

"응. 하지만 그것보다 성능이 훨씬 우수하고, 내가 있는 장소와 상황, 내 취향 등을 고려해 맞춤화된 예측 엔진이지. 게다가 그 AI 시스템이 충분히 영리해지면, 내가 선택한 말을 바탕으로 어떤 말투의 합성 목소리를 사용해야 하는지도 판단할 수 있을 거야. 스스럼없는 말투, 격렬한 말투, 친밀한 말투 등등."

"잠깐만! 미래의 너, 그러니까 '피터 2.0'이 하는 말은 너 자신이 아니라 AI가 하는 말이란 거야?"

"어쩔 수 없어. 그것이 내가 사람들과 동시 소통을 할 수 있는 유일한 방법이야. 그러지 않으면 내가 눈으로 몇 마디만 타이핑하는 데도 상대는 1분쯤 기다려야 하지. 현재 나와 있는 최첨단 기술로도 시선 입력에는 엄청난 시간이 걸리거든."

"그러면 실제로 네가 말하고 있는지 나로서는 알 길이 없잖아."

"아니, 언제나 나야. 물론 가끔씩은 영화감독이 배우에게 애드리브를 시키는 것처럼 AI한테 맡길 수도 있겠지. 하지만 그래도 내 영화인 건 변함이 없어." 여기서 나는 이렇게 덧붙이고 싶었다. '사랑해'라는 말을 들을 때 넌 내가 거기에 있다는 걸 알 수 있을 거야.' 하지만 갑자기 눈물이 차올라서 입 밖으로 꺼내지는 못했다.

요즘 들어 이런 일이 부쩍 많아졌다. 석 달 차이로 부모님이 이어서 돌아가셨을 때도 그랬다. 그때나 지금이나 원인은

인간이 중요한 존재인 것은 규칙을 깨기 때문이다

대체로 스트레스임을 알고 있었다. 하지만 혹시 내가 감정조절장애가 아닌가 하는 의심도 들었다. 슬픈 일에 웃는 것 같은 통제 불능의 부적절한 감정을 보이는 증상을 말한다.

다행히 아직은 고차원적 정신 기능은 문제가 없는 듯했다. 영화에서 가슴 아픈 장면이 나오면 눈물이 났지만, 그건 늘 있는 일이며 적어도 그런 장면에서 웃음이 나오지는 않으니까. 나는 눈시울이 뜨거워지는 것을 감추기 위해 고개를 숙이고 라테 잔을 내려다보았다. 라테를 한 모금 더 마셨을 무렵 프랜시스의 얼굴을 보고 이야기를 계속할 수 있을 것 같았다.

"물론 AI가 하는 말은 내가 자발적으로 말할 때처럼 표현력이 풍부하지는 않을 거야. 심지어는 정확히 똑같은 내용도 아닐 거고. 나도 그 점을 알아. 하지만 뭐 어때? 덕분에 내가 더 똑똑하고, 유쾌하고, 건망증 없는 사람이 된다면 고마운 일이지. 무엇보다 내가 뭔가를 흉내 내고 있는 가짜가 아니라는 게 얼마나 다행이야. 계속 말하지만, 피터 2.0은 유일무이한 존재야."

나는 농담처럼 대수롭지 않게 말했지만, 사실은 내가 설명하고 있는 것을 프랜시스가 어떻게 받아들일지 걱정되었다. 이건 나 혼자만의 문제가 아니었다. 우리의 관계 문제이고, 우리 둘의 미래에 관한 문제였다. 우리 관계에는 불공평한 비대칭성이 생기기 시작했다. 내가 당연한 권리처럼 피터 2.0으로 업그레이드하는 동안 프랜시스는 그저 늙어가야

나는 사이보그가 되기로 했다

할까? 성인이 된 후로 우리는 줄곧 공동전선, 일심동체, 사랑하는 커플로 지내왔다. 그런데 지금 나는 웅대한 계획이랍시고 우리 관계를 뿌리째 흔들고 있었다. 프랜시스는 살과 피를 지닌 인간과 사랑에 빠졌지 사이보그를 사랑한 게 아니었다. 그는 내가 지금 이대로 있기를 바랄지도 모른다.

"더 똑똑해진다니 좋은 일이군. 유쾌해진다면 더욱 좋고."

"대화가 어눌해지는 대신 지능이 향상되었다고 생각하면 돼!"

"유머가 늘어난다는 생각이 마음에 들어."

첫 번째 장애물은 쉽게 넘은 듯했다. 긍정적 신호였다. 내 추산으로는 적어도 여섯 개의 장벽을 더 넘어야 했다. 게다가 프랜시스에게 '세상을 바꾼다'는 최종 계획까지 넣는다면 일곱 개가 남았다. 프랜시스에게 그걸 받아들일 시간과 여유가 있다면 말이다.

"그렇다면 내 두 번째 아이디어도 분명 마음에 들 거야. 이번엔 내가 웃고, 미소 짓고, 보디랭귀지를 표현함으로써 내 인격과 인간다움을 유지하는 게 목적이야. 그래서 아바타를 만들려고 해."

"영화 〈아바타〉처럼?"

"맞아! 나를 닮았다는 것만 빼면 같아. 내가 근육을 잃기 전인 3년 전 모습이지만. 일단은 머리만 있을 거야. 만화 캐릭터 말고, 딱 봐도 진짜 인간처럼 보이는, 즉 나로 보이는 캐릭터를 만들 생각이야. 그걸 실시간으로 작동시킬 하드

인간이 중요한 존재인 것은 규칙을 깨기 때문이다

웨어와 소프트웨어가 필요하겠지. 처음에는 진짜와 꼭 닮은 아바타를 실시간으로 작동시킬 수 없는 상황도 있을 거야. 그 경우에는 미리 준비해둔 콘텐츠는 불러오면 돼."

"아바타에게 연설을 시킨다는 얘기야?"

"맞아! 그 외에는 실시간으로 움직일 수 있는 해상도가 낮은 아바타를 사용하면 돼."

"마음에 들어! 네가 계속 너다운 미소를 짓고, 네가 말을 할 때 네 얼굴이 움직인다는 게 마음에 들어. 네 가슴에 스크린을 달고, 거기에 실물 크기의 아바타 머리가 등장하면 좋겠다. 사람의 얼굴을 박은 티셔츠처럼. 하지만 티셔츠의 사진과 달리 네 얼굴은 움직이지!"

"그 아이디어 멋진데?" 나는 원래 내 얼굴 앞에 스크린을 둘 생각이었는데, 프랜시스의 아이디어가 훨씬 더 사용자 친화적이었다.

"언젠가는 아바타상에서 내 합성 목소리와 그것에 어울리는 표정을 매치할 수 있을 거야. 하지만 AI 스스로 '얼굴 보디랭귀지', 즉 감정을 표현할 수 있게 하고 싶어. 어떤 표정을 지을지 판단하기 위해 AI는 대화의 내용과 갑작스러운 소음 같은 것들에 반응할 뿐 아니라, 주변에서 일어나는 일을 항상 관찰하고, 사람들의 움직임을 포착해 그 의미를 해석하고, 아는 얼굴을 인식하지."

"네 AI가 항상 자신을 엿듣고 관찰하고 있다는 걸 알면 상대는 불편하지 않을까?"

"알렉사Alexa나 구글 홈Google Home, 또는 시리Siri를 사용하는 것과 뭐가 달라? 이 장치들도 항상 엿듣고 있어. 그게 AI가 작동하는 방식이니까. 앞으로 점점 더 많은 장치가 같은 일을 할 거야. 적어도 내 시스템은 주변 사람들의 일거수일투족을 듣고 볼 필요가 있어. 그렇게 하지 않으면 동시 소통이 불가능하기 때문이지."

"며칠 전 내가 너한테 한 말을 나한테 그대로 돌려주는 식으로 말한다면, 나는 너를 꺼버릴 거야!"

"약속하는데, 그런 일은 없을 거야! 내 아바타가 생긴다니 상상만 해도 멋지지 않아? 내가 연설을 하는 장소에서 강당 스크린에 ─거의 마비되어 말을 할 수 없는 이미지가 아니라─ 내 아바타를 띄우는 거야. 피터 2.0 아바타의 모습으로 스카이프로 통화할 때나 팟캐스트에 출연할 때, 사람들이 보는 건 피터 2.0의 아바타뿐이지. 직접 만나 이야기를 하는 경우에도 내 원래 몸이 아니라 피터 2.0의 소프트웨어가 상대를 할 거야."

"실은 네 말을 들으니 안심이 돼. 네가 머지않아 말하는 능력을 잃고, 눈을 빼고는 감정 표현을 할 수 없게 되는 줄로만 알고 있었는데 그렇지 않을 거라니!"

"지금까지 누구도 해본 적 없는 일이야. 2~3년 후면 나는 눈에 보이지 않는 국경을 넘을 거야. 그때가 되면 넌 AI라는 창을 통해서만 나를 볼 수 있어."

프랜시스가 웃음을 터뜨리더니 자신이 왜 웃었는지 설명

인간이 중요한 존재인 것은 규칙을 깨기 때문이다

했다.

"지금 내 앞에 있는 네가 일종의 프로토타입이라는 생각이 들어서."

"맞아, 게다가 오리지널과 달리 내 아바타는 늙지 않아."

"그거 대단한걸…… 오! 혹시 이거 생각해봤어? 만일 네가 죽으면, 네 아바타는 어떻게 돼?"

물론 나도 수없이 생각해본 문제였다. 그것과 관련해 내가 처리해야 할 몇 가지 중요한 함의가 있었다. 사실 완전히 예상 밖의 일이지만, 나는 40여 년 전 그레이하운드 버스 안에서 앤서니에게 설명한 '업로드 문제'를 피할 방법을 거의 찾았다고 느꼈다. 하지만 오늘은 일단 그 시나리오는 접어두기로 했다.

"내 예상으로는 이 모두를 실행하는 피터 2.0의 AI가 점점 업그레이드될 텐데, 그러면 어느 날 내가 갑자기 죽어도 아무도 그 사실을 알아채지 못할 거야. 며칠 후 너는 내게 이렇게 물을지도 몰라. '무슨 냄새 안 나?' 그러면 내 아바타가 이렇게 대답하겠지. '아니, 아무 냄새도 안 나는데.' 논리적으로는 그건 전혀 거짓말이 아니지."

우리는 커피 값을 지불하고 밖으로 나왔다.

"언젠가 네가 죽으면……." 프랜시스가 다시 말을 꺼냈다. "그러니까, 네가 죽고 나는 아직 살아 있다면……."

"그런 끔찍한 일은 없을 거야!" 나는 나 자신이 아무리 고통스럽더라도 프랜시스보다 며칠만이라도 더 살아서 프랜시스가 사랑하는 사람을 잃는 끔찍한 비극을 당하지 않게 하고 싶었다.

"알아. 난 그저 네가 없어져도 아바타가 곁에 있어서 내게 말을 걸고, 잊고 있던 것을 알려주고, TV를 녹화할 수 있게 가르쳐줄 거라고 생각하니 굉장히 위로가 된다는 말을 하고 싶었을 뿐이야."

"정말이야?" 나는 기뻤다. 그리고 매우 안심이 되었다. 나는 요즘, 앞으로 일어날 일에 대해 이런저런 생각을 하고 있었다. 내가 충분히 오래 살아서, 내 아바타가 내가 상상하는 것만큼 성능이 높아진 후에 내 생물학적 몸이 기능을 멈춘다면? 솔직히 충분히 생각해볼 수 있는 일이며, 나아가 내가 비현실적으로 운이 좋다면 실제로 일어날 수도 있는 일이었다. 이 말도 안 되는 시나리오가 현실이 된다고 가정하면, 내 AI를 어떻게 할 것인가? 프랜시스의 마음이 가장 중요할 것이다. "내가 죽은 후에도 정말 내가 곁에 있었으면 좋겠어?"

"너를 잃는 건, 일부를 잃는 것이라 해도 끔찍해. 네가 죽어도 어떤 형태로든 계속 내 곁에 있을 수 있다면, 네가 통째로 없어지는 것보다 훨씬 나을 것 같아. 내가 하고 싶은 말은 이게 다야."

처음에는 이렇게 생각했다. 프랜시스가 다행히 자신도 모르는 사이에 윤리적 지뢰밭을 무사히 빠져나갔다고. 하지만 곧 깨달았다. 그는 자기 말의 무게를 정확히 알고 있었

인간이 중요한 존재인 것은 규칙을 깨기 때문이다

다. 그렇기 때문에 대화를 도중에 가로막지 않은 것이었다. 나는 죽음의 경계를 모호하게 함으로써 낡은 금기를 깨려고 시도했고, 그런 도전에 프랜시스는 동참해주었다. 그렇다면 나는 이 중대한 계약을 좀 더 확실히 해두는 편이 좋겠다고 생각했다.

"네 생각이 그렇다면, 나는 죽어도 죽지 않기 위해 할 수 있는 모든 걸 할 생각이야."

"제발 그렇게 해줘."

바닷가에 사람이 늘어나고 있었다. 일찍 일어난 사람들이 고무 샌들을 질질 끌며 해변으로 왔다. 우리는 산책로 쪽으로 건너간 후 왼쪽으로 돌아 아까 왔던 길로 향했다. 반대 방향에서 보는 포구는 언제나 그렇듯 전혀 달랐다.

"자, 이제부터는 지금까지 말한 것들에 첨단 가상현실을 결합할 차례야."

"또 있어? 나는 이걸로 끝인 줄 알았어!"

"아냐, 한참 더 남았어. 들어보면 정말 흥미진진할 거야!" 기온이 올라가자 내 기분도 좋아졌다. "생각해봐. 세 가지 요소, 즉 합성 목소리, 아바타, 그리고 가상현실을 조합하는 것만으로도 벅찰 거야. 모든 걸 눈의 움직임으로 조절하려면."

"정말 안구 추적이 유일한 방법이야?" 프랜시스가 끼어들었다.

"언젠가는 뇌와 컴퓨터를 직접 연결하는 인터페이스의 처리 속도가 매우 빨라지겠지. 하지만 그렇게 되려면 적어도 10년은 걸려. 아직은 안구 추적이 가장 빨라. 스티븐 호킹은 볼 근육을 사용했는데, 그건 더 느렸어. 그런데 나는 말뿐만 아니라 다른 여러 가지 것, 즉 지금까지 시도한 적 없는 많은 것을 동시에 통제하는 실험을 해보고 싶어. 바로 그게 문제야. 방금 말했듯이 나는 대화와 감정 표현, 추가로 가상현실 안에서의 아바타 동작을 동시에 조절하는 것만으로도 아직 벅찬 상태야.”

“그 이상은 불가능하다는 거야?”

“되거나 안 되거나 둘 중 하나겠지. 나는 생물학적 뇌가 쓰는 수법을 내 AI에 적용할 계획이야. 바로 위임delegation이지. AI가 엄청나게 영리해지면, 나는 고차원적인 명령 — 예를 들어 ‘저쪽으로 이동해’ — 을 하기만 하면 돼. 그러면 그때부터는 내가 개입하지 않아도 AI가 알아서 명령을 수행할 거야. 우리가 지금 생각하지 않고도 걸을 수 있는 것처럼 말이야.”

“또 생각하지 않고 말을 할 수 있는 것도…….”

“잘 생각해보면, 우리는 말을 할 때 어떤 근육을 움직일지 생각하지 않아. 내가 피터 2.0이 됐을 때 AI한테 가능한 한 많은 판단을 위임하면, 나는 자유롭게 이동해 지구 상의 어디서든 가상 회의를 할 수 있을 거야.”

“호텔비가 절약되겠네.”

“가상 우주의 다른 행성에서 회의를 할 수도 있어!”

“그래, 좋아. 하지만 움직임을 어떻게 위임할 수 있는지

인간이 중요한 존재인 것은 규칙을 깨기 때문이다

모르겠어. 네가 아바타한테 시범을 보이지 않고도 아바타에게 복잡한 동작을 시키는 게 가능해?"

"아까 자연스러운 대화를 실현하기 위해 내비게이션 같은 시스템을 쓸 거라고 말한 것 기억나? AI가 세 가지 정도의 선택지를 제시한다고 했잖아. 그것의 신체 버전을 상상하면 돼. 주변에서 일어나고 있는 일을 고려해, 가상현실 안에서 내가 할 수 있을 만한 동작을 예측하는 거야."

이때쯤 우리는 선창을 지나 '밴조Banjo'라고 부르는 커다란 원형 광장에 도착했다. 거기서 계단을 몇 개 내려가면 바다에 접한 멋진 산책로가 나온다. 그곳에서 바다를 바라보면 해양 정기선의 뱃머리에 서 있는 듯한 느낌이 났다. 밴조를 지금과 같은 형태로 수리하기 훨씬 전부터, 프랜시스와 나는 이곳에 올 때마다 산책로에서 오른쪽으로 빠져 그 계단을 내려갔다. 하지만 이번에는 처음으로 왼쪽으로 향했다. 암묵적인 동의였다. 또 하나의 문이 스르륵 닫힌 순간이었다.

다행히 그날은 밴조에 프랑스 토산물 시장이 열렸다. 덕분에 내가 사랑하던 전망을 볼 수 없어도 마음을 달랠 수 있었다. 나는 스스로를 꾸짖었다. 앞으로 다시는 하지 못할 일에 속상해하지 말고, 아직도 할 수 있는 일에 집중하라고.

치즈와 인형, 화석과 공예품 매대가 늘어서 있었다. 우리는 그 사이를 지나 긴 반원 모양의 길을 따라 다시 바다 근처로 돌아왔다. 항구의 이 지역에는 바다로 나가려는 모터

나는 사이보그가 되기로 했다

보트들이 정박해 있었다. 우리는 왼쪽으로 돌며, 매끈하게 잘 빠진 보트가 줄지어 있는 것을 갈망의 눈길로 바라보았지만 그저 말없이 걸었다. 우리는 처음 만났을 때부터 언젠가는 보트를 사자고 약속했고, 1년 전에는 드디어 한 척을 살 뻔했다. 병을 진단받고 나서도 그 꿈을 포기하고 싶지 않았던 우리는 어느 때보다 과감한 계획을 필사적으로 탐색했지만, 결국 최근에 그 꿈을 접었다. 나는 지금 할 수 있는 일에 집중하자고 생각했다. 프랜시스를 위해, 그리고 나 자신을 위해 나는 내가 느끼고 있는 희망과 확신을 행동으로 보여줘야 했다. 그것이 우리가 앞날을 헤쳐갈 수 있는 유일한 방법임을 나는 알았다.

우리는 항구 사무실 앞을 지나갔다. 어부들이 그날 아침에 회수한 바닷가재 통발과 그물에서 짭짤하고 비릿한 냄새가 풍겨왔다. 활기찬 항구의 냄새는 언제나 나를 사로잡았다. 그러나 인공호흡기를 달면 더 이상 냄새를 맡을 수 없게 된다. 그러니 지금 여기에 집중하자. 갈매기 울음소리에 귀 기울이자. 아직 갈매기 울음소리는 들을 수 있으니까.

물밀듯 밀려오는 감정의 파도에 허우적거리던 나는 다시 마음을 다잡았다.

"디즈니 월드에서 탔던 놀이 기구 기억나? 앞으로 나는 매일 그런 느낌으로 살게 될 거야. 요즘 내가 구상하고 있는 가상현실은 비행 시뮬레이터나 놀이공원의 놀이 기구를 타고 있는 것에 가깝거든. 데이비드가 하던 가정용 컴퓨터게

인간이 중요한 존재인 것은 규칙을 깨기 때문이다

임 수준이 아니라.”

“누구라고?”

“조카 데이비드 말이야. 데이비드가 늘 하던 게임 있잖아.”

“아하! 정말 재미있었는데. 상어도 진짜 같았어.”

“파리 상공을 나는 것도……. 언젠가 나는 최첨단 휠체어에 묶인 몸이 될 거야. 휠체어째 나를 기울이면 중력 시뮬레이션을 할 수 있고, 가상현실에서 감각을 재현하는 실험도 할 수 있을 거야. 가상현실 속에 있을 때 나는 얼굴 아래 반을 드러내고 있기 때문에 온기나 산들바람의 감촉을 쉽게 재현할 수 있을 거야. 그리고 그 과정에서 가상현실의 영역은 점점 더 넓어질 거야. 게임 제작자들도 관심을 가질지 몰라. 그리고 언제가 될지는 모르지만, 나는 가상 다중 우주multiverse를 창조하고 싶어. 거기서는 장애를 지닌 사람도, 그렇지 않은 사람도 누구나 같은 조건으로 살 수 있어.” 나는 10대 시절의 꿈을 떠올리며 잠시 말을 멈추었다. “너와 내가 드디어 살라니아 왕국을 함께 탐험할 수 있을지도 몰라.”

“넌 처음 만난 날부터 그렇게 말했지. 내가 아발론을 쏙 빼닮았다고도 말했고.”

옛 항구Old Harbour 앞까지 왔을 때, 한 무리의 사람들이 우리의 시야를 가로막고 있었다. 난간 주위에 모인 그들은 바로 아래쪽 바닷속에 있는 무언가를 가리키며 휴대폰으로 동영상을 찍고 있었다. 나는 프랜시스를 올려다보았다.

"난 소박한 꿈이 있어. 언젠가 너와 내가 살라니아의 고원을 걸어서 건너는 거야. 우리가 기르는 불사조가 상공을 날고, 앞에는 맥스필드 패리시Maxfield Parrish의 그림에서 튀어나온 듯한 멋진 풍경이 펼쳐져 있지. 우리는 우뚝 솟은 낭떠러지 끝까지 걸어가 거기서 손을 잡고 은하 저 멀리 낯선 땅의 형언할 수 없을 만큼 아름다운 풍경을 바라볼 거야. 거기서 우리는 다음 봉우리로 순간 이동해서, 청록색 바다에서 쌍둥이 태양이 떠오르는 완벽한 해돋이 풍경을 감상할 거야. 그리고 그때 우리는 완전히 자유야."

프랜시스는 아무 말도 하지 않고 그저 피곤한 미소를 지을 뿐이었다. 그러고 나서 내게 입맞춤했다.

"사람들이 뭘 보는 거야?" 내가 마침내 물었다. 프랜시스는 잠시 나를 남겨놓고 뭔지 보러 갔다. 무리 속을 헤치고 난간으로 다가가 몇 초쯤 바다를 향해 몸을 숙이고 보더니, 다시 내게로 돌아왔다.

"배럴해파리가 두 마리 있어. 둑에 딱 붙어 있어서 휠체어에서는 보이지 않을 거야. 전에 봤잖아!"

프랜시스는 하루 온종일 배럴해파리를 바라보고 있을 수 있는 사람이었다. 물론 나도 마찬가지였다. 하지만 우리는 더 이상 언급하지 않고, 해파리에 정신이 팔린 사람들과 건조망 옆을 지나쳐 아름다운 밀레니엄 브리지를 건너 항구 반대쪽으로 갔다. 스테인리스스틸 교탑이 아침 햇살을 받아 반짝였다. 그 모습은 항구 풍경과는 뭔가 어울리지 않으

인간이 중요한 존재인 것은 규칙을 깨기 때문이다

면서도 아름다웠다. 토키와 브릭Brixham섬을 오가는 페리가 시야에 들어왔다. 마침 외항에 들어오며 속도를 줄이고 있었다.

"대부분의 사람은 가상현실을 현실에서 '도망'치는 수단으로 사용하지." 나는 아직도 해파리에 넋이 빠져 있는 운 좋은 사람들을 힐끗 쳐다보면서 말했다. 눈을 가늘게 뜨고 물속에 있는 것을 보려고 했지만, 역광 때문에 아무것도 보이지 않았다. 나는 머리를 돌려 프랜시스를 보았다. 그는 내가 돌아보는 것도 모른 채 앞쪽을 보고 있었다.

"나는 가상현실을 이용해 우리의 현실을 '되찾고' 싶어."

나는 사이보그가 되기로 했다

# 인생의 선택은 계속된다

More Life Choices


나는 내 방에 있는 레코드플레이어가 아트 가펑클의 똑같은 곡을 몇 번이고 반복 재생하도록 세팅해두었다. 곡이 시작되고 3분 57초가 지나면 바늘이 올라가서 제자리로 돌아와 달그락 소리를 내며 디스크의 끝에 툭 떨어진다. 그러면 〈브라이트 아이즈〉 전주의 오보에 소리가 다시 흘러나오기 시작한다.

황홀한 프랜시스의 사진과 함께 이 음반은 내가 집에 돌아온 첫날 아침에 도착했다. 프랜시스는 토키역에서 나하고 헤어지고 나서 곧바로 그 음반을 구입해 부쳤을 것이다. 우리는 열차가 소리를 내며 움직이기 시작하는데도 기차 창문 너머로 입맞춤을 계속했다. 역무원은 미친 듯이 호루라기를 불어대며, 일반적인 예의를 노골적으로 비웃는 두

인간이 중요한 존재인 것은 규칙을 깨기 때문이다

이단아 중 적어도 한 명을 한시라도 빨리 제거하기 위해 필사적이었다.

나는 프랜시스의 사진을 보란 듯이 레코드 덱 앞에 세워 놓았다. 그리고 어머니에게는 그 레코드를 사진 속 인물이 준 것이라고 설명했다. 사진 속 프랜시스는 황금색 가슴 털을 드러내며 관능미를 뿜어내고 있었다. 나는 그 레코드판을 꽤 높은 볼륨으로 쉬지 않고 틀어댔다. 또한 날마다 한두 시간을—누구와 전화하는지 매번 어머니께 분명히 알리면서—사진 속 젊은 남자와 전화 통화를 하며 보냈다. 이 정도 노골적으로 굴면 충분할 거라고 생각하면서.

내 행동 패턴을 보면 어머니도 뭔가 심상치 않은 일이 일어나고 있다는 낌새를 알아챌 터였다. 분명 무슨 일인지 캐내려 할 것이다. 하지만 어머니는 나와 많은 이야기를 나누면서도 신중하게 말을 아꼈다.

다행히, 어머니의 인내심은 오래가지 못했다. 아트 가펑클의 음악 공해에 사흘간 시달린 후 어머니는 불타는 호기심을 이기지 못하고 마침내 당신이 아는 유일한 방법으로 조사에 착수했다. 즉, 프랜시스와의 전화 통화를 엿들은 것이다.

우리 집에는 전화기가 두 대 있었다. 하나는 거실에, 하나는 부모님 방에. 그날도 나는 언제나 그랬듯 비교적 사생활이 보장되는 부모님 침실 전화기를 이용했다. 어머니는 거실의 긴 소파에 앉아 또 다른 전화 수화기를 들고 싶은 유혹과 싸우고 있었음이 분명하다. 그리고 유혹에 넘어갔다. 어머니는 극도로 조심스럽게 행동했지만, 나는 통화 목소리가 갑자기 미세하게 울리는 것을 듣고 어머니가 수화기를 들었음을 곧바로 알아챘다. 하지만 상관하지 않고 달콤한 대화를 계속했다. 이것이 무엇보다 좋은 전략이라고 생각했다. 약 10분간 통화 목소리가 목욕탕에서 말하는 것처럼 들리더니 어머니는 수화기를 들 때만큼이나 노련한 솜씨로 수화기를 내려놓았다. 그 순간 통화 목소리는 오래전 우리 집에 전화를 설치한 전화국 직원도 자랑스러워했을 만한 또렷한 품질로 되돌아왔다. 30분 후 나는 마침내 전화를 끊었다. 그리고 어머니와 맞대면하기 위해 복도로 나갔다.

하지만 어머니는 아무 말도 하지 않았다.

꼬박 24시간을 그렇게 지냈다. 그러고 나서 어머니가 부엌에서 갑자기 침묵을 깼다.

"그러니까 넌 지금 '게이'가 되겠다는 뜻이니?"

걱정하는 부모에게 커밍아웃하는 수많은 자식한테는 다행스럽게도, '게이'라는 말을 내뱉듯이 발음하는 것은 의외로 어렵다. 그것은 입술과 윗 입천장의 위치 때문이다. 그럼에도 어머니는 그 어려운 일에 과감히 도전했다. 그렇게 하느라 진이 다 빠졌는지, 그러고는 그 자리에 힘없이 조용히 서 있었다. 내가 약 5분에 걸쳐 차분하게 설명하는 동안, 어머니의 입술은 약간 벌어진 채 안쪽으로 말려 있었다. 이 순간을 나는 내가 오랫동안 기다려왔으며, 오래전부터 준비

인간이 중요한 존재인 것은 규칙을 깨기 때문이다

해왔다. 나는 어머니가 진정으로 이해할 수 있도록 최선을 다해 설득했다.

"알았다!" 그것이 어머니가 간신히 내뱉은 양보의 말이었다.

어머니가 정말 알았는지 확신이 서지 않아서, 나는 다시 10분을 들여 내가 10대를 어떻게 보냈는지, 그리고 성인이 된 지금은 어떻게 살기를 바라는지 설명했다.

"알겠다!" 이번에는 정말인 것처럼 들렸다. 그건 어머니가 마침내 뭔가를 이해했을 때 늘 사용하는 말투였다. "넌 지금 몹시 혼란스러운 거야."

이 말을 듣고 나는 화가 나기보다는 허탈했다.

"아뇨, 그렇지 않아요."

"아니야, 그래!" 어머니는 나를 달래보려는 듯 억지 웃음까지 지어가며 말했다. "그 나이에 도대체 뭘 안다고 그러니?"

"뭐라고요? 어머니도 제 나이 때 남자애들을 좋아했잖아요?"

어머니는 약간 당황한 듯했다. 하지만 딱 1~2초 동안이었다.

"아니! 난 그 나이에 그런 것에는 관심도 없었어."

이건 다소 의심스러운 반론이었다. 내 계산에 따르면 그 나이에 어머니는 아버지와 결혼을 앞두고 있었다. 하지만 이 문제는 그냥 넘기기로 했다.

"전 열세 살 때 확실히 알았어요."

"헛소리 그만해! 그 징그러운 남자 때문에 잘못된 길로 가고 있어. 정말 구역질 나는구나. 틀림없이 나이가 꽤 많겠지?"

어머니는 프랜시스의 사진을 돋보기로 보듯 꼼꼼히 살펴보았을 터이므로 그런 모른 척은 거짓이었다.

"그는 겨우 저보다 2년, 6개월, 14일 연상이에요!"

어머니는 갑자기 나이는 이 설전과는 무관하다는 듯 머리를 홱 치켜들고 콧소리를 내며 씩씩거렸다.

"그건 그렇고, 그 남자가 호텔에서 일한다고 했지?" 이번에도 어머니는 한 단어를 내뱉듯이 발음하느라 고생했다. 이번에는 'h'로 시작하는 단어였다. 어머니는 그 단어에 있는 힘껏 모멸을 담아 말했다.

"그는 일을 굉장히 잘하고, 게다가 그곳은 근사한 호텔이에요."

"동성애자들로 붐비는 곳이라며!"

"그 호텔은 그런 데니까요!" 나는 점점 참기가 어려워졌다. "그곳은 게이 전용 호텔이에요. 저 같은 사람들을 위한 안식처라고요. 무지와 증오로 가득한 편협한 사람들에게서 도망칠 수 있는 곳이죠. 지금 어머니처럼 말이죠!"

어머니는 마치 내게 따귀라도 얻어맞은 듯 움찔했다. 그러고는 콧방울이 쑥 들어가도록 크게 숨을 들이마시고는 감정을 억누른 목소리로 천천히 말했다.

"너의 그 태도가 혐오스럽구나."

인간이 중요한 존재인 것은 규칙을 깨기 때문이다

일주일 전이었다면 나는 그 말에 타격을 받고 무너졌을 것이다. 하지만 사랑으로 무장한 나는 끄떡도 없었다. 나는 마음속으로 어깨를 으쓱해 보였다. 어머니를 설득하려는 시도는 실패했다. 적어도 지금으로서는 그랬다. 나는 어머니보다 훨씬 더 차분한 태도로 반격했다. "오늘 어머니의 태도야말로 혐오스러워요."

그 말과 함께 나는 발길을 돌려 내 방으로 돌아갔다.

그로부터 사흘 동안 어머니와 나는 자석의 같은 극처럼 서로를 철저히 밀쳐냈다. 한마디도 하지 않았다. 서로 마주칠 때면 발걸음을 다른 쪽으로 돌렸다. 아버지와는 이따금 이야기를 나눴지만, 물론 대수롭지 않은 내용이었다.

"피터!" 내가 식당에 있는 어머니를 보고는 문을 지나쳐 내 방 쪽으로 걸어갈 때였다. 어머니는 평소 나를 이름으로 부르지 않았지만, 어쨌든 나를 불렀다는 건 적어도 없는 사람 취급은 않겠다는 뜻이었다. 대답하지 않는 건 무례한 일이라고 생각했다. 나는 발걸음을 되돌려 식당 문간에 섰다.

"피터, 널 이해해보기로 했다. 증오로 가득한 늙은이가 되는 건 싫으니까." 미리 준비한 발언임이 분명했지만, 적어도 의사를 표현한 것이다. "아버지께 감사하렴. 네 아버지가 그러시더구나. '그래도 우리 피터라는 건 달라지지 않아.' 당연히 그렇고말고. 우리가 큰 충격을 받은 것도 그래서란다. 아빠도 나도 네가 10대 시절처럼 아무의 지지도 받지 못하고 고립된 채 살기를 바라지 않아. 우리는 널 돕고 싶단다."

갑자기 안도감이 밀려왔다. 어머니의 인정을 그토록 갈구했다는 걸 나 자신도 미처 몰랐다. 어머니의 목소리는 위로하듯 따사롭고 부드러워져 있었다.

"하지만 그러기 위해서는 너도 우리를 도와야 한다. 이 어리석은 짓을 당장 멈추렴. 네 성향이 어떻든 네가 이겨낼 수 있도록 우리가 도와주마. 네 성향을 절대 밖으로 드러내면 안 된다. 온당치 못한 네 정체가 탄로 나면 세상이 네게서 등을 돌릴 거야. 그러면 아버지도 나도 널 지켜줄 수 없단다. 그러니 너도 양보해줘야겠다. '프랜시스'라는 사람을 포기하고 평범하게 살기만 하면 돼. 그게 유일한 방법이야."

"뭐라고요?"

"그게 유일한 선택지야."

"저는 절대로 그를 포기하지 않아요!"

"유치한 감정놀음일랑은 그만둬! 안 지 며칠이나 됐다고, 잘 알지도 못하는 사람 때문에 인생을 망치려 하니. 네가 지금까지 노력해서 일군 모든 것, 네가 당연하게 생각하던 모든 것을 버릴 참이니? 세상은 잔인한 곳이야. 세상이 네게서 등을 돌리기를 원하지 않잖니. 네 인생이 망가지는 걸 우리가 구경만 하고 있어야 할지도 몰라."

나는 충격을 받았던 것으로 기억한다. 물론 그러라고 어

인간이 중요한 존재인 것은 규칙을 깨기 때문이다

머니가 그렇게 말한 것이었다. 어떤 이유에서인지 모르지만, 나는 어머니가 언젠가 진실을 알면 그래도 변함없이 나를 사랑하고 지지해줄 것이며, 받아들이지 못하는 쪽은 아버지일 거라고 항상 생각해왔다. 실제로는 두 분 다 강경하게 나왔다. 그리고 두 분 다 내가 당연히 항복할 줄로 알았다.

그 순간 외할아버지가 아직 살아계셨다면 어떻게 반응했을지 궁금했다. 나는 외할아버지를 무척 좋아했다. 게다가 그는 무신론자이기도 했다. 광부 아버지 슬하에서 빅토리아 시대 관습에 따라 매를 맞으며 자랐으면서도 총명하고 의지가 강했던 외할아버지는 결국 그 굴레를 끊고 지질학 학위를 받았다. 그리고 당시 미인으로 유명했던 외할머니의 선택을 받았다. 외할머니 역시 오직 사랑한다는 이유로 '자신보다 신분이 한참 낮은' 사람과 결혼할 만큼 의지가 강했다. 그런 자유사상의 영향력은 이제 사라진 지 오래였다. 나는 신중하게 말을 골랐다.

"돌려 말하지 않을게요." 상황을 감안하면 현명한 표현이 아니었지만 이미 뱉은 말은 어쩔 수 없었다. "그러니까 두 분 말씀은, 프랜시스를 포기하거나, 아니면 가족과 제가 아는 모든 것, 그리고 저의 장래를 포기하거나 둘 중 하나를 선택하라는 건가요?"

"모르겠니, 아가? 가혹하게 들리겠지만 대안은 없어. 그 남자를 포기해. 네가 할 수 있는 합리적인 선택은 그것뿐이야."

물론 어머니의 말이 옳았다. 그게 가장 쉬운 결정이었다.

"프랜시스와의 미래냐, 아니면 과거의 모든 것이냐?" 나는 계산하는 척하고 나서 말했다. "저는 미래를 선택할래요!"

어머니는 더는 설득하려 하지 않았고, 놀라는 기색조차 없었다. 그 순간 어머니의 얼굴에 체념과 실망이 번졌다.

"고집 센 게 네 할아버지를 쏙 빼닮았어." 이 기싸움이 시작된 후 처음으로 어머니가 시선을 피했다. 그러고는 나를 다시 보며 마지막 일격을 가했다. "네가 가진 모든 걸 포기하겠다는 뜻이구나!"

나는 어머니의 일제사격에도 끄떡없이 미소를 지으며 말했다.

"그는 그럴 가치가 있어요!"

✳

부모님의 지지를 얻는 것과 달리, 임피리얼 칼리지를 설득하기는 쉬웠다. 나는 그 대학에서 컴퓨터과학을 전공하고 있었고, 최종 학년에는 전문 주제를 선택해야 했다. 그 전에 내게 맞는 진로를 찾아보고 그것이 진정으로 원하는 길인지 확인하기 위해 무기한 휴학이 필요하다고 대학을 설득한 것이다. 문제는, 학교 측에 말하기에 설득력 있는 동시에

인간이 중요한 존재인 것은 규칙을 깨기 때문이다

매력적인 진로를 찾는 것이었다. 게다가 영국 어디서나, 심지어 데번에서도 독학으로 공부할 수 있는, 잘 알려지지 않은 진로를 제시해야 했다.

내 인생에서 두 번째로 중요한 이 결정(세 번째로 중요한 결정만큼 가능성이 낮은 완전한 우연의 산물)은 대체로 아이작 아시모프 박사 덕분이었다. 데번으로 가는 기차 안에서, 그리고 다시 런던으로 돌아오는 기차 안에서도 나는 아시모프의 SF 소설 《나는 로봇I, Robot》을 읽었다. 마음에 쏙 들었다. 무엇보다 로봇이라는 주제는 컴퓨터과학과 관련이 많았다. 로봇이야말로 설득력 있고 매력적인 진로였다. 또한 워낙 난해한 학문이라서 임피리얼 칼리지에도 아직 로봇학과는 없었다. 모든 게 완벽했다. 나는 2주 내에 '로봇공학을 연구하기 위한' 무기한 휴학을 받아냈다. 그날은 내 스물한 번째 생일을 맞이하기 전날이었다.

그날 밤, 빅벤Big Ben(영국 국회의사당의 시계탑―옮긴이)이 자정을 알릴 때 나는 큰 여행 가방을 들고 대학 친구들과 함께 웨스트민스터 다리 위에 서 있었다. 우리는 샴페인 병의 코르크를 따고 내가 성인이 되었음을, 그리고 다른 남자와 합법적으로 잘 수 있게 된 사실을 축하했다. 그 병에 이어 두 번째 병도 비웠을 때, 우리는 지하철역으로 가서 작별의 포옹을 했다. 나는 심야 서비스를 기다려 패딩턴까지 갔고, 거기서 완행열차를 탔다. 그리고 뉴턴애벗Newton Abbot역에서 차를 갈아타고 마침내 토키에 도착했다. 프랜시스가 새로운 인생에 발걸음을 내디딘 나를 환영했다.

✳

늦봄부터 여름까지의 데번은 완벽하다. 적어도 1979년에
는 그랬다. 지금처럼 관광객이 몰려들기 전의 그곳은 한적
한 시골이었다. 프랜시스와 나는 막 사랑에 빠진 사람들의
환희에 젖어 있었다. 내 인생의 다른 어떤 때보다 행복한 기
억이 많은 4개월이었다. 나는 그곳의 바다와 절벽과 해변
을 몹시 사랑했다. 나는 다트무어Dartmoor의 습지를 사랑했
다. 우리가 양지바른 외딴 언덕에 담요를 깔고 뒹굴어도, 풀
을 뜯는 야생 조랑말 외에는 우리를 방해하는 게 없다는 사
실도 좋았다. 나는 클리프하우스 호텔에 모이는 색다른 손
님들의 자유분방함을 사랑했고, 다양한 사회계층 사람들
을 접하는 것이 좋았다. 프랜시스에게 (훗날 '보베이 캐슬Bovey
Castle'로 이름을 바꾼 특급 호텔에서 사치스러운 애프터눈 티를 마시
며) 인류는 차츰 사이보그가 될 것이고, 그 일은 우리 살아
생전에 일어날 것이며, 그건 과학소설이 아니라 과학이라
고 설명했을 때, 프랜시스가 그런 날이 오면 우리가 영원히
함께 있을 수 있냐며 기뻐하는 것을 보고 정말 행복했다. 그
리고 무엇보다 프랜시스를 압도적으로 사랑했다. 그래서
그가 마침내 자신의 어머니를 만나러 가자고 제안했을 때,
나는 좋은 인상을 남기고 싶었다.

인간이 중요한 존재인 것은 규칙을 깨기 때문이다

"이어 머벅 우즐비 그웨인 쿼프 드렉틀리Eeeer merbuck uuz-zelbee gwaainn kwop dreektlee!"

프랜시스의 어머니는 이렇게 말하고는 무슨 대답을 기대하는 듯 미소를 지었다. 그래서 나는 함박웃음을 지으며 이렇게 말했다.

"좋아요!"

프랜시스의 어머니가 부산하게 부엌으로 들어갔다. 그녀가 집요하게 엉겨 붙는 잭 러셀 테리어를 혼내며 현관 열쇠를 찾기 시작할 때, 나는 프랜시스에게 통역을 부탁했다.

"곧 익숙해질 거야. 어머니가 데번셔Devonshire 사투리로 말하는 건 네가 마음에 든다는 표시야. 그렇지 않았다면 어머니는 '상류층처럼' 말했을 거야. 어머니는 방금 이렇게 말했어. '안녕하세요, 젊은이. 우리는 이제 생협에 갈 거예요.'"

"생협이 뭐야?"

"생활협동조합." 내가 계속해서 어리둥절한 표정을 짓는 것을 보고 프랜시스가 설명을 덧붙였다. "상점의 한 유형이야."

8월이 되자 해가 쨍쨍 내리쬐는 날씨가 계속되었다. 호텔 정원에는 꽃이 만발했고, 학문의 세계는 우주만큼 멀리 떨어져 있었다. 나는 실제로 로봇공학을 공부했고, 그 분야에 빠져 있었다. 다른 상황이었다면 그 분야를 전공하기로 마음먹었을 것이다. 하지만 지금은 아니었다. 이번 생에서는 아니었다.

나는 박사 학위를 따는 건 고사하고 대학을 졸업하는 것조차 포기하기로 했다. 내가 원하는 건 오직 프랜시스와 함께 있는 것이었다. 프랜시스는 클리프하우스 호텔을 중심으로 돌아가는 자신의 세계를 사랑했다. 나도 마찬가지였다. 우리는 언제까지나 데번에서 함께 지낼 것이다. 중요한 건 그것뿐이었다. 어느 날 밤, 둘이서 침대에 누워 있을 때 프랜시스가 내 꿈을 산산조각 내기 전까지는.

"정말 미안한데, 더 이상은 못 참겠어. 넌 그만 이곳을 떠나 런던으로 돌아가는 게 좋겠어."

인간이 중요한 존재인 것은 규칙을 깨기 때문이다

# 콘트라 문둠, 세계와 싸우다

Contra Mundum

순간 나는 너무 충격을 받아서, 프랜시스가 무슨 말을 하는 건지 알아들을 수 없었다. 그는 미리 준비한 듯한 몇 마디를 이어갔다.

"나는 살면서 박사 학위를 딸 수 있는 누군가를 만난 게 처음이야. 그래서 그게 무엇을 의미하는지 몰랐어. 그게 얼마나 좋은 기회인지 몰랐지. 근데 이제는 알 것 같아. 그리고 네가 어떤 사람인지도 알아. 넌 훌륭한 연구자가 될 거고, 그렇게 해야 해. 그러기 위해 태어난 사람이니까. 나는 네가 네 길을 가길 바라. 그러니까 돌아가서 대학을 졸업하고 박사 학위를 따야 해!"

나는 반박하려 했지만, 프랜시스가 내 입술에 다정하게 손가락을 얹으며 말을 이었다.

"네가 공부를 마칠 때까지 5~6년 정도 우리는 가난하게 살아야 하고, 우리가 어디서 살게 될지도 몰라." 우리? 가난? 함께 산다고? "하지만 어떻게든 방법이 있을 거야. 난 일자리를 구할 거야. 뭐든 할 일이 있겠지. 앞날에 무슨 일이 있든 우리는 함께 갈 거야."

그래, 물론 '우리'는 함께 있을 것이다. 거기에는 어떤 의문도 없었다. 내 머리와 입이 다시 연결되었다.

"하지만 프랜시스, 네가 여기를 어떻게 떠나? 이곳은 네게 전부잖아. 네가 사랑하는 유일한 일이잖아."

"난 너를 훨씬 더 사랑해. 너는 나를 위해 모든 걸 포기하려고 했잖아. 이제는 내 차례야." 프랜시스는 잠시 말을 멈추더니 처음으로 심각한 표정을 지었다. "정말로 나와 함께 있고 싶은 거지?"

나는 프랜시스의 질문을 농담으로 받아넘기려 했지만, 목소리에는 아직도 믿기지 않는다는 심정이 묻어났을 것이다. 사실 나는 줄곧 불안했다.

"평생 그런 말 못 들을 줄 알았어."

한 달 후 더위가 꺾이기 시작할 무렵, 우리는 런던에 살고 있는 친구들의 집을 전전하기 시작했다. 한 친구의 집에서는 비어 있는 방에서 며칠 밤을 지내고, 또 다른 친구의 집에서

인간이 중요한 존재인 것은 규칙을 깨기 때문이다

는 소파에서 하룻밤을 지내고, 이런 식으로 여러 날을 보냈다. 내 친척이 소유한 대궐 같은 저택에 비어 있는 커다란 침실이 몇 개쯤 있겠지만, 우리를 받아줄 리는 없었다. 하물며 윔블던의 내 방은 말해서 무엇 하겠는가. 그래도 어떤 친구의 집에서 유난히 불편한 하룻밤을 보낸 후 나는 일단 전화를 해보기로 했다. 물론 공중전화에 헛돈만 쓰고 말았지만.

매일 우리는 아침 일찍 일어나면 가장 가까운 신문 판매대로 달려가 월세 광고가 빼곡히 실린 일간지 한 부를 샀다. 그리고 아침 식사를 하는 동안 샅샅이 살펴보았다. 그런 다음에는 동전이 담긴 작은 비닐봉지를 들고 비어 있는 전화부스로 가서, 그 안에 둘이 틀어박혀 동그라미 친 모든 광고에 닥치는 대로 전화를 걸었다. 통화는 대부분 짧게 끝났다.

"죄송하지만, 이미 나갔습니다."

이따금 와보라는 말을 듣기도 했지만, 막상 가보면 들은 것과 달랐다. 집의 조건이나 위치, 또는 집세가 달랐다. 아니면 집주인이 남성 두 명에게는 방을 내주고 싶지 않다고 했다.

친구 및 지인의 집을 거의 다 돌았을 무렵, 마침내 우리는 형편에 맞는 월셋집을 구할 수 있었다. 임피리얼 칼리지까지 걸어서 몇 킬로미터 거리라 지하철 요금도 절약할 수 있었다. 그곳은 빅토리아 양식으로 지은 5층짜리 타운하우스의 옥탑방이었다. 작은 창문으로는 런던의 명물인 침니 포트 chimney pot (굴뚝 끝에 부착한 통풍관—옮긴이)가 보여서 무척 낭만적이었다.

나는 사이보그가 되기로 했다

하지만 그 옥탑방은 엄청나게 추웠다. 가을밤이 날이 갈수록 쌀쌀해지면서 우리도 그 사실을 깨닫기 시작했다. 매일 밤을 덜덜 떨며 보내던 어느 날, 나는 대학에 복학했고, 프랜시스는 중증 지적장애를 지닌 성인들을 돌보는 일을 구했다. 프랜시스는 집에서 추위에 떠는 것이 익숙했지만, 나로서는 완전히 새로운 경험이었고, 일찌감치 이것이 하지 않아도 되는 경험이라는 결론에 이르렀다. 그래서 우리는 창틈으로 스며드는 점점 차가워지는 바람을 막기 위해 셀로판테이프를 사서 창문 주위에 붙였다.

이렇게 해서 우리가 사는 곳은 완전히 밀폐되어 '인체 공학적으로 경제적인 다목적 방'(침실, 식당, 부엌, 거실, 세탁실, 식료품 저장실을 겸하는 원룸)이 되었다. 우리는 작은 가스난로 앞에 웅크리고 앉아 실제로 불을 붙이면 얼마나 따뜻할지 상상했다. 연료비로 배분된 예산은 하루 1실링, 20일에 1파운드였다.

문제는 소파 옆에 있는 가스레인지에서 요리도 해야 한다는 것이었다. 그것까지 계산에 넣으면 화력을 아무리 줄여도 하루 두 시간밖에 사용할 수 없었다. 물론 두 시간 후쯤이면 방 안의 산소를 거의 다 소모해서 머리가 아팠다. 그래서 우리는 아직 몸이 따뜻할 때 얼 것 같은 침대 속으로 들어가 잠자리를 데웠다. 이는 짧은 밤을 마무리하는 합리적인 방법으로 보였다.

그래도 가스난로가 열을 발산하고 곱은 손가락이 서서히

인간이 중요한 존재인 것은 규칙을 깨기 때문이다

녹는 동안 우리는 함께 수다를 떨 수 있었다. 거의 매일 밤 우리는 앞날을 계획하고 꿈을 이야기했다. 내가 박사 학위를 따면—아마 빠르면 5년 후쯤 되겠지?—우리는 X를 할 수 있을 거야. 어쩌면 Y를 할 수 있을지도 몰라. X와 Y를 둘 다 하고 내친김에 Z도 할 수 있을지 몰라. X와 Y와 Z가 뭐든 멋질 것 같았다.

가끔은 어쩔 수 없이 현재의 시련과 곤경에 대해서도 이야기했다. 이제는 정말 온전히 우리 힘으로 살아야 한다는 걸 깨달았다. 어머니가 단언했듯이, 내 친척들은 집안의 무지개색(LGBT의 상징) 양에게 물이라도 들까봐 한 명도 빠짐없이 냉정하게 내게서 거리를 두었다.

돌이켜보면, 적어도 몇 명은 나를 이렇게까지 가차 없이 버리지는 않을 거라고 생각했던 것 같다. 하지만 나는 보기 좋게 틀렸다. 그 자체가 가슴 아픈 사실이었지만, 부모님은 더 힘든 일을 겪고 있다는 것도 알고 있었다. 동정의 대상이 되는 굴욕을 견뎌야 했기 때문이다.

"네가 그들을 잃은 게 아니라, 그 사람들이 널 잃은 거야." 프랜시스가 쏘아붙였다.

"그 사람들이 사랑한다고 말한 상대는 내가 아니었어. 그러니까 나는 잃은 게 없어. 적어도 어머니와 아버지는 예의를 갖추셨어."

"상황을 고려하면 매우 잘해주신 거야!"

시간이 좀 걸렸지만 부모님과는 외교적인 관계가 열리고

있었다. 부모님이 먼저 윔블던에 차라도 마시러 오라며 조심스러운 초대장을 보냈다. 만남은 매우 정중하게 치러졌다. 어머니는 아끼는 찻잔과 조지<sup>George</sup> 왕조 시대의 은제 티포트를 꺼내 작은 컵케이크<sup>fairy cake</sup>를 대접했다. 어머니가 이 아이러니를 즐겼는지는 모르겠지만(fariy에는 '동성애자'라는 뜻이 있다—옮긴이). 부모님은 겉으로는 예의 바르게 대하기 위해 최선을 다했다. 하지만 그 밑에는 불편한 기색이 내비쳤다. 어쨌든 두 분이 의무감을 느낀다는 건 적어도 노력하고 있다는 뜻이었다. 그러니 희망이 있었다.

"우리는 세상을 상대로 싸우고 있어." 나는 외쳤다. "프란시스쿠스 페트루스크 콘트라 문둠<sup>Franciscus Petrusque contra mundum</sup>!" 이건 우리가 주문처럼 외우는 좌우명의 첫 번째 부분이었다. '프랜시스와 피터는 세상과 맞서 싸운다'는 뜻이다.

"그러니 세상은 조심하는 게 좋을 거야!"

"코니운크티 빈세무스<sup>Coniuncti vincemus</sup>!" 나는 주문의 나머지 반을 소리 높여 외쳤다. '우리가 함께 정복한다'는 뜻이다.

우리가 구한 셋방의 큰 장점 중 하나는 비록 가난한 지역이었지만 런던 한복판에서 살 수 있다는 것이었다. 말 그대로

인간이 중요한 존재인 것은 규칙을 깨기 때문이다

어디든 걸어갈 수 있었다. 그래서 한 해의 마지막 날 자정이 다가올 때 우리는 리전트<sup>Regent</sup> 스트리트를 걸어 트래펄가 광장으로 갔다. 광장에는 새해와, 동시에 새로운 10년의 도래를 축하하기 위해 많은 사람이 모여들고 있었다. 우리는 들떠서 손을 잡고 걸었다. 나는 지금까지 두 남자가 손을 잡고 걷는 것을 본 적이 없었다. 그래서 그것이 1980년대를 맞이하기에 알맞은 급진적인 방법처럼 보였다.

우리는 인파 속에서 시계가 자정을 치기를 기다렸다. 이날 저녁 나는 6시 라디오 뉴스가 시작되는 '삐' 소리를 들으며 손목시계를 맞춰놓았는데, 그 시계에 따르면 이제 채 1분도 남지 않았다. 가까이 있는 한 무리는 벌써부터 환호성을 지르기 시작했지만, 나는 그들이 틀렸다는 걸 알고 있었다. 아직 시간이 남아 있었다.

나는 새해를 맞이하기 전에, 지난 9개월 동안 서서히 깨달은 것을 제대로 말해두고 싶었다. 프랜시스와 만날 때까지 나는 너무 오랫동안 혼자서 싸워왔다. 그래서 ―혹시라도 마음이 약해질까 봐― 나는 누구의 도움 없이도 잘 해낼 수 있다고 스스로를 속여왔다. 열여섯 살에 반란을 일으킨 뒤부터 나는 누구를 상대로, 또는 무엇을 상대로 싸우든 내 힘으로 헤쳐나갈 수 있다고 자부했다.

하지만 프랜시스가 조금씩 나의 모난 구석들을 다듬고, 일반 상식의 구멍을 메워주면서, 나는 내가 경험한 현실 세계가 얼마나 제한적이었는지 깨달았다. 나의 강인함과 스스로에 대한 믿음에도 불구하고, 내가 얼마나 나약하고 무력하고 시야가 좁은지 깨닫고 그것을 받아들이기까지는 적어도 반년이 걸렸다. 그것은 일종의 보호막이 떨어져 나가는 것과 같은 경험이었다. 하지만 일단 현실을 받아들이자, 앞으로의 인생을 어떻게 살아야 할지 분명했다. 그것은 과학적이라고 할 수는 없었지만, 내가 지금까지 내린 가장 인간적이고 최고로 중요한 결단이었다.

그건 단순히 프랜시스와 죽 함께 살기로 하는 것과는 차원이 달랐다. 또한 단순히 프랜시스를 영혼의 동반자로 인정하고, 그를 지키기 위해서라면 어떤 희생도 감수할 가치가 있다고 생각하는 것도 아니었다. 어릴 적부터 쌓아온 철옹성을 풀고, 나약함을 감추지 않고, 변화를 받아들이기로 했다는 뜻도 아니었다. 내 인생을 바꾼 결단의 본질은, 흔쾌히 나의 일부를 내려놓고 프랜시스와 융합하는 것이었다. 나의 일부인 그와 그의 일부인 내가 대등한 동반자로서 융합하는 것이었다. 둘의 합보다 더 위대한 하나가 되는 것이었다.

나는 우리가 만난 그해의 마지막 순간에 프랜시스에게 그 결심을 한마디로 전하고 싶었다. "잊지 마. 너 없이는 난 아무것도 아니야. 하지만 우주가 우리에게 어떤 시련을 주더라도 둘이 함께라면 우린 천하무적이야!"

인간이 중요한 존재인 것은 규칙을 깨기 때문이다

# 다트무어

Dartmoor

그 증상은 갑자기 아무런 예고도 없이 시작되었다. 처음에는 목구멍이 간질간질했다. 보통 때라면 대수롭지 않게 넘길 일이었다. 기침 한 번 하면 사라질 테니 말이다. 헤이토어 록Haytor Rocks(다트무어 국립공원 내에 있는 거대한 바위산―옮긴이)을 차로 통과해 천천히 언덕을 내려가고 있었다. 이따금 풀을 뜯는 조랑말 옆을 지나갔다. 숨 막힐 정도로 아름다운 다트무어가 구름 한 점 없는 지평선까지 펼쳐져 있었다. 그 풍경의 위쪽 절반은 청명한 푸른 하늘이고, 아래쪽 절반은 싱그러운 녹색 습지가 차지했다. 습지에는 고사리, 가시금작화, 목초, 히스 군락이 노란색과 보라색으로 흩뿌려져 있었다. 나는 기침을 했다.

하지만 계속 간질간질했다. 저 멀리 보이는 것은 다섯 마리의 소일까, 아니면 조랑말일까? 나는 또 기침을 했다. 목을 보니 조랑말이었다. 다시 기침을 했다. 새로 태어난 망아지도 한 마리 있었다! 또다시 기침을 했다. 간질거림과 함께 가래 같은 것이 낀 느낌이었다. 이번에는 예의 바른 하인이 주인의 관심을 끌 때처럼 헛기침을 해보았다. 그래도 간질거림은 여전했다.

1분도 채 되지 않아, 나는 몇 초에 한 번씩 통제할 수 없이 기침을 하기 시작했다.

"괜찮아?" 프랜시스가 물었다. 걱정한다기보다는 신기한 눈치였다.

"숨이……." 말을 하려고 한 건 크나큰 실수였다. 그때까지는 기침하는 틈틈이 숨을 들이마실 수 있어서 그나마 버티고 있었다. 그런데 숨을 들이마셔야 할 귀중한 순간에 말을 하느라 쓸데없이 공기를 쓰고 말았다. 다음 숨을 들이마실 새도 없이 기침이 시작되었다. 게다가 어김없이 두 번 연속으로 기침 발작이 났다. 더 이상은 통제가 불가능했다. 폐 속은 이미 텅 비었다. 본능밖에 남지 않은 내 몸은 조금이라도 산소를 마시기 위해 나도 모르게 헐떡거렸지만 소용이 없었다.

기도 일부가 막혀 마치 목이 졸리는 것 같은 느낌이었다. 나는 쌕쌕거렸다. 영화에서 물속에 너무 오래 있던 사람이 마침내 수면 위로 얼굴을 내밀고 벅찬 표정으로 생명의 숨을 들이마실 때 흔히 내는 소리였다. 의학 용어로는 '천명喘鳴'이라고 한다. 영화에서는 주인공이 구사일생으로 살아났

인간이 중요한 존재인 것은 규칙을 깨기 때문이다

음을 강조하기 위한 장치로 이 고통스러운 숨소리를 딱 한 번 사용한다. 그러고 나면 주인공은 아무 일도 없었던 것처럼 숨을 쉰다. 하지만 내 경우는 그렇지 않았다. 기침이 멈추지 않았다. 설상가상으로, 기침을 할 만큼 숨을 들이마시기도 전에 다음 기침이 나왔다. 나는 필사적으로 헐떡거렸다. 그러자마자 또 기침이 나왔다. 쌕쌕. 콜록콜록. 쌕쌕. 콜록콜록. 쌕쌕. 내 DNA가 경계경보를 발령하고 있었다.

프랜시스가 차를 갓길에 세우고 사이드브레이크를 채웠다. 콜록콜록. 쌕쌕. 천명이 점점 더 심해지면서 나는 혼절했다. 콜록콜록. 프랜시스가 잽싸게 오른손을 뻗어 조수석 앞의 글러브 박스에서 플라스틱 물병을 꺼냈다. 쌕쌕. 프랜시스가 뚜껑을 돌려서 열었다. 콜록콜록. 그는 나를 향해 몸을 돌리고 왼손으로 내 머리채를 잡았다. 쌕쌕. 그리고 내 머리를 뒤로 젖혔다. 콜록콜록. 프랜시스는 쌕쌕거림이 가라앉기를 기다렸다가, 내 입에 물병을 갖다 댔다. 내가 약하게 기침할 때(숨이 남아 있지 않아서 쉰 목소리밖에 나오지 않았다) 내 입에 물을 흘려 넣었다. 물 대부분이 무릎에 쏟아지는 바람에 오줌을 싼 것 같은 느낌이 들었다.

하지만 나는 아주 소량을 삼킬 수 있었다. 2분 만에 처음으로 전보다 약간 더 크게 숨을 들이마셨다. 아직도 쌕쌕거렸지만, 폐의 통증이 가라앉고 있는 것을 느낄 수 있었다. 가슴이 타는 듯한 감각도 다소 나아졌다. 프랜시스가 내 입에 물을 좀 더 넣었다. 괜찮다며 뭐라고 중얼거리는 프랜시스의 말소리가 어렴풋이 들렸다. 물을 어느 정도 삼키자 이제 기침을 통제할 수 있게 되었다. 천명은 좀 더 이어졌지만, 점점 쌕쌕거림에서 고통스러운 헐떡거림, 거친 호흡, 보통의 숨으로 변해갔다.

MND 진단을 받은 후 처음으로, 나는 쇼크에 빠졌다. 그것은 병증 쇼크clinical shock였다. 춥고, 몸이 진득거리고, 공포가 밀려왔다. 옆에 프랜시스가 없었다면 어쩔 뻔했는가? 집에 있을 때 이런 일이 일어났는데 프랜시스가 아래층에 있어서 그를 부를 수 없었다면? 차에 물이 없었다면?

"이게 대체 무슨 일이야?" 애정 어린 염려의 목소리였다.

"숨을 쉴 수가 없었어!"

"그건 나도 알아! 왜 그러냐고?"

좋은, 과학적 질문이었다. 답을 생각하는 동안 나는 침착함을 되찾았다.

"목 안쪽에 후두개라는 덮개가 있는 거 알지? 음식물을 삼킬 때 잘못해서 기관으로 내려가지 않도록 기관을 덮고 있는 뚜껑이야. 그 덮개 위에 뭔가가 붙어 있는 느낌이야. 가래가 낀 것 같기도 하고, 방금 먹은 샌드위치 부스러기가 이 사이에 있다가 밀려 들어간 것 같기도 하고. 어쨌든 목구멍이 간질거려서 기침을 참을 수 없었어. 그래서 숨을 쉴 수 없었지."

"언젠가 그런 일이 일어날 걸 알고 있었잖아." 프랜시스가 사실 그대로 냉정하게 말했다.

인간이 중요한 존재인 것은 규칙을 깨기 때문이다

"알았지만, 이렇게 금방 닥칠 줄은 몰랐어. 일반적으로 연하곤란dysphagia은 삼키는 기능이 떨어지거나, 구역반사(목구멍에 이물감을 느껴 구역질이 나는 현상─옮긴이)를 통제할 수 없을 때 일어나지."

"넌 적어도 구역반사는 잘 다스려왔잖아. 일단 오늘은 돌아가고, 드라이브는 내일 다시 할까? 안색이 안 좋아."

"그래도 괜찮겠어?"

프랜시스가 내 말이 떨어지자마자 시동을 걸었다. "당연하지!"

프랜시스가 유턴을 하며 길 반대편에 홀로 떨어져 있는 양을 옆으로 모는 동안, 나는 내가 요즘 '미안하다'와 '고맙다'는 말을 부쩍 많이 하고 있다는 생각을 했다. 다트무어를 지나 돌아가는 길에 저 멀리 모습을 드러낸 바다를 흘깃 바라보면서, 어떻게 질식성애증(목 따위의 신체를 묶어서 질식 상태를 만들어 성적 쾌감을 느끼는 것─옮긴이)에 매력을 느낄 수 있을까 의문이 들었다.

"다시 드라이브를 가보자!"

후두개 발작이 일어난 다음 날이었다. 전날 도중에 되돌아갔던 가파른 언덕 중간쯤에서 프랜시스가 조심스럽게 도로를 벗어나, 유독 위험해 보이는 바위를 피해 관목 지대의 비교적 평평한 곳에 차를 세웠다. 아름다운 계곡이 한눈에 내려다보였다. 코앞에서는 조랑말들이 풀을 뜯고, 먼 언덕 위에서는 소들이 풀을 뜯고 있었다. 아래쪽으로 보이는 곳은 와이드컴인더무어 Widecombe-in-the-Moor 마을이었다. 작은 마을에 어울리지 않게 거대하고 완벽하게 아름다운 세인트팬크러스 Saint Pancras 교회의 높은 첨탑이 눈길을 끌었다. 프랜시스는 시동을 끄고, 창문을 활짝 열었다. 우리는 차 안에 앉은 채 한동안 주변의 소리에 귀를 기울였다. 멀리서 들려오는 트랙터 소리, 이따금 들리는 소의 음매 소리, 염소의 매애 소리, 벌이 날갯짓하는 윙윙 소리. 평화로웠다.

"그러니까, 너의 로봇 목소리 외에……."

"정확하게는 사이보그 목소리지."

"알았어. 사이보그 목소리와 사이보그 아바타, 그리고 가상현실 속에 사는 것과 그 전부를 AI로 통제하는 것, 그 외에 세상을 바꾸기 위한 네 계획은 또 뭐가 있어?"

그동안 시간이 많이 있었기 때문에 이제는 나도 생각이 정리되어 있었다.

"난 이 세 가지를 연구의 중심 줄기로 보고 있어. '자연스러운 대화' '인격 유지' 그리고 더 나은 용어가 없으니 그냥 이렇게 부를게. '가상현실에서의 자유롭게 살기' 그 밖에 네 개가 더 있는데……."

"네 개나?"

"개념상으로는 간단해. 하지만 하나하나가 매우 중요해.

**229**

한 가지는 '로봇에 의한 이동'이야. 이건 어려울 게 없어."

"네가 로봇이 된다는 뜻이야?"

"아니, 찰리Chrlie를 로봇화한다는 말이야."

수개월 뒤에나 배달될 예정이었지만, 나는 얼마 전에 주
문한 퍼모빌Permobil의 휠체어 'F5 코퍼스Corpus VS' 모델에
'찰리'라는 이름을 붙였다. '생활의 향상을 위한 외골격형 로
봇 겸 사이버네틱cybernetic 장치cyborg harness and robotic life-im-
proving exoskeleton'의 머리글자를 딴 것이다. 나는 기립 기능
이 있는 이 전동 휠체어를 개조해달라고 퍼모빌을 설득했
다. 언젠가 찰리는 피터 2.0의 인공적인 부분의 중추가 될
것이다.

"조만간 내 손이 움직이지 않을 거야. 이미 새끼손가락에
는 감각이 없어. 그러니까 현실적으로 따져보면, 앞으로 1년
후 나는 찰리를 조이스틱joystick으로 제어할 수 없게 돼. 그때
가 되면 찰리에게 훨씬 더 많은 책임을 맡겨야 해. 그런데
앞의 세 가지 연구 주제에서와 마찬가지로, 현재의 안구 추
적 기술은 모든 것을 통제하기에는 아직 속도가 너무 느려.
그래서 찰리에게 내 이동을 거의 전자동에 가깝게 맡기고
싶어. 내 다리와 온몸이 그렇게 했듯이."

"'위임' 얘기라면 지난번에도 했잖아. 우리가 생각하지 않
고도 걸을 수 있는 건 뇌에 모든 걸 맡기기 때문이라고."

"바로 그거야. 가상현실 속에서 아바타를 움직일 때 AI한
테 몇 가지 선택지를 제시하게 하겠다고 말했지. 하지만 네

말대로, 가상현실이나 '실제' 현실이나 원리는 똑같아. 양쪽다 AI가 제대로 기능하기 위해서는 학습이 더 필요하지만. 요컨대 로봇에 의한 이동(로보틱 모빌리티)은 AI로 휠체어를 움직이는 일이라고 정리할 수 있어."

"TV에 나가려고 연습이라도 했어?"

"혹시나 해서."

"아무도 모르는 일이지……." 프랜시스는 언제나 나를 지지했다.

"예를 들어, 우리가 WAV를 타고 밖에 있을 때를 생각해봤어."

"잠깐만, WAV가 뭐지?"

"우리가 타고 다니는 밴을 말하는 거야. '휠체어를 실을 수 있는 차량 wheeelchair–accessible vehicle'으로 개조했잖아. 나는 WAV에 타서 눈을 이용해 '침실' 아이콘을 클릭하기만 하면 돼. 나머지 모든 일은 찰리가 자동으로 처리해주지. WAV에서 내려 집 안으로 들어간 다음 리프트를 타고 올라와 침대 옆에 안전하게 도착할 때까지."

MND 환자한테 돈이 얼마나 많이 드는지 우리에게 알려준 사람은 아무도 없었다. 내가 진단받기 1년 전 아직 앞날을 모를 때 프랜시스와 나는 프랜시스의 조카 앤드루—데이비드의 형—가 사는 집의 옆집을 샀다. 지금 생각해보면 기가 막힌 타이밍이었다. 군대에서 한참 전에 제대한 앤드루는 민간 제트기에 VIP를 태워 엑스터 Exeter 공항으로 데려

인간이 중요한 존재인 것은 규칙을 깨기 때문이다

다주는 일을 하고 있었다. 옆집에는 앤드루의 파트너인 로라Laura와 곧 세 살이 되는 아들 올리Ollie, 그리고 곧 태어날, 아직 아들인지 딸인지 모르는 아이가 함께 살고 있었다.

이런 주거 환경은 우리에게 기쁨의 원천이었다. 딱 한 가지 문제는 우리 집이 3층 건물이고, 정원조차 2층에 있다는 점이었다. 다리가 자유롭지 못하게 되자 나는 어쩔 수 없이 집 안에서만 보행 보조기를 사용하기로 했다. 프랜시스는 전동 휠체어와 간병인 한 명을 태울 수 있는 커다란 리프트를 집 안에 설치하는 방법을 생각해냈다. 그건 침실 두 개를 없애야 하는 대공사라서, 3개월이라는 기간과 3만 파운드의 돈이 필요했다.

WAV도 필요했다. 언젠가 혼자 조수석에서 내려 휠체어를 탈 수 없게 될 때를 대비해 휠체어를 실을 수 있는 차량이 필요했다. 이 문제는 완전히 예상 밖이었다. 그런데 차를 구하려고 봤더니, 바퀴 위에 상자를 올려놓은 것 같은 볼품없는 자동차나 영구차처럼 생긴 것밖에는 없었다. 결국 우리는 승합차를 선택했다. 이 차로는 오프로드를 달려 다트무어 습지로 나갈 수도 없고, 간다 해도 돌아오지 못할 것이 확실했다. 그렇다 해도 이 차는 마력이 어느 정도 있었고, 속도를 내도 심하게 덜컹거리지 않았다. 하지만 개조가 좀 필요했다. 승차용 사이드리프트를 장착해야 했다. 이 복잡한 개조에 다시 3만 파운드가 들었다. '궂은날을 위해 마련해둔 비상금'은 바닥이 났다. 하지만 홍수는 계속되었다.

"굉장히 중요한 문제가 있어. 네 힘으로 집 안을 자유롭게 돌아다니고, WAV를 자유롭게 타고 내리는 건 멋진 일이야. 그런데 네가 밖에 있을 때는 어떻게 해? 한 번도 가본 적 없는 곳에 있을 때는?"

"낯선 곳에 가더라도 빠르고 안전하게 이동하기 위해 자동차에 있는 충돌 방지 장치의 고성능 버전을 이용할 생각이야. 그러면 장애물투성이 장소를 요리조리 지나가고, 도자기 전시장을 안전하게 빠져나갈 수도 있을 거야."

"다팅턴 크리스털Dartington Crystal(고급 크리스털 브랜드—옮긴이) 전시장을 질주하는 것만은 제발 참아줘!"

"그냥 사고실험일 뿐이야! 근데 이건 어때? 장애물이 널린 길이나 도자기 전시장—다팅턴 크리스털 쇼룸이 아니더라도—을 전속력으로 통과할 때 가상현실 고글을 쓰고 있다고 생각해봐. 이때 내 눈에 보이는 것은 증강현실이야. 내 증폭된 지능이 전속력으로 포착하고 있는 영상이지."

"잠깐만. 내가 제대로 이해했는지 들어봐. 넌 가상현실 속에 있으면서 현실 세계를 체험하고 있다는 거야?"

"맞아. 왜냐하면 내게는 가상현실과 현실 세계가 거의 차이가 없기 때문이야. 어느 쪽이든 어려운 문제는 AI가 처리하고, 나는 단지 최종 목적지를 지시할 뿐이지."

"이해했어. 네가 직접 조종하는 게 아니라면 네 눈에 보이는 게 현실 세계든 가상현실이든 다를 게 없다는 말이지?"

"맞아. 아니면 그 똑같은 시스템을 이용해 내가—다른 행

인간이 중요한 존재인 것은 규칙을 깨기 때문이다

성의 가상현실 회의가 아니라—현실 세계의 회의로 순간 이동할 수도 있어. 그 회의장에 있는 텔레프레전스<sup>telepres-</sup>ence 로봇을 조종하는 형태로 말이야."

"무슨 말인지 모르겠어……."

"원격으로 조종할 수 있는 로봇을 생각하면 돼. 나는 그 로봇을 통해 마치 그 장소에 가 있는 것처럼 보고 들을 수 있어. 그곳에 있는 사람들에게도 내 아바타가 보이고, 아바타가 말하는 소리가 들려. 나는 방 안을 돌아다니거나 사람들을 따라 복도를 이동할 수도 있지. 꼬마 '올리'가 원격조종되는 장난감 자동차를 가지고 노는 것처럼 말이야. 아니면 토키 항구 상공을 날고 있는 드론으로 순간 이동할 수도 있겠지. 나는 그 '육상 밖의 신체'에서 너와 함께 항구에 있는 내 모습을 내려다보는 거야."

"내가 너라면 '순간 이동'이나 '육상 밖의 신체' 같은 말을 사용하지는 않을 거야. 뭔가 수상하게 들리거든. 그냥 평범하게 '원격조종'이라고 말하는 게 어때? 간단하잖아."

"그런 개념을 좋아할 사람도 있지 않을까? 내가 지금 말하고 있는 것은 단지 원격조종이 아니라 그보다 훨씬 복잡한 개념이야. 예를 들어, 이런 장면을 상상해봐. 찰리가 계속 우리 집 내부를 돌아다니고 있는 동안, 나는 침대에 누운 채로 가상현실 속에서 찰리를 타고 집 안을 돌아다니는 거지. 이해가 돼? 잘만 하면 사람들이 '현실'로 인식할 영역이 무한히 늘어나기 시작할 거야."

"네 뇌는 이런 종류의 일에 잘 맞는 것 같아 다행인데, 나는 싫어! 기술을 이용해 뭔가를 하라면 나는 자신 없어."

"네가 아니라 내가 MND에 걸려서 다행이라고 생각하는 많은 이유 중 하나가 그거야!"

"내가 더 요리를 잘해서가 아니고?"

내 머릿속에는 갑자기 프랜시스에게 말해주고 싶은 아이디어가 솟구쳤지만, 대화를 그쪽으로 돌리고 싶지는 않았다. 이 정도만 해도 충분히 혼란스러울 터였다.

"기술은 발전할수록 사용하기 쉬워진다는 거 알아? 앞으로 10년만 지나면 훨씬 쉬워질 거야."

"그렇겠지. 하지만 난 너하고는 달라. 늙지 않는 로봇과 결혼해 볼품없이 늙어가는 사람으로서 세상을 떠들썩하게 하는 것만으로도 충분해."

"로봇이 아니라 사이보그라니까. 그런데 문득 드는 생각인데, 이 모든 게 잘된다면?"

"무슨 뜻이야?"

"나는 점점 더 자유로워지는데, 넌 점점 그 반대가 되는 걸 지켜보는 게 싫어. 만일 내가 항구 위를 날아다닐 수 있게 된다면 너와 함께 날고 싶어!"

"내가 높은 곳을 싫어하는 거 알면서."

"말하자면 그렇다는 얘기야."

우리는 이 가능성을 곰곰이 생각해보는 몇 분 동안 트랙터 소리, 소와 양 울음소리, 벌의 날갯짓 소리를 음미했다.

인간이 중요한 존재인 것은 규칙을 깨기 때문이다

이윽고 프랜시스가 시동을 걸더니 차를 후진시켜 차도로 되돌아갔다. 나는 이번이 야외로 나가는 마지막 드라이브가 아닐까 생각했다.

5분 후 우리는 유서 깊은 올드인Old Inn 앞을 지나갔다. 그리고 와이드컴 마을을 빠져나와 하운드토어Hound Tor로 가는 사거리를 향해 긴 일방통행 길을 달렸다.

"그러면, 너의 그 다음 대담한 계획은 뭐야?"

# 대담한 계획

Wild Ideas

"아무래도 몸의 일부를 기계로 만들어내야 할 것 같아."

"또 시작이군! 그런 식으로 말하면 사람들이 도망친다니까. 과학소설도 아니고. 두려워하는 사람도 있을 거야."

"이건 과학소설이 아니야. 적어도 '소설'은 아니야. 어떻게든 움직일 방법을 찾지 않으면 난 팔다리를 영영 움직이지 못하게 돼. 설상가상으로, 다시는 감촉을 느끼지 못할 테고, 뭔가를 만질 수도 없겠지. 적어도 기계 팔과, 손가락과 손바닥에 센서가 달린 긴 장갑이라도 장착해야겠어. 그러면 사물의 표면을 만져서 질감을 구별할 수 있을 거야. 촉각이 멀쩡한데 사용하지 않는다는 건 말이 안 돼. 주변 사물들을 만지고 싶어. 손을 뻗어 너를 만지고 싶어!"

"그러다 실수로 나를 때려눕히지만 않는다면야 뭐!"

"벌써부터 사람들은 나를 건드리려 하지 않아."

"내가 건드리잖아!"

"물론 너야 그렇지. 그런데 대부분의 사람은 그러지 않아. 그들은 너하고는 악수를 하고 포옹도 하지만, 그다음에 나를 보고는 우스꽝스럽게 손을 흔들 뿐이지."

"널 어떻게 대해야 할지 몰라서 그래. 너한테 가까이 가도 되는지 망설이는 것뿐이야. 휠체어를 탄 사람을 대하는 방법 따위는 학교에서 가르쳐주지 않으니까. 하물며 상대가 움직일 수 없는 사람이라면 어떻겠어……." 프랜시스는 잠시 말을 멈추었지만, 푸른 눈동자는 나를 보고 있었다. "너 같은 사람들 말이야."

"내가 하고 싶은 말이 딱 그거야. 그렇기 때문에 나는 몸을 움직일 수 있었으면 좋겠고, 팔을 뻗어 상대에게 악수하고 싶다는 뜻을 알리고 싶어. 덧붙여, 고개를 돌리거나 숙이려면 기계 목도 필요하겠지. 적어도 두리번거릴 수는 있어야 하니까. 앞만 보고 살 수는 없잖아?"

"다른 MND 환자들처럼?"

"사지마비 환자들도 마찬가지지. 근데 문제가 하나 있어. 몸의 일부만 로봇화해도 눈만으로 지시를 내리려면 어려움이 많을 거야. 그래서 이번에도 나는 AI로부터 선택지를 제공받을 생각이야. 가상현실에 몰입하고 있을 때처럼. 무슨 말이냐 하면…… 나로서는 현실 세계의 경험도 사이버공간에 있을 때와 정확히 똑같아진다는 뜻이야. 왜냐하면 행동의 선택지가 똑같을 테니까. 생각해봐. 왜 물리적 세계와 가상 세계가 달라야 하지?"

"물리적 세계는 현실이니까!"

"그건 그렇지. 하지만 컴퓨터가 만들어낸 현실에서나, 물리법칙이 지배하는 현실에서나 나는 똑같이 행동해. 문손잡이를 돌리든, 양팔로 뭔가를 하든, 손을 뻗어 사랑하는 사람을 만지든. 알겠어? 양쪽 세계 모두 나에게는 확장된 현실이지."

"제이의 무덤이야!"

프랜시스가 브레이크를 밟아 속도를 줄였다. 그가 말해주지 않았다면 그냥 지나칠 뻔한 작은 무덤이 운전석 쪽 창밖으로 보였다. 그것은 오래전에 죽은 '키티 제이Kitty Jay'라는 여자의 무덤으로, 교차로에 무덤을 만든 이유는, 어느 길로 가야 마을에 도달하는지 제이의 귀신이 모르게 하기 위해서였다고 한다. 제이는 스스로 목을 맨 탓에 교회 묘지에 묻히지 못한 것으로 알려졌다. 제이의 이끼 긴 무덤 위에는 아직까지도 갓 딴 노란색 꽃이 놓여 있었다. 내가 프랜시스와 함께 살기 위해 이사 온 첫 주부터 줄곧 그랬다. 전설에 따르면, 수백 년 동안 '미지의 손'이 꽃을 가져다놓는다고 한다.

"노란 꽃이야." 프랜시스가 말했다.

"노란 꽃이군." 나도 똑같이 말했다.

프랜시스는 액셀을 밟았다. "물론 네 손끝으로 직접 사물

인간이 중요한 존재인 것은 규칙을 깨기 때문이다

을 만지는 것이 너한테 중요한 문제라는 건 알아.”

“재미있어지는 건 여기서부터야.”

“드디어!” 프랜시스는 지루해 죽는 줄 알았다는 표정을
지으려 했지만, 얼마 못 가 웃기 시작했다. 나는 그를 보며
웃었다. 물론 운전하는 그는 나를 보고 있지 않았지만.

“대부분의 사람은 기계 몸의 유일한 목적은 물리적 세계
와 접촉하는 것이라고 생각해. 그런데 내 경우는 그것만큼
이나 중요한 두 번째 역할이 있어. 이건 정말 똑똑한 생각인
데…….”

“스스로 그렇게 말할 것까지야…….”

“기계 몸에 의해 나는 가상현실 안에서도 감각을 가질 수
있어. 내 수의근 隨意筋(의지에 따라 움직일 수 있는 근육―옮긴이)
은 작동하지 않을 테니까―기계 팔을 움직이거나, 뭔가에
부딪히거나, 눌리거나, 튕겨질 때―내가 느낄 수 있는 감각
은 실제 세계에서나 가상 세계에서나 완전히 같아. 따라서
겉으로는 볼품없는 기계 몸을 장착하고 있는 것처럼 보여
도 나는, 미래의 가상현실 게이머들의 부러움을 살 궁극의
사이버 슈트를 걸치고 있는 셈이지!”

“그럼 네가 가상현실에 있는 동안 나는 뭘 해야 하지?”

“너도 함께 있으면 돼!”

“싫어! 나는 현실 세계가 좋아. 사이버공간 따위에 있고
싶지 않아.”

“브래드 피트도 있을 텐데…….”

"브래드 피트라고? 20대의 브래드야, 아니면 지금의 브래드야?"

"원하는 걸 골라."

"둘 다 부탁해. 그렇다면 좋아. 나도 끼워줘!"

"잘됐다. 왜냐하면 다음 연구 주제가 바로 그거거든. 이름하여 '가상공간 자유 이용권'이야."

"그렇게 말하면 사람들이 알아듣지 못한다니까!"

"알아. 하지만 사실이 그런걸. 가상공간에 있는 모든 전자 단말기에 위화감 없이 접속할 수 있어. 그것도 직관적 조작으로."

"인터넷에서라는 뜻?"

"응. 또한 가까운 미래에 인터넷과 연결될 수많은 디바이스와 시스템도 포함해서."

"그게 바로 네가 전에 말한 '사물 인터넷'인가?"

"맞아! 나도 그 사물들 중 하나가 되려고. 자, 이렇게 생각해봐. 뭔가를 보고, 듣고, 느끼고, 냄새를 맡을 수 있도록 가능한 모든 감각 센서를 찰리에 탑재하고, 물리적 세계와 아무런 차이를 느낄 수 없는 가상 세계에 몰입하는 거지. 조만간 나는 내 신체 기능이 무한히 확장되는 것처럼 느껴질 거야."

"일종의 사이버 비만인가?"

나는 소리 내어 웃었다. "제대로만 하면, 인터넷 일부와 거기에 연결된 사물이 내 마비된 몸의 대용물이 될 수 있어.

인간이 중요한 존재인 것은 규칙을 깨기 때문이다

인터페이스를 통해 환경과 연결하는 대신, 나 자신이 환경의 일부가 되는 거지."

"《로봇공학 혁명》에도 그런 내용을 쓰지 않았나?"

"맞아. 오래전부터 그렇게 생각했지. 그렇게 되는 게 당연하니까. 뇌 가소성 덕분에, 시간이 흐를수록 가상공간을―그리고 가상공간을 통해 접근할 수 있는 모든 물리적 세계를―내 몸의 일부로 인식하게 되겠지. 그래서 이메일을 보내고 엘리베이터를 부르는 일이 손가락을 들어 올리거나 눈썹을 치켜올리는 것처럼 될 거야."

"그렇게 되면 넌 더 이상 마비된 몸에 갇혀 있다고 느끼지 않겠군!"

"마비된 몸에 갇혀 있다고 느끼지 않을 뿐만 아니라, 내 몸은 더 이상 마비된 상태가 아닐 거야. 내 새로운 몸은 모든 영역으로 확장할 수 있는 잠재력을 가지고 있어. 현실 세계뿐 아니라, 무한히 뻗어나가는 가상 우주 어디에나 접속할 수 있지. 나라면 토스터와 하나가 되는 것만으로도 벅찰 거야. 상상이 돼?"

"난 토스터를 조작하는 것도 쩔쩔매는 사람이지만, 무슨 말인지는 알겠어. 네가 세계의 일부가 된다는 말이잖아."

"그리고 나는 기계 지능과 인간 지능 사이의 장벽을 허물 생각이야. 기계 지능과 경쟁하는 대신 융합하는 거지."

"네가 항상 말했던 것처럼 말이지……. 그러면 TV 프로그램을 녹화하는 건? 네가 확장된 몸으로 녹화를 계속해줄 수 있다면, 이 이야기를 받아들이기가 훨씬 쉬울 것 같은데."

"물론이지. 생활환경 속에서는—특히 집처럼 매우 익숙한 환경일 경우—지금까지 손으로 해온 모든 것을 눈으로 조종할 수 있어. TV는 말할 것도 없고 대부분의 가전제품을."

"넌 가전제품은 사용하지도 않잖아!"

"그렇긴 하지만 원리상으로 그렇다는 말이야. 리프트를 부르거나 문을 여는 것도. 게다가 그때쯤에는 기계 번역도 제대로 쓸 수 있을 테니 중국어로 대화하지 못할 이유도 없지."

"중국어는 해본 적도 없으면서!"

"그러니까! 중국어를 전혀 몰라도 피터 2.0은 아바타를 통해 중국어와 일본어로 화상 인터뷰를 진행할 수 있을 거야! 그것도 두 언어로 동시에!"

교차로에서 프랜시스가 속도를 줄이더니, 차를 왼쪽으로 꺾어 하운드토어 맞은편에 있는 좁고 긴 주차장으로 들어갔다. 하운드토어는 〈배스커빌가의 개 The Hound of the Baskervilles〉에 등장하는 것으로도 유명한 거석 명소다. 예전에는 항상 여기서 내려 울퉁불퉁한 풀숲을 가로질러 바위산까지 걸어가곤 했다. 때로는 화강암 표면을 타고 오르기도 했다. 비에 젖어 있을 때는 미끄러지지 않도록 조심하면서. 바위산 정상에 서면 빨려들 것 같은 습원의 풍경이 사방으로 펼쳐졌다. 지금처럼 많은 관광객이 찾아오지 않던 오래전 여름, 우리는 정상에서 열정적인 10분을 보낸 적도 있다.

하지만 이번에는 그냥 차 안에 앉아 있었다. 프랜시스가

인간이 중요한 존재인 것은 규칙을 깨기 때문이다

창문을 내렸다. 나이 지긋한 노부부가 차에서 내려 서로를 의지하며 천천히 바위산을 향해 걸어갔다. 나는 프랜시스를 돌아보고 '정말 미안해'라고 말하고 싶은 마음이 굴뚝같았지만, 프랜시스는 말하지 않아도 내 심정을 알 터였다.

"노쇠한 부부도 저 바위에 갈 수 있는데, 내가 갈 수 없다는 게 말이 돼?"

"이제는 그런 식으로 말하지 말자! 과거가 아니라 미래의 긍정적인 면에 집중하자."

"알아. 그런 뜻은 아니었어. 나는 단지 저 두 사람이 내 최종 목표의 필요성을 상징한다는 말을 하고 싶었어. 나는 그것을 '물리적 세계로 가는 자유 이용권'이라고 부르지."

"오, 근사하게 들리는데? 그럴 수만 있다면 둘이서 함께 나일강에 다시 가보고 싶어. 중국과 극동 지역도 아직 함께 가보지 못했지. 시드니 항구도 그렇고. 미국에 가본 지도 한참 됐고."

"맞아. 아직 가보지 못한 곳도 많고, 다시 가보고 싶은 곳도 많지. 난 바로 그 말을 하고 싶었던 거야. 내 계획의 최종 목표가 그거야. 주제는 그게 목적이지. 근데 이 부분은 좀 복잡하니까, 잘 들어."

"휠체어로 습지를 이동하고, 계단을 오르고, 비행기에 탑승하는 것이 복잡할 게 뭐 있어?"

"그건 그래. 그런데 실제로 실행하기는 어려워. 개념 자체는 간단하다 해도. 장애인의 이동을 막는 거대한 장벽을 허물기 위해서는 우리가 정면으로 부딪쳐야 할 것들이 많아."

"우리가 비행기를 탈 수 없는 가장 큰 이유가 객실에 찰리를 실어줄 항공사가 없어서라니 정말 말도 안 돼."

"찰리를 화물칸에 실으면 배터리를 분리해야 해. 인터넷 접속이 끊기면 내 육체적·정신적 생명줄이 끊겨. 그런 상태로 장시간의 비행을 어떻게든 견딘다 해도, 통계적으로 찰리는 내 손에 돌아오기 전에 파손될 확률이 높아."

"방금 든 생각인데, 네가 사이보그가 되면 비행기를 탈 때 비행기 모드flight mode로 전환해야 하나?"

"그건 생각 못 했어! 그러면 나는 비행기에서는 말을 할 수 없겠네. 무슨 문제가 있어도 알릴 수 없고. 그런데 기내에서 휴대폰이나 노트북 사용을 제한하는 항공사의 주장에는 과학적 근거가 별로 없어. 법률상 편해서 그렇게 할 뿐이지. 그런 식으로 내 언론의 자유를 막는 건 인권침해야! 사이보그라는 이유로 나를 차별하는 거라고!"

"설마 사이보그 권리 운동을 하겠다는 말은 아니겠지?"

"그런 운동이 필요할 수도 있어! 1970년대와 1980년대에 동성애자들이 직면했던 것과 똑같은 차별이 횡행할 테니까. 무심코 일어나는 차별, 조직적인 차별. 하지만 대체로 의도치 않은 차별이 있겠지."

"그리고 1990년대와 2000년대에도……."

"맞아. 법은 기술에 한참 뒤처지는 경향이 있지."

"멋지다!" 하지만 프랜시스의 목소리는 그다지 열정적으

인간이 중요한 존재인 것은 규칙을 깨기 때문이다

로 들리지 않았다. 나 역시 그리 내키지는 않았다. 하기 싫어도 해야 한다면 어쩔 수 없지만.

"아까 하던 얘기로 돌아가면, 장애인에게 적대적인 도시 환경을 편하게 이동할 수 있었으면 좋겠어. 또 앤드루 가족과 함께 시골을 산책하고, 안전하게 계단을 오르고, 배를 타고, 얼음 위나 눈 덮인 땅을 이동하고 싶어."

"그거야말로 중요한 문제지."

"여기서부터는 좀 지나치다는 생각이 들 수도 있는데, 오히려 중요하면 중요했지 전혀 지나치지 않아. 그러니까, 왜 생물학적 뇌가 항상 따라다녀야 한다는 조건을 붙여서 행동을 구속하지?"

"맙소사!"

"잘 들어봐. 이건 중요한 문제야. 내가 실제로 있는 곳이 물리적 현실이든, 증강현실이든, 아니면 완전한 가상현실이든 내 입장에서는 상관없을 거야. 예를 들어, 우리가 영화를 극장에서 보든, TV로 보든, 아니면 노트북에 다운받아 보든 관계없는 것처럼."

"그 세 가지는 달라……."

"맞아. 하지만 결국 중요한 건 무슨 영화를 봤느냐는 거잖아. 마찬가지로, 내가 있는 곳이 물리적 현실이든 가상현실이든 중요한 건 현실을 경험하는 거야. 사실 여러 현실이 존재하는 다층 현실이라도 나는 전혀 상관이 없어."

"네가 항상 말했지. 우리가 지금 살고 있는 곳이 AI가 만들어낸 세계가 아니라는 것을 증명할 방법은 없다고. 어떤 현실에 있든 차이를 모른다면 어디 있느냐는 중요하지 않은 거겠네."

"바로 그거야! 그렇게 생각하면 세계의 범위가 엄청나게 넓어져. 다층 현실 속에서는 너와 내가 예전처럼 손을 잡고 산꼭대기에 오를 수 있고, 내가 여름의 감미로운 산들바람과 이른 아침의 햇살을 피부로 느낄 수 있어. 하지만 그럴 때 내 몸은 토키의 집에 안전하게 있고, 찰리가 내 대신 네 곁에 있을 거야. 이때 찰리는 전기신호를 통해 나와 산 정상을 연결하는 내 분신인 셈이지."

"나는 실제로 산 정상에 있지만 넌 없다는 뜻이야?"

"아마도. 어쩌면 나도 그곳에 있을지 모르지만, 네발 달린 보행기 같은 기계를 타고 있겠지. 아니면 나는 토키에 있고, 그 보행기가 나의 또 다른 분신으로 그곳에 있을지도 모르고. 또는 네가 초소형 중계기를 움직이고 있을지도 몰라. 드론처럼 눈높이에서 날며 너를 따라다니지. 넌 마치 내가 네 곁에 있는 것처럼 느껴질 거야. 아니면 우리 둘 다 토키에 있을 수도 있고."

프랜시스는 이 모든 이야기를 묵묵히 듣기만 했다. 저 멀리서는 토어 정상에 이른 노부부가 바위 위에 의기양양하게 앉아서 사방을 둘러보고 있었다.

"네가 말한 게 모두 실현되려면 오래 걸리겠지?"

"그렇지 않을 수도 있어. 목전에 있을지도 모르지. 지금도

인간이 중요한 존재인 것은 규칙을 깨기 때문이다

기술적으로는 가능하니까. 단지 아무도 하지 않을 뿐이지. 나는 그쪽으로 사람들의 관심을 돌리고 싶어. 전문가들이 이 주제에 관심을 가질 계기를 마련하려고 해. AI, 로봇, 전기통신의 힘을 빌리면 인간을 물리적 세계의 한계에서 해방시킬 수 있어. 그렇게 되면 인간의 정의가 달라질 거야."

"넌 늘 한계에 도전하는구나. 대단해. 너라면 반드시 해낼 거야. 다만 대부분의 사람은 이 마지막 부분을 잘 받아들이지 못할 테니, 그 점은 각오해둬."

"네 말대로라면, 그보다 더 엄청난 생각은 말하지 않는 게 좋겠다."

"아직도 더 있다고?"

"찰리를 타임머신으로 개조하면 어떨까 생각해봤어."

"오, 맙소사!" 프랜시스는 무슨 소리를 하는지 모르겠다는 표정을 지었다.

"되기만 한다면 정말 멋질 거야! 조금만 손보면, 이 다층 현실을 이용해 과거로 갈 수 있어. 과거는 모두 기록돼 있으니 당연히 다시 체험할 수 있어. 저번과 똑같이 말이지. 첫 번째 체험 때 내가 그 자리에 있었을 수도 있고 없었을 수도 있어. 하지만 어느 쪽이든 똑같이 되풀이할 수 있어. 더 멋진 건, 원한다면 원본을 개선해서 '최고의' 체험으로 바꿀 수도 있다는 거야. 쓰레기 같은 부분은 잘라버리고 역사를 다시 쓰는 거지."

프랜시스는 난감한 표정을 짓기 시작했다. 나는 그를 납득시키기 위해 일부러 더 열띤 어투로 말했다.

"그보다 더 멋진 일도 할 수 있어. 만일 최초의 체험이 가상현실에서 일어난다면, 시간을 거슬러 올라가 과거 사건의 결말을 바꿀 수도 있어. 〈닥터 후〉처럼. 즉, 내가 말하는 다층 현실은 단순히 물리적 현실과 가상현실의 경계를 없애는 것도, 과거와 현재의 경계를 없애는 것도 아닌, 온갖 시간성의 경계를 없애는 거야."

프랜시스는 시동을 걸면서 선언하듯 말했다. "머리가 어떻게 된 거 아니야?" 그러곤 차를 후진시키고 방향을 돌려 주차장에서 빠져나왔다. "하지만 누군가 그것을 실현할 수 있다면……." 우리는 다트무어 습지를 가로질러 집으로 향했다.

"실은 얘기할 게 더 있는데……." 프랜시스는 아무 반응도 보이지 않았다. 나는 이것을 계속해보라는 뜻으로 받아들였다. "이건 일종의 사고실험인데…… 가까운 미래, 어쩌면 겨우 몇 년 뒤일지도 몰라. 내가 방금 뉴욕에서 연설을 끝내고 기자와 일대일 인터뷰를 하고 있다고 가정해보자. 나는 인터뷰를 끝내고 기자와 막 악수를 했어. 동시에 베이징의 학회에서도 연설을 막 끝냈어. 똑같은 내용을 중국어로. 나는 학회 주최자에게 소개되어 중국어로 말하는 그 사람과 막 악수를 나누는 참이야. 그리고 이 모든 일이 일어나는 동안 내 생물학적 뇌는 토키에 있어. 그럼 피터 2.0은 엄밀히 어디 있는 걸까?"

인간이 중요한 존재인 것은 규칙을 깨기 때문이다

"당연히 토키에 있지. 네가 방금 말했잖아."

"그렇기도 하고 아니기도 해. 그리 간단한 문제는 아니야. 이 사고실험에서 피터 2.0이 이 모든 걸 할 수 있는 것은, 생물학적 몸을 벗어나 한두 개의 분신을 원격조종할 수 있기 때문만은 아니야. 뉴욕 기자가 듣고 보는 내 목소리와 아바타의 인격은 그 순간 뉴욕에서 실시간으로 만들어지고 있어. 토키에서는 매우 고차원적인 몇 가지 지시를 할 뿐이지. 영화감독이 먼 곳에서 '액션!'이라고 외치면 현장에서 배우가 즉흥적으로 연기하는 것과 다르지 않아."

"좋아, 그럼 네 일부는 뉴욕에 있다는 얘기야?"

"그렇지! 하지만 베이징에 대해서도 똑같이 말할 수 있어. 중국어 기계 번역이 클라우드cloud 어딘가에서 일어나고 있다는 점만 빼면."

"그래도 넌 너 자신이 토키에 있다는 사실을 알잖아."

"아마 그렇겠지. 근데 잘 생각해봐. 나는 실제로는 베이징과 뉴욕에 있는 것처럼 느껴. 오히려 토키에 있다고 느껴지지 않을걸. 베이징과 뉴욕에 있는 사람들도 내가 토키에 있다고 느끼지 않아. 내 생물학적 뇌가 토키에 있다는 걸 안다 해도 마찬가지야."

"그럼 결론적으로 너는 어디에 있는 거야?"

"피터 2.0은 여러 장소에 동시에 있다는 게 정답이야." 프랜시스가 끙 소리를 냈지만 나는 개의치 않고 계속 말했다. "왜냐하면 내 페르소나, 즉 네가 '나'로 인식하는 완전체의 서로 다른 부분들이 서로 다른 장소에 흩어져 있기 때문이지." 프랜시스는 이 마지막 대목에서는 신음 소리를 내지 않았다. 나는 그것을 좋은 신호로 받아들였다. "그럴 때 나는 '분산된 지능'으로 존재해. 더 이상 내 생물학적 뇌가 나를 정의하지 않아. 마비된 내 생물학적 몸도 나를 정의하지 않기는 마찬가지고." 가혹하게 들리지만 이것이 진실이었다.

프랜시스는 다트무어에서 사는 야생 조랑말 한 마리가 도로변에 멍하니 서 있는 것을 피하느라 아무 말도 하지 않았다.

"난 죽는 게 아니야, 프랜시스. 변신하는 거야. 이 사고실험의 해답에는 의심의 여지가 없어. 그 사실을 사람들이 당장 받아들이지 않는다는 것이 믿기지 않아. 이건 진정한 패러다임 전환의 전조야. 모든 것은 변할 거고, 과거의 전제는 모두 의심받게 돼. 그런 일이 조만간 일어날 거야. MND 환자로 사는 것의 정의를 바꾸는 과정에서 인간 자체의 정의가 영원히 바뀔 거야."

"그렇게 말하니 꼭 일생일대의 기회처럼 들리네."

"일생에 한 번밖에 없는 기회일 뿐 아니라, 138억 년 동안 한 번도 일어난 적 없는 일이지."

"내일 일에 대한 마음의 준비는 됐어?"

프랜시스가 불쑥 딴 얘기를 꺼내는 것을 보니 이 대담한 아이디어에 대해서는 충분히 말한 듯했다.

"당연하지! 잠깐 휴가를 떠나는 건데 뭘."

인간이 중요한 존재인 것은 규칙을 깨기 때문이다

"큰 수술을 위해 입원하는 걸 휴가라고 말하는 사람은 너 뿐일 거야!"

"2주쯤 침대에 누워 빈둥거리면 되는데 걱정할 게 뭐가 있어?"

"좋아, 그런데 잊지 마. 넌 아파 죽겠는데 그런 네 얼굴 앞에 누군가가 카메라를 들이밀며 '기분이 어떠세요?'라고 물을 거야. 관객이 있을 때마다 '쇼타임 모드'로 전환하느라 네 체력을 모두 소모해야 할 거야. 그 사람들이 진을 다 빼놓겠지. 그 에너지를 회복하는 데 써야 하는데 말이지. 정말 마음에 안 들어."

"괜찮을 거야. 네가 있잖아. 네가 가서 말하면 되잖아."

"그들이 인터뷰하고 싶은 사람은 넌데 나더러 무슨 말을 하라고?"

"선을 넘는 사람들에게서 나를 지킬 때 네가 항상 하는 말 있잖아. '꺼져'라고!"

# 트리플 오스토미

Tripleostomy

장 전처치bowel prep는 생각했던 것처럼 유쾌한 체험은 아니었다. 악의 없는 명칭에 내가 속은 것이었다. 학교 다닐 때 저녁마다 라틴어부터 생물학까지 두 시간씩 예습prep을 한 터라 내 뇌가 무의식적으로 이 새로운 'prep'을 같은 범주에 집어넣은 것이다. 마치 "오늘 밤에 예정된 장 전처치가 '즐거운 항문학'의 5장을 읽는 것"인 듯.

하지만 실제로 대장 정결은 인공항문개설술colosmomy을 앞둔 환자가 이 결정을 후회하지 않도록 하기 위한 계략이 아닌가 싶다. 즉, 다시는 종래의 방법으로 용변을 보고 싶지 않은 마음이 들게 하는 것이다. 그 목적을 위한 것이라면 내게는 대성공이었다.

모든 것은 기분 좋게 시작되었다. 정오쯤 프랜시스와 나

인간이 중요한 존재인 것은 규칙을 깨기 때문이다

는 텔레비전 다큐멘터리 촬영 팀과 함께 토베이Torbay에 있는 NHS 병원 입구에 도착해 병원 측 미디어 담당 직원의 영접을 받았다. 그리고 수가 늘어난 '수행원단'을 거느리고 가야 할 층으로 올라가 마침내 병동 입구에 도착했다. 거기서 '상황 설정 쇼트'를 찍기 위해 도착 장면을 한 번 더 연출했다. 세 번째 도착 장면(이번에는 반대 방향에서)을 촬영하고 나서야 비로소 우리는 새로운 '거처'로 들어갈 수 있었다.

그런데 그 순간 일정이 계획에서 약간 벗어나기 시작했다. 프랜시스와 내가 책임자로 알고 있던 여자의 상사인 듯한 여자가 우리 둘을 다른 데로 데려갔다. 그녀는 예정에 없던 '인 카메라in camera' 미팅을 하고 싶다고 말하며 우리를 어리둥절하게 했다(내가 촬영 팀과 함께 있고, in camera가 라틴어로 '은밀하게', 즉 '카메라가 없는 곳에서'를 뜻한다는 점을 생각하면 혼란스러운 단어 선택이었다). 다행히도 카메라가 없는 곳에서의 인 카메라 미팅은 그리 오래 걸리지 않았다. 그 여자는 내가 원하는 수술은 권하기에는 위험 부담이 너무 크다고 열심히 주장했다.

"저는 한 번의 수술로도 회복하지 못한 MND 환자를 많이 봤어요. 그런데 당신은 사실상 세 번의 수술을 받게 됩니다. 그래도 수술을 받고 싶다면 저희도 최선을 다해 돕겠습니다. 하지만 회복까지 긴 여정이 될 것을 각오하셔야 해요. 게다가 완전히 회복하지 못할 가능성도 있어요."

프랜시스도 나도 위험에 대해서는 충분히 알고 있었다.

죽음을 포함해 앞으로 일어날 문제에 대해서도 생각해보았다. 우리 두 사람은 중요한 문제를 결정할 때는 항상 그래왔듯 한마음 한뜻이었다. 우리는 마지막 순간의 예기치 않은 반대에 맞서, 우리가 생각하는 '장기적이고 종합적인 삶의 질'이란 무엇을 의미하는지 분명하고도 단호하게 설명했고, 배려해줘서 고맙다는 인사도 잊지 않았다. 미팅은 주선자가 예상한 것보다 일찍 끝났다.

　우리가 일행과 다시 합류했을 때, 담당자로 보이는 새로운 얼굴이 기다리고 있었다. 그 여성은 우리를 메인 병동과 떨어진 모퉁이에 있는 작은 방으로 안내했다. 내가 중환자실에서 돌아와 '휴가'를 보낼 곳이었다. 나는 일반 병실에서 업그레이드된 것이 촬영 팀을 거느리고 온 특전인 줄 알았지만(병원 측이 방을 배정한 것은 내가 대규모 장비를 대동하는 것을 알기 전이었다), 알고 보니 NHS의 데이터에 내가 '골드 등급'의 환자로 기록되어 있었기 때문이었다. 윔블던 출신인 덕분이라고 생각했던 나는 골드 등급이 말기 치료를 의미한다는 것을 알기 전까지, 부끄럽지만 그것에 자부심을 느꼈다.

　두 시간 후 첫 번째 TV 인터뷰가 끝나고("네, 기분은 괜찮습니다" "아뇨, 병원은 싫지 않아요") 촬영 팀이 떠났다. 프랜시스도 내게 작별 키스를 하고 집으로 돌아갔다. 떠나기 전에 프랜시스는 내게 꽤 멋진 환자복을 입혀 병원에서 지시한 대로 실내용 변기에 앉혔다. 변기에 앉은 나는 딱히 할 일이 없어 휴대폰으로 뉴스를 보았다.

인간이 중요한 존재인 것은 규칙을 깨기 때문이다

"장 전처치를 하러 왔습니다."

인상이 좋아 보이는 간호사가 오더니 격려하는 듯한 미소를 지었다. 그녀는 약간 착색된 물이 담긴 커다란 플라스틱 물통을 내 옆에 있는 보조 탁자에 올려놓았다. 다음 날 인공항문개설술을 하려면 결장을 가능한 한 깨끗이 비워야 한다는 것을 나는 알고 있었다. 그래서 관장을 각오하고 있었는데, 액체를 마시기만 하면 된다니 훨씬 쉬운 일처럼 보였다.

"어떻게 하면 되죠?"

"컵에 담긴 물을 버리고 거기에 이 액체를 따라드릴게요."

맛이 좀 이상했다. 간호사는 한 모금 더 마시라고 권했다. 여전히 맛이 이상했다. 이제는 컵을 완전히 비우라고 했다. 반쯤 비웠을 때 나는 홀짝홀짝 마시기에는 영 불쾌한 맛이라고 생각해 나머지를 단숨에 들이켰다.

"그리 유쾌한 맛은 아니네요." 나는 다 비운 컵을 탁자 위에 다시 올려놓으며 말했다.

"유감스럽게도 그렇죠. 30분 안에 물통을 전부 비우면, 한시간쯤 후에는 효과가 나타날 거예요."

그렇게 말하고 나서 간호사는 웃으며 방을 나갔다. 방 안에 남겨진 나와 물통은 서로를 노려보았다.

30분 후 나는 점점 심해지는 메스꺼움을 참아가며 할당된 양을 다 마셨다. 기분이 썩 좋지는 않았지만 적어도 물통을 다 비웠다는 사실에 안도했다.

"오, 잘하셨어요! 다 마셨군요." 간호사가 늘 그랬듯이 환하게 웃으며 물통을 가져가더니 똑같이 생긴 물통을 대신 가져다놓았다. "이것까지 다 마신 후 편히 쉬고 계세요."

한 시간 후 나는 편히 쉬고 있을 처지가 아니었다. 두 번째 물통을 억지로 비우고 나서 마냥 기다렸지만, 울렁거림이 심해지는 것 외에는 별다른 변화가 없었다. 그때 내 복부에 인공 항문 위치를 표시하기 위해 담당자가 펠트펜을 들고 들어와 준비가 되었는지 물었다. 나는 조금 전에 시간을 좀 더 달라고 부탁한 사실도 잊고 있었다. 이번에는 전보다 더 다급하게 시간을 좀 더 달라고 요청했다. 그러자 그녀는 내일 아침 일찍 다시 오겠다고 말하며 나갔다.

그러고 나서 일이 시작되었다. 갑자기 뚝뚝 떨어지더니, 다음 순간에는 홍수처럼 쏟아졌다. 그러고는 잠시 조용했다. 나는 앉아서 기다리는 것 외에는 달리 할 일이 없었다. 의학 용어로 왜 배변을 장을 '비운다evacuate'고 하는지 이제 알 것 같았다. 정말이지 완전히 비워지는 느낌이었다. 그리고 또 한 차례의 홍수가 쏟아졌고, 좀 잠잠하더니 그다음에는 억수같이 쏟아졌다. 그때 휴대폰이 울리기 시작했다. 발신자가 누군지 보았다. MND협회 이사장이었다. 내가 이사에 당선됐는지 여부를 알려주기 위해 친히 전화를 한 것이었다. 마침 한 차례 쏟아진 후 잠잠하던 때라서 나는 전화를 받아보기로 했다.

이 결정은 득실이 있었다. 긍정적인 점은 협회 총회의 놀

인간이 중요한 존재인 것은 규칙을 깨기 때문이다

라운 결정을 전해 들은 것이었다. 회원들은 훨씬 인지도 높은 다른 후보들을 제치고 '기술과 함께 번영한다'는 공약만으로 잘 모르는 사람을 뽑았다. 한편 아쉬운 점은 사교적인 성격의 앨룬Alun이 축하하는 분위기였다는 것이다. 나는 결국 희박한 확률을 깬 것이고, 혁신적인 메시지를 던졌다. 의장 입장에서는 당연히 그 이야기를 좀 더 하고 싶지 않겠는가? 앨룬은 몇 가지 조언을 해주며 내 계획을 물었다. 그리고 프랜시스는 어떻게 지내는지 묻고, 자신의 근황도 알렸다.

모두 좋은 말이었고, 나는 앨룬에게 진심으로 호감을 느꼈다. 통화를 무례하게 끊을 생각은 절대 없었다. 하지만 내 휴대폰 마이크가 특별히 민감하다는 점이 불안했다. 대화에 이질적인 소음이 섞이지 않도록 조심하는 건 기본적인 전화 예절이지만, 점점 그렇게 하기 어려워지고 있었다. 앨룬은 이유를 몰랐겠지만 내 목소리는 틀림없이 다급하게 들렸을 것이다. 전화를 끊은 것과 장이 통제력을 잃은 것은 거의 동시였다.

다음 날 이른 아침, 마침내 아웃풋 2호를 장착할 최적의 위치가 내 배에 표시되었다. 그 후 병원의 다른 직원이 내 몸에서 장신구를 제거하기 위해 왔다. 내가 몸에 지니고 있던 것은 시계 외에 결혼반지, 앵크 십자가Ankh가 달린 얇은 금

나는 사이보그가 되기로 했다

목걸이였다. 앵크 십자가는 고대 이집트에서 생명의 상징이었다. 라하일란이 마법 경연 대회에서 획득한 것도 이렇게 생겼다. 그건 프랜시스가 우리의 25주년 기념일에 준 선물이었다. 반지도 목걸이도 프랜시스가 처음 끼워준 날부터 한 번도 뺀 적이 없었다.

과학적으로 생각하면 허황되지만 낭만적으로 보면 지극히 당연한 이유로 나는 둘 다 빼고 싶지 않았다. 내 뇌의 원시적인 부분은 애정 어린 선물에는 뭔가 신비로운 힘이 깃들어 있다고 믿고 싶어 했다. 내가 받은 과학 훈련과 나 자신이 믿거나 믿지 않는 온갖 것들에도 불구하고 이런 마음만은 부정할 수 없었다. 아니면, 살라니아 왕국에서 아발론과 함께 있는 내 뇌의 일부가 그렇게 생각한 것일지도 모른다. 그곳에서 나는 라하일란으로서 천하무적의 마력을 과시했다. 어느 쪽이든 나는 반지도 목걸이도 빼고 싶지 않았다.

하지만 냉정을 되찾은 나는 내가 과학자임을 되새기며 앵크 십자가 목걸이를 빼서 직원에게 건넸다. 하지만 결혼반지는 손가락에서 빠지지 않는다고 거짓말을 했다. 그럴 경우 테이프를 감아야 한다고 해서 그렇게 했다.

수술 전에 촬영 팀이 와서 간단한 인터뷰를 했다. 나는 만에 하나 수술이 잘못되더라도 과학은 실패로부터 배울 것이 있고, 그것이 연구의 본질이라고 강조했다. 인터뷰가 끝난 후 촬영 팀은 프랜시스와 내가 작별 키스를 나누는 장면을 찍었고, 나는 휠체어를 타고 수술실로 갔다. 마취과 의사

인간이 중요한 존재인 것은 규칙을 깨기 때문이다

마리가 내 손목에 동맥관을 삽입하는 동안 나는 그녀와 정다운 잡담을 나누었다. 수술 전 검사에서 특별한 이상은 발견되지 않았지만 폐 기능이 76퍼센트로 떨어져 있었다. 어쨌든 수술을 진행하겠다는 나의 의사를 재차 확인한 후 마리는 지체 없이 나를 잠재웠다.

※

프랜시스는 사랑하는 사람의 수술이 끝나기를 기다리는 사람들이 다 그렇듯 수술실 밖에서 마냥 기다렸다. 이윽고 전화벨이 울려 내가 중환자실로 갔다는 연락을 받았다. 내가 들어간 직후 프랜시스도 도착했다. 내 경우는 일반적인 마취 프로토콜과는 차이점이 있었다. 마리의 계획에 따라 프로포폴과 레미펜타닐이라는 두 종류의 마취제를 썼으며, 한 번에 하나씩 차례대로 약을 끊을 예정이었다. 이는 기관절개 수술이 필요할 때 즉시 수술대로 돌아가기 위한 조치였다.

의료진은 먼저 프로포폴 주사를 끊고 내 몸에서 마취제 효과가 완전히 빠질 때까지 기다렸다. 그다음에 레미펜타닐을 끊었다. 레미펜타닐을 끊으면 보통은 10분 후 깨어나야 했다. 카운트다운을 시작한 지 정확히 10분 만에 나는 의식을 되찾았다. 중환자실 간호사가 프랜시스에게 지금까지 본 어떤 사람보다 빨리 깨어났다고 말해주었다. 하지만 중요한 건 그게 아니었다. 프랜시스를 비롯해 그 방에 있는 모든 사람에게 가장 중요한 질문은 내가 다시 자발 호흡을 할 수 있느냐였다.

의식이 돌아온 후의 첫 번째 기억은 프랜시스를 본 것과 수술이 잘 끝났다는 말을 들은 것이었다. 병실 안은 환하고 매우 현대적이었으며, 사람들이 내 주위를 둘러싸고 있었다. 방독면처럼 생긴 커다란 산소마스크가 내 머리둘레에 스트랩으로 묶여 있었다. 산소마스크가 자발 호흡을 방해하는 것 같아 마음에 들지 않은 나는 마스크를 벗어보고 싶다는 의사를 몸짓으로 전달했다.

이유는 모르지만, 이때 프랜시스가 문득 자신의 휴대폰으로 동영상을 촬영할 생각을 했다. 또한 이유는 모르지만, 그 방에 있던 의료진은 그렇게 하도록 허락했다. 덕분에 내가 마스크를 떼는 결정적 장면이 영원히 남게 되었다.

나는 마스크를 뗀 순간 내 힘으로 깊게 숨을 들이마셨다.

오후 8시에 교대한 담당 간호사가 나를 줄곧 모니터링하다가 한밤중에 약을 가져왔다. 우리는 몇 시간 동안 이런저런 이야기를 나누었다. 트리플 오스토미, MND, 후두개 발작, MND 환자의 번영, 프랜시스와의 관계에 대해. 나는 그제야 완전히 깨어난 느낌이 들었다. 간호사가 준 약은 한 가지를

인간이 중요한 존재인 것은 규칙을 깨기 때문이다

빼고는 모두 알약이었고, 나는 그것들을 물과 함께 삼켰다. 삼키는 기능이 수술로 손상되지 않은 것 같아 안도감이 들었다. 마지막 약은 액체였다. 질식 위험을 감수하며 알약을 먹는 것보다 액체가 훨씬 낫다는 생각을 하며 나는 작은 일회용 컵으로 물약을 마셨다. 시럽 맛이 났고, 삼킬 때 목구멍이 좀 따끔거렸다.

그다음 순간 따끔거림이 심해졌다. 나는 통제할 수 없이 기침을 하기 시작했다. 다트무어에서보다 훨씬 더 빨리 천명이 시작되었다. 쌕쌕, 콜록콜록, 쌕쌕. 숨 쉴 틈도 없이 기침을 했고, 다시 쌕쌕거렸다. 질식할 것 같았다. 온갖 진통제를 투여했는데도 폐가 타는 듯 쓰라렸다. 폐는 이제 산소를 달라고 비명을 지르고 있었다. 간호사는 당황해 어쩔 줄을 몰랐다. 숨이 막혔나? 알레르기 반응인가?

나는 폐에 남은 마지막 공기를 짜내 쉰 목소리로 한마디를 내뱉었다.

"후두개!"

2주 후 나는 조카의 갓 태어난 아들 에디Eddie를 안고 있었다. 정말 고맙게도, 그 아이는 내가 퇴원하는 날까지 어머니의 자궁에서 예정일을 넘겨가며 기다려주었다. 그리고 이제 에디도 무사히 퇴원해 '수행원들'을 데리고 옆집으로 우리를 만나러 와주었다.

"간호사가 그 말의 뜻을 알아들었어요?" 프랜시스의 친척이 마치 그 대답을 당장 들어야 내가 죽지 않을 것처럼 다급히 물었다.

"몇 초간 멍한 얼굴을 하더니 곧 내 말이 생각났나 봐요. 아마 '후두개'라는 단어를 들은 것이 오랜만이라 금방 기억해낸 것 같아요. 간호사는 황급히 물을 가져와 나한테 마시게 했죠. 나머지는 알고 있는 대로예요!"

"정말 큰일 날 뻔했네요!" 또 다른 일가친척이 참견했다.

"그건 그런데, 숨이 쉬어지지 않으면 중환자실로 가야죠."

"이제 당신이 길을 닦아놓았으니, 다른 사람들도 NHS에서 트리플 오스토미를 받을 수 있겠죠?"

"당연하죠! 물론 위험은 있어요. 내 수술이 잘된 데는 운도 따랐어요. 하지만 이 수술이 MND 환자한테 선택지가 될 수 있다는 것 정도는 증명한 것 같아요."

"트레이시가 뭐라고 말했는지도 얘기해." 프랜시스가 재촉했다.

"그래, 알았어. 친애하는 트레이시 여사는 영국 남서부의 모든 MND 환자의 NHS 치료를 조율하는 일을 해요. 그래서 MND로 진단받은 환자들의 집을 찾아가죠. 며칠 전에는 어떤 할머니를 만나기 위해 그 집을 방문한 모양인데, 인사를 주고받고 나서 그 할머니가 이렇게 묻더래요. '혹시 피터 스콧-모건이라는 사람에 대해 들어봤어요?' 그때 트레이시

인간이 중요한 존재인 것은 규칙을 깨기 때문이다

는 조심스럽게 이렇게 대답했죠. '이름은 들어봤습니다.' 그러자 할머니는 '잘됐네요! 나도 그 사람처럼 영양 튜브 외에 치골상 카테터supra-pubic catheter라는 것을 달고 싶어요'라고 말했대요. 트레이시는 몹시 자부심을 느꼈나 봐요!"

# 버클리 스퀘어

Berkeley Square

프랜시스가 서른 살 생일에 내게 선물한 카르티에 손목시계를 확인했다. 벌써 7시 반이었다. 진청색 스리피스 양복의 조끼 단추를 채운 후 거울을 흘깃 보았다. 프랜시스에게 갓 만든 샌드위치를 받아 서류 가방에 넣은 후 그에게 키스하고 집을 나섰다. 그리고 활기찬 걸음걸이로 시간에 딱 맞춰 근처 오스털리Osterley 지하철역에 도착했다. 그때만 해도 파란만장한 하루를 보내게 될 줄은 까맣게 몰랐다.

오스털리는 나의 새로운 생활에 이상적인 곳이었다. 지하철을 타면 동쪽으로는 메이페어Mayfair에 있는 직장까지, 그리고 서쪽으로는 히스로 공항까지 거의 비슷한 시간이 걸렸다. 어느 쪽을 더 많이 이용하는지는 주마다 달랐다. 런던 중심부에서 45분 거리에 사는 것의 또 한 가지 장점은 집

인간이 중요한 존재인 것은 규칙을 깨기 때문이다

에서 일찍 나서기만 하면 대체로 지하철에서 앉아 갈 수 있다는 것이다. 몇 정거장 지나면 서서 가는 사람이 점점 많아졌다.

오늘은 동쪽으로 가는 지하철을 타고, 가는 동안 머릿속으로 발표 리허설을 했다. 약 한 시간 후 직장이 있는 버클리 스퀘어 하우스BSH에 도착해 위압적인 입구로 들어갔다. 대리석으로 마감한 엘리베이터를 불러 최상층인 9층 버튼을 눌렀다. 그곳은 나 같은 부적격자들이 일하는 곳이었다.

ADL, 즉 아서 D. 리틀Arthur D. Little은 기술 계열에서 세계적으로 알아주는 경영 컨설팅 회사다. 내가 있던 런던 지사는 특이하게도 BSH의 6층과 9층에 사무실을 배치했다. 권력의 중추인 6층은 광대했다. 반면 9층은 임대 수요가 치솟았을 때 영악한 건물주가 옥상에 증축한 것으로 면적이 훨씬 좁았다. 내 사무실에서는 판유리 창문 너머로 런던 중심부가 한눈에 보였음에도, 좁고 에어컨이 가동되지 않는 6층 사무실에서 일하는 동료 중 나와 방을 바꾸려는 사람은 한 명도 없었다. 그것은 6층에 ADL의 '권력의 회랑Power Corridor'이 있었기 때문이다. 그 끝에는 런던 지사의 지사장 마이클Michael—우리는 모두 서로를 이름으로 불렀다—의 사무실이 있었다. 나는 내 위치에 만족했고, 특별히 6층으로 옮기고 싶은 생각도 없었다.

스스로 반항아임을 즐기는 부류인 9층 식구들은 주류 사회에서 버림받은 이단아였다. 우리에게 멋진 사무실은 언감생심이었고, 사무실을 내준다는 것 자체가 회사가 우리 덕분에 돈을 꽤 벌고 있으며 우리를 곁에 두고 싶어 한다는 증거였다. 그들은 우리가 기분 좋게 지내기를 바랐다. 단, 자신들에게 너무 가깝지 않은 곳에서. 나는 9층에서 가장 나이가 어렸고, ADL에서 일한 지 아직 4년밖에 안 되었기 때문에 직급도 낮았다. 그렇긴 해도 대부분의 직원이 입사 후 2년 이내에 정중하게 이직을 권고받는다는 사실을 고려하면, 나는 적어도 '유망한 직원'으로 비쳤음이 틀림없다. 아마도 그 배경에는 내가 런던 지사에서 유일한 박사 학위 보유자라는 사실도 작용했을 것이다.

그날 나는 로버트Robert의 사무실 앞을 지나가다가 반투명 유리문 너머로 큰 소리로 인사했다. 로버트는 나보다 거의 스무 살이나 나이가 많았다. 굴뚝처럼 담배를 피워대는 그는 아마 9층에서 가장 야성적인 거주자였을 것이다. 그에 관한 무용담은 무수히 많았는데, 대부분 여자나 술, 또는 마약과 관련이 있었고, 때로는 셋 모두와 얽혀 차마 듣고 있기 힘들었다. 하지만 고객들은 그를 사랑했고, ADL 역시 사랑하는 골칫거리 조카를 수도 없이 꾸짖고도 매번 용서하는 너그러운 삼촌처럼 그를 아꼈다.

들리는 얘기에 따르면 비서들도 그를 사랑했다. 그것도 틈만 나면 그랬다. 내가 알기로 적어도 한 경우는 사실이었다. 약 1년 전 내 방으로 돌아가다 로버트의 방문 앞에 동료 한 명이 서 있는 것을 보았다. 그는 내가 다가오는 걸 보더

인간이 중요한 존재인 것은 규칙을 깨기 때문이다

니 빨리 오라고 손짓을 했다.

"6층에 새로 온 비서하고 하는 중인가 봐! 10분 전에 둘이서 들어가는 걸 봤어."

과연 사무실에서 새어 나오는 소리로 보건대 그의 추측이 맞는 것 같았다. 그러나 문에 난 창이 반들반들한 흰 종이 같은 것으로 덮여 있어 확실한 건 알 수 없었다. 나는 우리 시야를 가리고 있는 게 무엇인지 물었다.

"사무실 벽에 붙어 있던 포스터야. 그것을 떼어서 유리창에 딱풀로 붙였어. 밖에서 보이지 않도록."

그런데 막 자리를 뜨려는 찰나 뭔가가 눈에 띄었다. 슬픈 진실이지만, 딱풀은 아무리 잘 붙는다 해도 시간이 지나고 에어컨 바람을 계속 쐬면 점착력을 잃고 만다. 하필이면 지금이 그때였다. 포스터의 한쪽 모서리가 떨어진 것이다. 우리가 지켜보는 동안 반대쪽 모서리도 툭 떨어졌다. 블라인드가 서서히 내려가듯 포스터가 말려 내려왔다. 마침내 맨 밑의 접착력마저 힘을 잃자 포스터가 바닥으로 스르륵 떨어졌고, 문밖으로 들리는 음향 효과에 관한 동료의 추론이 100퍼센트 정확했음이 밝혀졌다. 포스터의 배신이 신경 쓰였는지 로버트가 고개를 들어 우리를 보았다. 하지만 그답게 아랑곳하지 않고 하던 일을 계속했다. 그저 관객에게 성의의 표시로 빙긋 웃으며 엄지손가락을 치켜들었을 뿐이다.

1980년대 후반에 ADL은 걸출한 회사였다. 기술에 깊이 뿌리를 내리고 수많은 기술 기업을 성공으로 이끌었다. 기술로 혁신을 일으키는 방법을 아는 회사라는 것만으로도 내게는 충분히 매력적이었다. 게다가 입사한 후 얼마 되지 않아 나는 내가 컨설팅 일을 좋아한다는 사실을 알게 되었다. 동시에 내가 엄청난 행운을 만났다는 사실도 곧 깨달았다. 이 회사에서는 조금만 신중하게 행동한다면 나 같은 사람도 충분히 출세할 수 있을 것 같았다.

ADL은 전설적인 창업자 아서 데혼 리틀Arthur Dehon Little 박사처럼 자유로운 사고를 지닌 인물들을 1세기에 걸쳐 중용해왔다. 이 회사는 돼지 귀에서 얻은 젤라틴을 소재로 인공 실크를 합성해 "돼지 귀로 비단 지갑을 만들 수는 없다"(본바탕이 좋지 않은 것은 어떻게 해도 바뀌지 않는다는 뜻—옮긴이)는 속담을 문자 그대로 뒤집었다(그러기 위해서는 짐수레 한 대 분량의 돼지 귀가 필요했다). 그리고 그 영광에 안주하지 않고 한 세대 후에는 '납풍선'("납풍선처럼 날지 않는다"는 '크게 실패하다'라는 뜻의 관용구—옮긴이)을 실제로 날렸다(너무 높이 날려서 보스턴 로건 공항Boston's Logan Airport에서 위험물 취급을 받았을 정도다). 또한 ADL은 냄새를 분류하는 영리한 기법을 고안해 '100만 달러짜리 코'라는 별명이 있던 과학자 어니스트 크로커Ernest Crocker가 난치병에 걸린 어떤 소년의 생명을 구하는 데 도움을 주었다. 수많은 의사가 진단을 포기했을 때 크로커는 소년의 체취를 단서로 병명을 밝혀냈다. 이런 회사라면 내가 새로운 아이디어를 발전시킬 수 있도록 지원할 것 같았다.

인간이 중요한 존재인 것은 규칙을 깨기 때문이다

점심시간 직전에 나는 가방에 넣어온 샌드위치를 먹었다. 다른 동료들은 근처에 있는 가게에서 샌드위치를 사 먹었지만, 프랜시스와 나는 점심을 싸 오면 얼마가 절약될지 계산했다. 우리는 가난이 어떤 것인지 생생하게 기억했고, 다시는 같은 경험을 되풀이하고 싶지 않았다. 모든 동료가 높은 연봉에 맞추어 사는 것처럼 보였지만, 프랜시스와 나는 담보대출금을 갚을 때까지 최대한 절약하기로 했다.

그날 내가 가야 하는 6층 회의실에는 월간 회의를 위해 온갖 종류의 샌드위치가 준비되어 있을 터였다. 하지만 오늘 프레젠테이션을 할 사람은 나였다. 따라서 프레젠테이션이 끝날 때쯤에는 먹을 만한 것, 적어도 사람들이 손대지 않은 것은 남아 있지 않을 것이다.

실제로 내가 프레젠테이션을 시작한 지 40분이 지나자 음식은 완전히 동이 났다. 참석자들은 베이컨, 아보카도, 새우, 연어, 코티지 치즈 등 더 이상 입에 넣을 게 없을 때가 되어서야 비로소 질문을 하기 시작했다. 이윽고 브뤼셀 지사에서 온 패트리스Patrice의 차례가 왔다. 그는 ADL의 부사장으로 회사의 거물급 인사였다. 또한 글로벌 기술 혁신 부문 책임자이기도 해서 나의 최종 보스였다. 패트리스는 이날을 위해 비행기로 런던에 왔다. 그리고 지금 질문을 하기 위해 일부러 일어섰다. 다른 사람들은 아무도 일어나서 질문하지 않았으므로, 무슨 의도가 있는 것이 틀림없었다. 패트리스는 유난히 큰 키에 턱수염을 아주 단정하게 깎았다. 그가 쓰는 벨기에식 억양이 썩 잘 어울렸다.

"피터, 자네의 '암묵적 법칙'이란 건 사실상 기업 문화를 해석하는 방법이라고 이해하면 되겠나?"

"그건 어디까지나 부산물이고, 이 분석 기법의 주목적은 수만 명의 사원을 거느린 조직 같은 복잡한 시스템을 해독해서 조직 내부에 어떤 보이지 않는 규칙이 작용하고 있는지 알아내는 것입니다."

"하지만 결국 자네가 이해하려는 것은 '몽글몽글하고 모호한' 문화가 아닌가?"

"그렇지 않습니다. 이 분석 기법은 모든 단계에 엄밀한 논리를 적용합니다. 물론 그 과정에서, 말씀하신 것처럼 '몽글몽글하다'는 이유로 간과하기 쉬운 면모를 설명할 수도 있을 것입니다. 하지만 그건 보너스입니다. 중요한 것은, 이 기법을 사용하면 우리 회사가 제안한 좋은 아이디어 중 일부가 왜 혹은 어떻게 실패하게 되었는지를 마침내 밝혀낼 수 있다는 점입니다. 그러면 아이디어를 고객에게 그대로 떠넘겨 퇴짜를 맞는 대신, 조직에 맞도록 개선할 수 있습니다."

"그게 몽글몽글한 문화라는 거야. 자네 말을 들어보니 내가 걱정했던 대로군."

패트리스는 변호사가 배심원단에게 호소하듯 좌중을 둘러보았다. 그냥 있으면 안 될 것 같았다.

"하지만 패트리스, 암묵적 법칙이라는 분석 기법의 본질은 기업 문화를 해석하는 것이 아닙니다. 그건 말하자면 미

인간이 중요한 존재인 것은 규칙을 깨기 때문이다

래의 요소를 해석하는 것입니다. 변혁에 방해가 되는 보이지 않는 장벽을 허무는 것이 목적입니다. 그것이 결국 미래를 바꾸게 됩니다. 고객들은 대놓고 그렇게 말하지 않지만, 미래를 바꾸는 것이야말로 그들의 궁극적 목적이고, 그것을 도와달라고 우리에게 돈을 지불하는 것입니다!"

"그래, 하지만 그게 조직 문화를 바꿔달라는 말은 아니지!" 마치 벽을 보고 얘기하는 것 같았다. "자네 제안에 우리 고객들이 관심을 가질 것 같진 않네."

"그렇지 않습니다! 우리는 이론적으로는 완벽하지만 현실 세계에서 작동하지 않는 솔루션을 고객들에게 제안하고 있죠. 아시다시피, 애초에 제가 이 기법을 생각해낸 것도, 우리가 필립스 전자에 제안한 아이디어의 일부가 제대로 작동하지 못하는 원인을 분석하기 위해서였습니다. 잘 아시잖아요?"

이것은 외교적으로 현명하지 못한 수였다. 실패한 아이디어는 바로 패트리스가 제안한 것이었기 때문이다.

"그렇다고 필립스가 '기업 문화에 대한 감사나 평가' 따위를 요구하는 건 아니지. 미안한 말이지만, 자네의 제안은 아무것도 없는 데서 솜사탕을 만들어내는 것으로밖에는 보이지 않네."

이번에도 그는 변호사처럼 배심원단을 보았다. "자네의 암묵적 법칙 기법이 효과가 있든 없든, 그건 아서 D. 리틀이 할 일은 아니라고 생각하네."

말을 마치자 패트리스는 자리에 앉았다. 이번에는 지사장인 마이클이 일어나 '이단아' 사원의 '영감을 주는' 프레젠테이션에 감사를 표했다. 그리고 회의는 끝났다. 내가 OHP 슬라이드를 모아 9층으로 올라가려 할 때 나의 멘토 브루스Bruce가 다가왔다. 그 역시 거물급 인사였고, 직책은 부사장이지만 실질적으로 회사를 경영하는 사람이었다. 은퇴를 앞둔 브루스는 불같은 성질과 융통성 없는 완벽주의로 악명 높았고, 난해한 문장을 써서 괴로움을 주었다. 그와 함께 살고 있는 굉장한 여인은 명망 높은 컨설팅 회사 매킨지McKinsey에서 최초의 여성 파트너를 지낸 사람이었다. 나는 브루스를 좋아했고 마음속 깊이 존경했다.

"잠깐 얘기 좀 할까?" 브루스가 작은 소리로 말했다.

우리는 지사장 마이클의 옆방인 브루스의 사무실로 향했다. 나는 당황한 기색을 보이지 않으려고 브루스의 느긋한 발걸음에 보조를 맞추어 걸었다. 사무실에 들어서자 브루스는 내게 의자를 권하고 자신도 앉았다.

"패트리스한테 너무 신경 쓰지 말게. 그는 똑똑한 사람이지만, 자기만큼 뛰어난 사람이 있다는 것을 못 참지. 하물며 자기 자리를 위협하는 사람이라면 그냥 놔둘 리 없어."

"하지만 저는 패트리스의 부하 직원이고, 암묵적 법칙 기법은 그의 신뢰를 높이면 높였지 깎아내리지 않아요."

"알지. 하지만 알다시피 그 기법을 생각해낸 건 패트리스가 아니야. 그러니 그 사람 생각에는 검토할 가치가 없는 거야."

인간이 중요한 존재인 것은 규칙을 깨기 때문이다

"죄송하지만, 그게 사실이라면 터무니없어요. 그건 그저 괴롭힘이죠. 전 괴롭힘에는 절대 굴복하지 않기로 했어요!"

"진정해, 진정하라고. 화를 낸다고 해결되는 건 없어. 고객들에게 자네 아이디어를 팔아. 돈을 벌어오는 것보다 더 효과적인 설득은 없으니까."

"하지만 패트리스의 고객들에게는 접근할 수가 없어요."

"그럼 돌아가면 되지. 다른 곳에 팔아봐. 브리티시 페트롤륨British Petroleum, BP에 이미 제안서를 보냈다며. 반응이 어때?"

"아직 답이 오지 않았어요. 벌써 한참 지났죠. BP 담당자 말로는 아직 가능성을 검토하는 중이래요. 게다가 최종 결정이 나오기까지는 굉장히 많은 사람의 승인을 받아야 하나 봐요."

"우회적으로 안 좋은 소식을 전하는 것일 수도 있겠군. 하지만 아직 모르는 거잖아. 아무튼 자네는 언젠가 대박을 터뜨릴 거야. 그러면 회사 내에서 입지가 탄탄해지겠지. 창의적인 '이단아'(브루스는 방금 전 회의에서 마이클이 나를 가리킬 때 쓴 표현을 인용하며 웃었지만, 딱히 그 말을 부정하지는 않았다)가 아니라 '주니어 파트너 후보'로서 말이야."

몇 주 전 브루스는 그 가능성을 귀띔해주었다. 두 달 후면 1년에 한 번 있는 파트너 선발 회의가 열리는데, '자비스Jarvis'라는 나보다 나이가 약간 많은 동료와 함께 내 이름이 후보로 올랐다는 것이다. 내가 될 확률은 기껏해야 실낱같은 정도였다.

나는 사이보그가 되기로 했다

"별로 기대하지 않아요." 나는 웃었다.

"전에도 말했듯이, 자네가 이번 기회를 잡으면 최연소 주니어 파트너가 되는 거야. 그래도 큰 기대는 말자고. 하지만 전혀 가망이 없다고 생각했다면 애초에 자네를 추천하지도 않았을 거야."

"정말 감사합니다."

"적임자를 승진시키는 게 내 일이니까." 브루스는 여기서 잠시 말을 중단하더니 다음 말을 신중하게 고르는 듯했다. 두 가지 행동 모두 브루스에게는 이례적인 것이었다. "그래서 말인데, 자네의 사생활에 대한 소문이 좀 걱정스러워."

인간이 중요한 존재인 것은 규칙을 깨기 때문이다

# 암묵적 규칙

Unwritten Rules

갑자기 킹스 칼리지 스쿨 시절의 면담이 떠올랐다. 브루스와 나는 지금까지 내 사생활에 대해 말한 적이 없었다. 한편으로, 나는 사립학교에 다니던 시절보다 게이로 사는 것에 훨씬 더 떳떳했으며, 누군가 내게 물으면 언제나 숨김없이 말했다. 브루스는 아무것도 묻지 않았고, 그건 마이클도 마찬가지였다. 하지만 나는 브루스와 마이클의 비서들과 친하게 지내고 있었고, 마이클의 비서 헬렌과는 특히 사이가 좋았다. 그런 만큼 비서들은 내 사생활에 대해 잘 알았기 때문에 두 상사도 어느 정도는 알고 있으리라 생각했다. 다만 면전에서 화제로 삼지 않을 뿐이라고. 그렇다는 건 별문제가 없다는 뜻일 것이다. 그때까지 난 그렇게 생각했다.

"지금부터 하는 말은 우리 둘만의 얘기로 해두자고. 자네는 나서지 않았으면 좋겠어. 자비스가 자네의 승진이 부적합하다는 말을 파트너들한테 하고 다니는 모양이야.”

“뭐라고요?”

브루스는 자애롭게 손을 흔들며 나를 달랬다.

“아무래도 둘 중 한 명만 주니어 파트너로 승진할 수 있다고 생각하는 모양이야. 그 자리를 자네한테 양보할 수는 없겠지.”

뜻밖에도 나는 전혀 놀라지 않았다. 말솜씨를 무기로 노점상에서 런던증권거래소의 트레이더trader가 된 인물. 그것이 나에게 자비스의 이미지였기 때문이다.

“제 ‘사생활’에 대해 정확히 뭐라고 하던가요?”

“욕하는 건 아니야. 비판하지도 않고. 뭐랄까, 걱정을 빙자해 넌지시 깎아내린다고나 할까. 어떤 느낌인지 알 거야.”

“아뇨, 모르겠는데요.” 물론 짐작은 갔다.

“이런 식이지. ‘이건 피터의 문제가 아니라 제 문제라는 걸 알지만, 저는 그의 라이프스타일을 받아들이기 어렵습니다. 물론 그의 사생활이고, 일과는 별개의 문제죠. 피터는 재능이 뛰어난 친구라서 회사에 쓸모 있는 인재라는 점도 물론 잘 알고 있습니다. 그런데 고객들이 어떻게 나올지 걱정됩니다. 고객 중 일부는 매우 보수적이거든요. 피터의 인생 선택에 대해 우리가 어떻게 생각하든, 고객의 감정을 먼저 고려해야 한다고 생각합니다.’ 아주 교묘해.” 브루스는 자비스의 아이큐를 높이 평가하지 않았다. “마더 테레사 같은 얼굴을 하고 자네의 등에 독이 묻은 칼을 꽂는 거지!”

인간이 중요한 존재인 것은 규칙을 깨기 때문이다

매우 교묘한 전략이었다. 브루스도 나도 일에서 뛰어난 성과를 내는 것 말고는 딱히 할 수 있는 일이 없다는 데 동의했다. 그것으로 면담은 끝났고, 나는 자비스의 사무실이 6층에 있다는 사실을 의식하며 9층으로 돌아갔다.

그로부터 두 시간 정도 의기소침한 기분으로 다음 날 더블린에서 하기로 예정된 고객 프레젠테이션 준비를 마무리했다. 그때 내 비서가 흥분된 모습으로 문 너머로 얼굴을 내밀었다. 그리고 미결 서류함에 서류 몇 장을 넣으며 막 들어온 소식을 전했다.

"방금 팩스실에서 전화가 왔는데, 당신 앞으로 팩스가 왔대요. 긴급 안건인가 봐요. 그런데 지금 팩스실 직원이 팩스 용지를 사러 나갔대요. 마침 용지가 똑 떨어진 모양이에요. 중간에 용지가 끊기지 않아서 다행이에요. 당신 앞으로 온 팩스가 나오자마자 삑삑 소리가 나기 시작했대요. 어쨌든 팩스는 무사히 도착했는데, 지금 그곳에는 사람이 하나뿐이라 가져다줄 수가 없나 봐요. 제가 지금 내려가서 가져올까요? 혹시 기다려주실 수 있을까요? 보던 서류의 최종 수정이 아직 남았는데, 오늘은 한 시간 안에 퇴근을 해야 해서요. 전에 말한 그 이탈리아 남자를 만나기로 했거든요. 집에 가서 준비하는 데 적어도 30분은 걸릴 거예요."

"어디서 온 팩스래요?"

"아, BP에서 온 것이랍니다."

나는 그 말이 떨어지기도 전에 책상에서 일어나 비서 옆

나는 사이보그가 되기로 했다

을 잽싸게 빠져나가며 그녀를 안심시켰다. "괜찮아요. 내가
가져올게요."

일단 엘리베이터 앞으로 갔지만, 기다릴 수가 없어서 비
상계단을 한 번에 세 개씩 뛰어내려 6층 접수대로 총알처럼
들어갔다.

"엄청 바쁘시네요!" 단정한 차림새의 젊은 접수대 직원이
한마디 했다.

"임무 수행 중이라는 느낌!" 또 다른 직원이 맞장구를 쳤
다. 나는 웃음으로 답하며 뛰던 발걸음을 조금 늦춰 빠르게
걸었다. 그리고 모퉁이를 돌아 중심 통로로 돌진해 옆 복도
로 빠져나온 후 한 사무실로 들어갔다. 그 방에는 텔렉스기,
복사기, 팩스 두 대, 그리고 중년 여직원이 있었다.

"팩스가 왔다고 들었는데요?"

"네, 여기 있어요."

나는 반들반들한 팩스 용지를 건네받았다. 그녀는 이어
진 팩시밀리용 감열지thermal paper를 떼어 원래의 두 쪽짜리
서류로 만들어두었다. 팩스 용지가 원래 돌돌 감겨 있던 탓
에 인쇄된 종이가 자꾸 말려서 한 번에 한 문단밖에 읽을 수
없었다. 대충 끝까지 읽은 후 나는 종이 두 장을 책상 위에
펴서 말리지 않도록 붙잡고 다시 한번 읽었다.

"좋은 소식이에요?"

나는 의기양양하게 그녀를 돌아보았다.

"세상을 다 가졌답니다!"

나는 말린 팩스 용지를 움켜쥐고 '권력의 회랑'을 개선장군처럼 걸어 브루스의 사무실로 갔다. 그의 방문이 닫혀 있었다면 나의 개선 행진이 용두사미로 끝날 뻔했지만, 다행히 문은 활짝 열려 있었다. 브루스는 내가 오는 것을 보더니 곧장 들어오라고 손짓을 했다. 나는 아무 말 없이 팩스부터 건네주었다. 브루스는 재빨리 훑어보더니, 첫 페이지를 다 읽었을 무렵 얼굴에 미소가 번졌다. 두 번째 페이지를 다 읽었을 때, 그는 이렇게 선언했다.

"이것으로 모든 게 바뀔 거야!"

그러곤 책상에서 벌떡 일어나더니 지금까지 본 적 없는 빠른 걸음으로 복도를 가로질러 헬렌의 사무실로 성큼성큼 걸어갔다.

"마이클과 얘기 좀 할 수 있을까요?"

"패트리스와 회의 중이십니다."

"그럼 더 좋지!"

브루스는 형식적으로 문을 두드린 후, 대답도 기다리지 않고 마이클의 사무실로 불쑥 들어갔다.

"이것을 보시고 싶을 것 같아서요." 브루스는 우리가 불쑥 찾아온 이유를 설명했다. 패트리스는 언짢아 보였지만 이내 체념한 듯 훼방꾼을 받아들였다. 하지만 브루스를 뒤따라 들어오는 나를 보더니 다시 언짢은 표정을 지었다. 반면 마이클은 나를 보더니 흥미를 느낀 듯 웃으며 환영했다.

"이게 뭐죠?"

마이클은 팩스를 받아 넓은 책상 위에 펼치더니 몇 가지 물건으로 눌러놓고 읽기 시작했다.

"아하!"

BP는 (내가 애초에 제안한 대로) 지점들 중 하나에 대해 '암묵적 규칙' 분석을 의뢰하는 대신, 10개 지점에 대해 평가를 의뢰하겠다고 했다. 이때 마이클이 그 부분을 읽고 있었음이 틀림없다.

"잘됐군요!"

마이클은 고개를 들어 나를 보고 웃더니 다시 고개를 숙이고 팩스의 마지막 부분을 빠르게 훑어보았다. 거기에는 BP가 얼마를 지불하기로 했는지 적혀 있었다. 그는 만족스러운 개수의 0이 뒤따라 나오는 숫자를 보았을 것이다. 게다가 비용은 별도였다.

패트리스도 더 이상 호기심을 억누를 수 없었다.

"좋은 소식이 뭔지 물어봐도 될까요?"

브루스는 자랑할 기회를 놓치지 않았다.

"패트리스, 오늘 점심때 당신이 한 걱정은 기우였던 것 같아요. 이 젊은이 피터가 식견이 풍부하고 돈 많은 고객을 발견했어요. 당신의 '벨기에 초콜릿'보다 피터의 '솜사탕'이 더 마음에 든 모양이에요."

패트리스가 어리둥절한 표정을 짓자 브루스는 이렇게 덧붙였다.

"게다가 솜사탕을 있는 대로 다 달랍니다!"

**281**
인간이 중요한 존재인 것은 규칙을 깨기 때문이다

몇 주 후 프랜시스와 나는 샴페인 잔을 부딪치며 축배를 들었다. 프랜시스가 건배사를 했다.

"최연소 주니어 파트너를 위하여!"

"다음 주에 사무실을 6층으로 옮겨. 지사장 마이클의 사무실에서 네 칸밖에 안 떨어진 곳이지." 프랜시스가 너무 감격하는 듯해서 나는 대수롭지 않게 한마디 보탰다. "어쩌다 보니 방이 비어서 가게 된 거야. 그러니 아무 의미도 없어. 어쨌든 자비스의 방은 더 멀어!"

"잘했어!" 프랜시스는 샴페인을 한 모금 더 마셨다. "그래서 너의 '암묵적 규칙' 기법은 앞으로 어떻게 되는 거야? 그리고 넌 전반적으로 뭐가 달라져?"

"우선, 사람들이 내 말을 좀 더 진지하게 들어줄 거야. 내 몫을 해내는 한 회사 내 입지도 커지겠지. 게다가 이제 주니어 파트너가 되었으니, 어느 정도 내 방식대로 일할 수 있을 거야."

"넌 지금까지도 네 방식대로 해왔잖아!"

그로부터 2년 동안 우리에게는 기념할 만한 전기가 두 가지 더 있었다. 우리의 12주년 기념일에 우리는 법적으로 스콧-

모건 부부로 불리게 되었다. 이보다 더 행복할 수는 없었다. 부모님이 어떻게 생각할지 걱정했지만, 두 분 다 흔쾌히 받아들였다. 어머니는 우리가 편협한 세상과 싸워 이루어낸 성과에 자부심을 가져야 한다고까지 말했다. 그 말을 들으니 그동안 어머니와 아버지가 걸어온 먼 여정을 생각하지 않을 수 없었다. 우리의 관계를 인정하고 나아가 축복할 수 있기까지 얼마나 심한 갈등을 겪었을까. 어머니는 내게는 직접 표현하지 않았지만, 프랜시스에게 초기의 결례를 사과했다. 게다가 우리 둘의 용기를 기리며 프랜시스가 내게 얼마나 큰 축복인지 말했다. 이때만큼 어머니의 말에 동의한 적은 없다.

두 번째 사건도 그 못지않게 중요했다. 그것은 우리 삶 자체를 바꿔버리는 사건이었기 때문이다. 그 무렵 나는 미국 보스턴에 있는 ADL 본사로부터 '암묵적 규칙'에 관심 있는 사람들을 대상으로 강의해달라는 요청을 받고 일주일간 출장을 떠나게 되었다. 나는 당연히 요청에 응했다. 일은 술술 풀렸고, 이때만 해도 그 이상은 생각하지 않았다. 그런데 출장이 끝나갈 때쯤 북미 경영 컨설팅을 담당하는 이사가 미팅에서 불쑥 이런 제안을 했다. "6개월 동안 런던으로 팀을 파견해 '암묵적 법칙'에 의거한 분석을 배우고 싶어요."

뜻밖의 제안이었지만, 내 뇌는 1초도 되지 않아 인생을 바꾸는 결단을 내렸다. 당연한 일인 것 같아 생각하고 말고 할 것도 없었다. 나는 그 자리에서 대답했다.

인간이 중요한 존재인 것은 규칙을 깨기 때문이다

"아뇨, 6개월 동안 제가 미국에 머무는 게 훨씬 더 효율적입니다. 그렇게 하면 희망하는 모든 사람을 교육할 수 있습니다."

그녀는 곧바로 승낙했다.

프랜시스에게 전화로 묻자 그도 즉시 승낙했다. 물론 자신도 따라간다는 분명한 조건으로. 영국으로 돌아와 이 문제에 대해 진지하게 논의했지만 프랜시스의 생각은 확고했다.

"네게 큰 기회야. 우리는 이 기회를 잡아야 해. 런던 같은 위성 사무실에서는 아무 일도 일어나지 않아. 하지만 미국에서라면 무슨 일이 일어날지 누가 알아? 남은 인생을 '그때 했더라면' 하면서 후회하며 보낼 수는 없어. 이 기회를 놓치지 마!"

프랜시스는 자신의 직장에 퇴사를 통보했다. 우리는 집을 내놓고, 기르던 셰틀랜드 양치기 개 두 마리를 양부모에게 입양 보내고, 매사추세츠주 보스턴으로 이사할 준비를 했다. 우리의 원대한 계획은 미국에서 성공을 거두어 그곳에 영구히 눌러앉는 것이었다. 그것이 우리 두 사람의 꿈이었다.

하지만 현실을 돌아보면, 프랜시스는 보스턴에 가본 적이 없었고, 관광 목적 외에는 체류할 수 없었다. 나 역시 임원 파견으로 가는 것일 뿐이었다. 나의 파견에 관한 이메일에는 최대 6개월이라고 분명히 명시되어 있었다.

# 아메리칸드림

The American Dream

불행히도 프랜시스와 내가 매사추세츠에 도착했을 때 그곳은 비상 상황이었다. 폭설로 모든 것이 정지되어 있었다. 우리는 침착하게 택시 운전사한테 보스턴 중심가에 내려달라고 했다. 주 의회 의사당의 눈 덮인 황금 돔 앞에서 우리는 눈이 훨씬 더 많이 쌓인 보도를 터벅터벅 걸었다. 다행히도 우리가 처음 찾아간 임대 아파트에 멋진 도시 풍경이 바라보이는 고층 원룸이 비어 있었다. 우리는 망설이지 않고 계약을 했다. 주 의회 의사당에서 출발한 지 한 시간도 안 되어, 100걸음도 채 떨어지지 않은 곳의 임대주택을 구한 것이다. 드디어 우리는 미국에 왔다.

보스턴 중심가는 아주 살기 좋은 곳이어서 우리는 곧 집을 살 마음을 먹었다. 물론 예정대로 영국으로 돌아갈 생각

인간이 중요한 존재인 것은 규칙을 깨기 때문이다

은 없었다. 그러기 위해, 미국 땅을 밟은 그 순간부터 나는 ADL에서 받은 6개월의 파견 기간을 어떻게든 연장하려고 안간힘을 썼다. 굳게 닫힌 창문을 지렛대로 여는 격이었지만 조금씩 틈새가 생기기 시작했다.

단기 일정으로 미국에 도착했음에도 오자마자 나는 "앞으로 1년 동안 여기 있을 피터"로 소개되었고, 몇 달 후 도착한 정식 서류에는 미국 체류 기간은 "최소 2년"으로 "상호 합의에 따라 연장할 수 있다"고 명기되어 있었다.

아메리칸드림에 발을 담근 지 반년 만에 기회의 창은 활짝 열렸고, 이에 따라 내 꿈도 무한히 확장되었다. 그러던 어느 날, 나는 ADL 본사 꼭대기 층에 있는 기업 마케팅 팀장의 널찍한 사무실로 불려갔다.

"아, 들어오세요, 어서 들어와요!" 그는 40대로 보였다. 동부 지식인의 억양에 그에 걸맞은 옷차림을 하고 있었다. "이제 다 끝났죠?"

나는 불편한 디자이너 의자에 커피 테이블을 사이에 두고 팀장과 마주 앉았다. 팀장 뒤쪽 창문으로 광활한 에이콘 파크 Acorn Park (지금의 케임브리지 디스커버리 파크―옮긴이)가 한눈에 들어왔다. 파크 내에는 수많은 연구실, 기업 사무실, 헬기장이 흩어져 있고, 캐나다기러기 Canada goose가 노니는 호수도 있었다. 나는 이 전망이 마음에 들었다. 연결된 건물에 있는 내 사무실에는 창문다운 창문이 없었기 때문이다. 뉴잉글랜드의 겨울을 떠올리게 할 만큼 쌩쌩 돌아가는 에

어컨도 마음에 들었다. 그곳에서 한 발짝만 나서면 더운 정도가 아니라 푹푹 찌는 날씨였다.

"자, 피터, 사장들과의 만찬이 무사히 끝났으니, 소감을 들어봅시다."

사장들과의 만찬이란, 각 기업의 CEO만을 초청해 미국 전역의 8개 도시에서 개최하는, ADL에서 1년에 한 번 치르는 큰 행사였다. 1993년 행사에서는 나 혼자 만찬 연설을 했다. 나는 40분 동안 '사회적 게임의 암묵적 규칙'에 대해 연설했고, 내 순서는 메인 코스와 디저트 사이에 전략적으로 배치되었다. 매우 중요한 행사였기에 보스턴에 최악의 폭설이 내린 2월 프랜시스와 함께 키웨스트에서 일주일간 휴가를 보내는 동안 ADL은 비행기로 직원 두 명을 보내 내가 연설문을 완성하는 걸 돕게 했다. 나를 보스턴으로 부르는 것보다 그 편이 빠르다고 생각한 것이다.

"사실, 만찬의 성공을 최대한 활용하기 위한 아이디어가 있습니다."

"만찬은 1년 중 가장 큰 돈을 쓰는 마케팅 행사이니 효과를 극대화할수록 좋습니다. 아이디어를 말씀해보세요."

"책을 쓰려고 합니다."

팀장의 표정이 굳어졌다. 좋지 않은 신호였다.

"아!" 더 나쁜 신호였다. "글쎄요." 확실히 나쁜 신호였다. "솔직히 잡지 기사라든가, 아니면 당신이 사장들과의 만찬에서 멋지게 해낸 것 같은 연설의 소재로는 좋다고 생각해

인간이 중요한 존재인 것은 규칙을 깨기 때문이다

요. 하지만……." '하지만'이라고 말한 뒤 할 말을 고르기 위해 뜸을 들인다는 건 최악의 신호였다. "억지로 단행본 길이로 늘리면 내용이 엉성해질 것 같은데요."

책의 내용이 머릿속에 이미 다 있다는 점을 납득시키기 위해 나는 30분 동안 열심히 설명했다.

"글을 쓸 시간만 있으면 됩니다." 나는 말을 마치고 나서, 설득에 효과가 있기를 바라며 그와 눈을 마주쳤다.

"미안한데, 내키지 않는군요. 유감이지만 그 생각을 지원할 순 없어요. ADL이 그 책을 내야 할 이유를 찾지 못하겠어요. 미안합니다."

몇 분 후 나는 본부 건물과 경영 컨설팅 부문을 연결하는 공중 통로를 건너 내 사무실로 돌아가고 있었다. 통로 벽은 페인트칠한 콘크리트 블록으로 되어 있어서 근처에 있는 매사추세츠 공과대학의 실험실 느낌이 났다.

"안녕하세요, 유로그UROG의 선구자 아니십니까!"

반대 방향에서 통로를 건너오고 있는 사람은 몸값이 비싼 부사장 중 한 명이었다. 그는 만날 때마다 웃었지만, 한편으로는 나를 항상 농담거리로 취급하는 듯했다. 첫 만남 때 그는 동료들을 향해 아무렇지도 않게 이렇게 말했다. "그는 패그fag('동성애자' 외에 '담배'라는 뜻도 있다—옮긴이)에 푹 빠졌답니다." 나는 경악했지만 당황하지 않고 태연하게 대답했다. "사실 저는 담배를 피우지 않습니다. 하지만 담배가 간절하시다면 제가 한 개비 구해드릴 수 있습니다." 그는 히

나는 사이보그가 되기로 했다

죽 웃었다. 나는 내가 일종의 시험을 통과했다고 느꼈다.

"안녕하세요!" 나는 '게임의 암묵적 규칙Unwritten Rules Of the Game'을 '유로그'로 줄여 부르는 악취미를 눈감아주기로 했다. 그는 적어도 나를 개척자라고 불렀고, 그건 칭찬이었다. 나는 계단을 내려가면서, 이제 이단아에서 확실히 한 단계 올라섰다고 생각했다.

복도를 몇 개 더 지나 '사무실'이라고 말하면 농담인 줄 아는 방으로 들어갔다. 그곳은 내가 몇 달 동안만 머물기로 했을 때 배정받은 방으로 수위의 사물함보다 좁고, 주차장이 내려다보이는 작은 창이 하나 있을 뿐이었다. 방의 위치 또한 만인의 농담거리였다. 내가 소속된 부서의 책임자는 새로운 동료들에게 나를 처음 소개할 때 이런 우스갯소리를 했다.

"피터의 라이프스타일을 존중해 화장실 바로 옆에 사무실을 마련하도록 배려했지." 그는 자신의 농담에 스스로 웃으며 나를 돌아보았다. "기뻐했으면 좋겠어요."

게이는 시간만 나면 화장실에서 노닥거린다는 인식이 동료들 사이에 퍼져 있다는 걸 몇 달이 지나서야 알게 되었다. 그래서 당시에는 그저 이렇게 대답했을 뿐이다. "사무실 위치와 관계없이 이곳에 오게 되어 정말 기쁩니다!"

나는 여기저기 움푹 들어간 철제 책상 앞에 앉았다. 나와 책상만으로도 방이 거의 꽉 찼다. 그때 나의 충성스러운 비서 일레인Elaine이 마법처럼 문 앞에 나타났다. 사실 그녀가

인간이 중요한 존재인 것은 규칙을 깨기 때문이다

들어올 만큼의 공간도 없었다. 우아한 구두를 운동화로 갈아 신은 것을 보고 나는 그녀가 퇴근하는 길임을 알았다.

"그래서 어떻게 됐어요?" 팀장 사무실에 불려간 일을 들려주자, 일레인은 비밀 이야기를 하듯 내 쪽으로 몸을 기울였다. 에이콘 파크에서 수십 년 동안 일한 그녀는 1960년대 이후의 모든 소문을 알고 있었다. "놀랄 일도 아니에요. 지난번 회사에서는 '아무리 끝내주는 아이디어도 그의 사무실에만 들어가면 뼈도 못 추린다'는 말이 있었죠. 하지만 피터 씨라면 어떻게든 해낼 수 있을 거예요."

한 시간 후 나는 서류 가방과 회사에서 빌려준 낡은 노트북을 챙겨 사무실을 나왔다. 푹푹 찌는 한여름 무더위에도 아랑곳하지 않고 씩씩하게 지하철역을 향해 걸었다. 그리고 지하철을 타고 주 의회 의사당 근처에서 내려 몇 분 후 우리의 아담한 아파트에 도착했다. 나는 프랜시스에게 그날 있었던 일을 이야기했다. 창밖으로 보이는 미국 도시 풍경은 그곳에 온 지 반년이 지났는데도 여전히 슈퍼맨이 날아갈 것 같은 기대감을 주었다.

"그냥 쓰면 되지!"

"언제?"

"주말에."

나는 그렇게 했다. 끝나지 않을 것 같았던 다섯 번의 긴 주말을 보낸 후, 《게임의 암묵적 규칙The Unwritten Rules of the Game》 원고를 거의 완성했다. 지난 몇 년 동안 했던 연설, 교육 내용, 모호한 아이디어를 모은 것이었다. 어차피 편집자들 손에서 넝마가 될 거라 예상했기에 문장에는 신경 쓰지 않고 평소에 말하듯이 썼다.

출판사에 보내기 전에 사장에게도 원고를 제출했다. 하지만 아무도 원고를 실제로 읽어보지 않았을 거라고 짐작했다. 모두 다른 누군가가 읽었을 거라고 생각하기 때문이다. 사실이야 어떻든 맥그로힐McGraw-Hill 출판사가 1994년 봄 시즌의 주목할 만한 책으로 《게임의 암묵적 규칙》을 출간했을 때, 원래 원고에서 바뀐 부분은 다섯 단어뿐이었다. 그마저도 두 개는 '젠장fuck'이었다.

✳

이단아에서 개척자로 벼락출세를 한 나는 1994년의 어느 시점부턴가 구름 위에 떠 있는 듯한 나날을 보내게 되었다. 언론(그리고 나의 아이디어에 실제로 돈을 쓰려는 기업)이 나를 구루(권위자)로 치켜세우기 시작했기 때문이다. 나는 한 국제 연자 사무국과 계약을 했고, ADL의 정식 파트너가 되었다. 갑자기 나는 화수분 취급을 받았다. 내 저서를 읽어본 적 없는 동료들도 내가 다보스에서 열린 세계경제포럼에서 연설한 후에는 분명히 읽었을 것이다. 그 후 전 세계에 흩어져 있는 ADL 지사(세계 곳곳에 지사가 있었다)가 자기 나라에 와서 강연해달라고 요청했다. 하지만 나는 일정이 모두 차서

인간이 중요한 존재인 것은 규칙을 깨기 때문이다

1995년 6월이 되어야 예약을 잡을 수 있었다. 그것도 내가 가고 싶어야 가는 것이었다.

프랜시스와 나는 이 성공을 축하하기 위해 루이 14세 시대풍의 무도장과 머슬카muscle car(1960년대 후반에서 1970년대까지 미국에서 생산된 대형 스포츠카—옮긴이)를 구입했다. 더 정확히 말하면 1860년대에 지은 브라운스톤 타운하우스에 반해서 거액의 대출을 받아 그 안의 대형 아파트 한 채를 얻은 것이었다. 아파트는 중심가의 보스턴 공원Boston Common에서 가까운, 녹음이 우거진 코먼웰스Commonwealth 대로변에 있었다. 가장 큰 방은 원래 그 집에서 로코코풍의 거대한 무도회장이었고, 프랑스의 한 성에서 가져온 복잡한 조각으로 벽면을 장식했다. 우리가 이렇게 돈을 펑펑 쓴 것은 첫 집에서 창문에 셀로판테이프를 붙이던 때의 기억이 아직도 생생했기 때문인지 모른다.

자동차를 살 때는 훨씬 자제했다. 우리는 어떤 느낌의 자동차를 원하는지 알았지만, 어떤 차를 사야 할지는 알 수 없었다. 나는 미국 자동차 산업에 대해 일가견이 있는 ADL의 수석 컨설턴트를 수소문해 나의 고충을 털어놓았다.

"아, 자네가 말하는 것은 머슬카야!"

그가 알려준 몇 가지 차종을 참고해 우리는 카탈로그를 주문한 후 폰티악 파이어버드를 사기로 결정했다. 프랜시스는 즉시 그레이터보스턴Greater Boston 지구에 있는 대리점에 전화를 걸었다.

"네, 개폐식 지붕이 있는 차로 할게요. 네, 밝은 빨간색으로요. 아뇨, 시운전은 필요 없어요. 아뇨, 그 차를 몰아본 적은 없어요. 사실 본 적이 있는지도 잘 모르겠어요. 네, 카탈로그에서 볼 때는 아주 좋아요. 시동이 걸리기만 하면 돼요."

우리는 자동차 루프를 활짝 열고 한여름 햇빛을 가리기 위해 선글라스를 꼈다. 그리고 경쾌한 엔진 소리를 내며 코먼웰스 애비뉴를 질주했다. 자동 교환 CD 플레이어를 틀자 스피커에서 쩌렁쩌렁한 음악이 흘러나왔다. 우리의 드라이브는 미국 출입국 관리국을 상대로 거둔 사소한 승리를 자축하는 것이기도 했다.

우리가 미국으로 온 뒤로 프랜시스는 내내 입국을 거부당할지도 모른다는 불안에 시달렸다. 나는 회사 일로 왔지만, 프랜시스는 서류상 휴가를 온 것이었다. 미국 법에 따르면, 관리직 전근자의 '혼인관계에 있지 않은 동거인'은 얼마든지 미국을 드나들 수 있다고 되어 있었지만, 프랜시스는 나의 혼인관계에 있지 않은 동거인으로 인정받지 못했다. 불공평한 처사였다. 우리는 이민 전문 변호사를 선임해 출입국 관리국에 항변했고, 결국 혼인관계에 있지 않은 동거인을 정의함에 있어 '성별을 묻지 않는다'고 적힌 공식 확인서를 받아냈다. 이제 프랜시스는 새로 발급된 비자를 당당하게 보여주며 로건 공항을 오갈 수 있었다. 우리의 사례는 법적 선례를 만들었고, 미국 전역의 이민 전문 변호사에게 통보되었다. 이것으로 일은 일단락되었다.

인간이 중요한 존재인 것은 규칙을 깨기 때문이다

멀리 떨어진 나라들 사이에서 나를 초청하기 위한 줄다리기가 벌어지고 있었다. 세계 각지의 ADL 지사들은 암묵적 규칙을 위한 화려한 쇼에 클라이언트(그리고 나)를 서로 유치하기 위해 머리싸움을 펼쳤다(목적지가 마음에 들면 종종 프랜시스도 내 출장에 동행했다). 몇 달이 지나자 이것이 내 일상이 되었다. 신나는 나날이었지만 몹시 피곤했다. 다른 사람들에게 비친 나는 사교적인 일 중독자로 물 만난 고기처럼 일을 즐기고 있는 것처럼 보였다. 하지만 실제로는 며칠이라도 휴가를 내면 음성 메시지나 이메일을 확인한 적이 한 번도 없었다. 나는 열심히 일했지만 그것은 그렇게 하도록 훈련받았기 때문이었다. 내가 받아본 심리학 검사는 모두 내가 내향적이지만 외교적으로 행동하는 방법을 익힌 유형임을 보여주었다. 출장지에서 동료들에게 식사 권유를 받아도 기회만 있으면 일을 핑계로 거절했다. 그리고 호텔 방에 틀어박혀 룸서비스를 시켜놓고 일을 했다.

2년이 지나자 '암묵적 규칙'이 궤도에 오르기 시작했다고 느꼈다. 그런데도 나는 계속 전 세계를 정신없이 돌아다녔다. 8일 만에 세계를 일주했고, 서쪽에서 동쪽으로 움직일 때는 시차로 인한 피로가 더 심해졌다. 그리고 도중에 일곱 번의 연설을 했다. 마지막에는 비행기의 자동 조종 모드처럼 거의 무의식적으로 움직였다. 극동 지역에서의 유일한 기억은 한 기자한테 "피터 스콧-모건입니다"라고 내 소개를 했더니 그 기자가 매우 실망한 표정을 보인 일이다.

"본인은 못 오시나요?"

물론 왔고, 바로 나라고 설명하자 그녀는 웃음을 터뜨렸다.

"오, 뚱뚱하고 더 나이 드신 분인 줄 알았어요."

그 외에는 이국적인 동양의 모든 것이 안개처럼 흐릿했다. 프랜시스가 지적했듯 얻는 것이 하나라도 있었다면 그 대가로 이 정도는 받아들일 수 있었을지도 모른다. 하지만 책 인세와 강연료는 모두 ADL한테로 갔다. 게다가 새로 온 사장은 모든 것을 하나의 틀에 맞추는 경영관을 지니고 있었다. 아무리 생각해도 나는 거기에 맞지 않았다. 솔직히 그가 사장으로 있는 한 맞추고 싶지도 않았다. 언제나 그랬듯 프랜시스는 나의 반란을 전폭 지지했다.

"독립하겠습니다." 나는 사장에게 통보했다.

"절대 버티지 못할 거야, 피터. 자네한테는 무리야. 바깥 세상이 얼마나 추운지 몰라서 그래!"

"잘됐군요!" 나는 더 이상 대화를 지속하고 싶지 않았다. "저는 10대 시절부터 지옥의 불 속에 던져질 거라는 말을 들었는데, 그곳은 춥다니 기분 전환이 되겠군요."

나는 대답을 기다리지도 않고 사장실을 나서 미지의 세계로 발을 내디뎠다.

인간이 중요한 존재인 것은 규칙을 깨기 때문이다

# 다스베이더와 나

Darth and Me

"아일렛Aylett 박사!"

"스콧–모건 박사!"

지금까지 이메일만 주고받던 우리의 첫 화상 통화는 순조로웠다.

"음성 합성에 대해 이야기하기에 박사만 한 사람은 없어요."

내가 좀 오버하는 것 같았지만 사실이 그러했다. 나는 지구상에서 음성 복제 기술을 제공하는 모든 회사를 조사했다. 음성 복제란 컴퓨터가 텍스트를 읽을 때 실제 인물과 똑같이 들리도록 학습시키는 기술이다. 나는 컴퓨터의 목소리가 내가 말하는 것처럼 들리길 원했다. 그 작업을 맡기기에 가장 적합한 회사는 에든버러의 세레프록CereProc(대뇌 처리cerebral processing의 약자로, 창립자들의 생각을 엿볼 수 있는 명칭이다)이라는 결론을 내렸다. 나와 연락이 닿은 상대는 세레프록의 창업자 중 한 명인 매슈 아일렛이었다. 그는 그 회사의 최고 과학 책임자(마치 〈스타트렉〉에 등장하는 USS 엔터프라이즈호에 탑승한 승무원처럼 들리는 직함으로, 내게는 이것이 좋은 징조처럼 보였다)이기도 했다.

나는 세상을 바꾸겠다는 내 목표와 관련된 연구와 기술에 대한 정보를 저인망처럼 샅샅이 훑었다. 몇몇은 (비교적 접근성이 좋은) 미국에 있었고, 몇몇은 (접근성이 좋지 않은) 일본에 있었으며, 몇몇은 (편리하게도) 유럽에 있었고, 몇몇은 (매우 편리하게도) 영국에 있었다. 하지만 어디에 연락을 취하든 명함이 필요했다. 그래서 나는 내가 하려는 일에 대한 짧은 동영상을 제작해서 현재의 상태를 전복시키기 위해 '반란 동맹Rebel Alliance'을 조직하려 한다는 내 계획을 설명했다. 그리고 마침내 소셜 미디어에 데뷔했다. 또한 채널 4 촬영 팀을 이끌고 다닌다는 사실도 공개적으로 이용하기 시작했다. 실제로 이때도 촬영 팀 일부가 스코틀랜드로 건너가 화상 통화 반대편에서 이 모습을 촬영하고 있었다.

"자, 매슈, 당신의 연구에 대해 알려주세요!"

매슈는 그의 회사가 하고 있는 최첨단 연구에 대해 열정적으로 설명했다. 그 모습을 보면서 나는 그의 나이를 나보다 열 살쯤 연상으로 생각했다. 하지만 실제 내 나이를 떠올리며 10~20세 연하로 조정했다. 한편 매슈는 10대를 연상

인간이 중요한 존재인 것은 규칙을 깨기 때문이다

시키는 열정과 패기를 보여주었고, 한 시간이 지나자 나는 그를 굉장히 좋아하게 되었다. 여기에는 나를 위해 최고의 합성 음성을 만들어주겠다는 그의 약속도 얼마간은 영향을 미쳤을 것이다.

몇 주 후 프랜시스와 나는 가파른 언덕 꼭대기에 있는 거대한 녹음실 입구에 도착했다. 이 녹음실은 밭으로 둘러싸인 전원주택 부지 끝에 있었다. 촬영 팀은 벌써 와서 자리를 잡고 있었다. 새로 장만한 WAV에 부착된 리프트를 이용해 내가 차에서 내리는 장면을 촬영한 다음, 우리는 함께 건물 안으로 들어가서 사운드 엔지니어 오언Owen을 만났다. 오언은 프로였을 뿐 아니라 배려에도 능했다.

첫 세션은 다섯 시간에 걸쳐 진행되었고, 우리는 많은 것을 녹음했다. 세레프록에서 받은 목록에는 우리가 녹음할 수천 개의 문구가 나열되어 있었다. 여기엔 앞으로 내가 말을 할 때 필요한 모든 소리의 조합이 포함되었다. 그 목록은 위성항법 장치 같은 상업용 시스템에 이용하는 종류와 같은 것이었다. 여기에 덧붙여 내가 자주 사용할 것 같은 문구도 녹음하라는 지시를 받았다. 하지만 이 때문에 녹음이 늦어졌다.

"제 고향 사투리로 그런 경우에 쓰는 적절한 말은……." 나는 다양한 선택지를 열거했다. "쩔쩔매다, 허둥대다." 내 어휘는 점점 부정적으로 흘러갔다. "산통 깨지다." 마지막으로 "엉망진창"까지.

"죄송해요, 잡음이 들어갔어요. 다시 할 수 있을까요?" 카메라 뒤에서 누군가 간청했다.

"이쪽은 문제가 없었어요." 오언이 반박했다.

"저였어요!" 프로듀서이자 감독인 맷Matt이 미안한 어투로 말했다. "갑자기 웃음이 나와서……"

런던 외곽에 있는 파인우드 스튜디오 Pinewood Studio는 〈스타워즈〉와 제임스 본드 시리즈를 촬영한 영화 스튜디오였다. 이곳에서 채널 4 촬영 팀이 프랜시스와 내가 골드핑거 애비뉴(영화 〈007 골드핑거〉에서 자동차 추격 장면을 촬영한 장소—옮긴이)를 달리는 모습을 촬영했다. 이 스튜디오에 온 것은 미래에 대비해 내 얼굴을 초고해상도 아바타로 만들기 위해서였다.

어맨다Amanda(파인우드 스튜디오에 있는 수많은 회사 중 한 곳인 옵티마이즈Optimize3D의 디렉터)라는 이름의 멋진 여성이 기다리고 있었다. 그녀는 나의 아바타를 만들기 위해 필요한 전문 기술을 가지고 있는 몇 개의 기업들을 모아주려고 최선을 다했다. 그 기업들의 기술을 결집하면 레아Leia 공주를 연기한 배우 캐리 피셔Carrie Fisher가 사망한 후 창조한 CG에 필적하는 품질의 아바타를 만들어내는 것도 가능하다고 했다(실제로 영화 속에서는 사용하지 않았다—옮긴이). 나는 아직은

인간이 중요한 존재인 것은 규칙을 깨기 때문이다

죽을 생각이 없었지만 내 얼굴 근육은 서서히 죽어가고 있었다.

파인우드 스튜디오에는 모션 캡처를 위한 거대한 무대가 있었다. 천장이 높고 조명이 휘황찬란했으며 무대는 이상하게 텅 비어 있었다. 대체로 영화의 완성된 장면에서 필요한 요소는 컴퓨터로 추가된다. 심지어는 배우들조차 컴퓨터에서 외계인이나 동물, 또는 외계 동물로 변신한다. 모션 캡처 무대에서 카메라가 포착하는 것은 사람의 움직임뿐이다. 내 경우 중요한 것은 얼굴뿐이라서 카메라가 얼굴을 향해 고정되어 있었다. 그 카메라가 내 얼굴에 그려진 총 30개 정도의 점을 촬영할 예정이었다.

얼굴에 이 '최첨단 주근깨'를 찍는 데는 거의 한 시간이 걸렸다. 그 일을 담당한 덩치 큰 남자는 믿을 만한 소식통에 따르면 유명인의 얼굴에 점을 찍는 세계적 전문가였다. 그리고 당연히 이 다소 신기한 기술로 큰 돈을 벌었다. 그는 막스 팩터Max Factor에서 만든 특수 마스카라를 사용했다. 그의 주장에 따르면 사람의 몸에 점을 찍는 데는 이보다 좋은 재료가 없었다. 컴퓨터 화면에는 필요한 점의 위치를 표시한 그림이 떠 있었다. 그는 화면을 확인해가며 마스카라 용기에 붓을 적셔 내 얼굴에 손을 가까이 갖다 대고 매우 조심스럽게 점을 찍었다. 이 절차를 30번쯤 반복했다.

그 후 나는 인류가 짓는다고 알려진 모든 표정을 연기하고, 컴퓨터 화면에 표시된 무수한 문구를 말하고, 어딘가에

나는 사이보그가 되기로 했다

서 들려오는 감독의 지시에 따랐다. 작업을 모두 마치자 내 얼굴에 공들여 한 메이크업을 능숙하게 닦아냈다. 나는 다른 스튜디오의 사진 촬영 부스로 이동했다.

그날 내가 촬영한 것은 여권용 사진의 결정판이라 할 만한 것이었다. 촬영 부스에서는 50대가 넘는 고해상도 카메라가 나를 빙 둘러쌌다. 표정 전문가가 부스 안으로 슬며시 들어와 어떻게 표정을 지어야 하는지 설명한 후 다시 슬며시 나갔다. 스튜디오 안의 조명이 모두 꺼졌고, 카운트다운 후 무영등의 눈부신 불빛이 나를 비추었다. 그 바람에 나는 몇 초 동안 앞이 보이지 않았다. 그러고 나서 같은 과정을 처음부터 반복했고, 이것을 약 30번 정도 계속했다.

이렇게 해서 내 얼굴의 움직임과 개성을 보존할 수 있었다. 말로 표현할 수 없을 만큼 안도감을 느꼈다. 이 순간은 파인우드 스튜디오에서 체험한 일 중 두 번째로 인상 깊게 남았다. 처음에는 그것이 최고의 순간인 줄 알았는데, 더 인상 깊은 일이 있었다. 영광의 1등은 다스베이더의 반짝이는 검은 헬멧을 팔에 안은 순간이 차지했다. 〈스타워즈: 제국의 역습〉에서 배우 데이비드 프라우즈David Prowse가 실제로 썼던 것을 감독 중 한 명이 자신의 사무실에 장식해둔 것이다. 실물은 아주 거대했다.

인간이 중요한 존재인 것은 규칙을 깨기 때문이다

임피리얼 칼리지 캠퍼스로 차를 타고 들어가자 말 그대로 우뚝 솟은 퀸스 타워Queen's Tower 모습이 눈에 들어왔다. 나는 가슴을 찌르는 듯한 아픔을 느꼈다. 놓쳐버린 기회, 펼치지 못한 커리어에 대한 상실감이었다. 나는 학문의 세계를 사랑했다. 다른 우주에서였다면 나는 내 지적 능력을 돈으로 바꾸기 위해 컨설팅 회사에 취직해서 세계를 돌아다니지 않았을 것이다. 그 대신 임피리얼 칼리지에 머물며 로봇공학 교수가 되고, 종신 재직권을 얻어 논문을 발표하고, 연구자로서 명성을 쌓으며 진짜 과학자가 되었을 것이다.

"모교에 돌아온 소감이 어떠세요?"

맷이 언제나 그랬듯 얼굴 대부분을 카메라 뷰파인더로 가린 채 물었다. 상황 설정 숏을 위한 질문이 분명했다. 나는 성실하게 카메라의 측면으로 눈을 돌리고(맷은 카메라 시선을 싫어했다) 내 진심을 말했다.

"이곳에 온 건 30년 만이에요. 다시 돌아와 기뻐요!"

요즘은 캠퍼스 전역에 로봇공학 연구실이 들어서 있었는데, 나는 그중 두 곳을 방문하기로 했다. 처음 방문한 연구실에서는 로봇 팔에 내 오른팔을 고정해 그 상태로 가동하는 실험을 했다. 이런 실험을 개인적으로 시도하는 것은 금지되어 있었다. 사실은 안전 규정상 공장에서도 시도하면 안 되었다. 그러나 대학 연구실에서는 괜찮았다.

찍찍이로 로봇 팔에 내 팔을 단단히 고정하자 마치 고문이라도 당할 것 같은 기분이 들었다. 아니면 처형을 기다리는 심정이랄까. 대학원생 두 명이 매우 강해 보이는 다관절 팔에 내 팔을 묶는 동안 나는 그들에게 미소를 지어 보였다. 무의식적으로 그들의 비위를 맞추고 싶었던 것 같다. 그들도 내게 미소를 지었다. 그러고 나서 아직 구속이 부족하다는 듯 내 손에 긴 장갑을 끼웠다.

"우리 말고 다른 사람에게 실험하는 건 이번이 처음이에요." 그들 중 한 명이 설명했다.

"위험한 일은 그렇게 쉽게 일어나지 않아요." 다른 한 명이 나를 안심시키듯 덧붙였다.

그 실험은 영리하게 설계되어 있었다. 내가 앞에 놓인 테이블을 보면 카메라가 내 시선을 추적했다. 나는 테이블 위에 놓인 오렌지들 중 아무거나 하나를 본다. 그러면 컴퓨터가 내 시선이 향하는 곳을 알아내 내 팔에 묶인 로봇 팔을 움직인다. 팔이 오렌지 위에 이르면 장갑을 작동시켜 오렌지를 잡는다. 그런 다음 나는 테이블 위에 놓인 사발들 중 하나로 시선을 옮긴다. 그러면 로봇 팔이 내 팔을 그 사발 위로 이동시키고, 장갑의 손가락이 열리면서 오렌지를 사발에 떨어뜨린다. 여기서 잘못될 일이 뭐가 있을까?

우선 내 팔이 로봇 팔에서 빠져나올 수 있다. 로봇 팔이 내 팔보다 약간 길다는 것을 알았을 때 이 가능성이 가장 먼저 떠올랐다. 대학원생들은 이런 일이 생길 경우 로봇 작동

인간이 중요한 존재인 것은 규칙을 깨기 때문이다

을 즉시 중단시키겠다고 약속했다. 그래도 한 학생이 만일을 위해 컴퓨터 프로그램을 미세하게 조정했다. 그로부터 한 시간 동안 적어도 열 차례의 시행착오를 거듭한 끝에 기적적으로 실험에 성공했다. 어쨌든 오렌지를 사발에 떨어뜨릴 수 있었다. 나는 팔이 심하게 아팠지만 우리 모두는 승리감을 느꼈다.

부상에도 불구하고 나는 꼭 해보고 싶은 실험이 있었다. 로봇 팔을 다시 설정한 후 팔을 뻗어 프랜시스의 손을 잡아보고 싶었다. 실험은 성공적이었고, 나는 석 달 만에 처음으로 프랜시스를 만질 수 있었다. 프랜시스에게 닿은 순간, 나는 스스로 팔을 뻗어 사랑하는 사람을 만질 수 있다는 게 얼마나 큰 의미인지 실감했다.

두 번째로 찾은 연구실에서는 자율주행 자동차와 거의 똑같은 기술을 사용한 로봇 휠체어를 타볼 수 있었다. 맷은 꽤 멋진 장면을 찍을 수 있을 거라며 잔뜩 기대했다. 그렇다 해도 이 로봇은 시제품이었다. 따라서 발생할 위험에 대한 책임은 나에게 있다는 가벼운 경고를 들었을 때 일이 뜻대로 되지 않을 수도 있음을 예측했어야 했다.

"장애인이 타는 것은 이번이 처음입니다." 교수가 열띤 목소리로 말했다.

"대개는 얌전하게 행동합니다." 그 교수의 지도를 받는 대학원생이 한마디 거들었다.

로봇 휠체어의 동작은 몸을 떠는 병을 앓고 있는 노인처럼 어색했고 간혹 갈 곳을 잃어버리기도 했지만 대체로 잘 작동했다. 목적지를 장막으로 가려놓아도 영리하게 잘 피해 갔다. 카메라를 잡은 맷은 드디어 결정적 장면을 찍을 수 있으리라는 기대에 들떴을 것이다. 그러나 바로 그때 로봇을 움직이는 컴퓨터 프로그램에 혼선이 생겼다. 문제는 프로그램에 혼선이 생기면 검색 모드로 들어간다는 것이었다. 그리고 검색 모드로 들어가면 휠체어는 계속해서 회전한다. 그것도 고속으로. 물론 안에 나를 태운 채로 말이다.

좋은 소식은 죽음의 폭주를 멈출 수 있는 강제 정지 버튼이 로봇에 장착되어 있다는 것이었다. 나쁜 소식은 그 버튼이 휠체어 오른쪽에 있고, 그 무렵 내 오른손은 완전히 마비된 상태였다는 것이다.

회전하는 와중이라 내 얼굴이 제대로 보이지 않았을 텐데도, 마음씨 착한 대학원생이 내가 곤경에 빠졌다는 사실을 알아채고 대신 버튼을 누르려 했다. 하지만 내가 빠른 속도로 회전하고 있어 학생은 버튼을 놓쳤다. 유감스럽게도 로봇 휠체어가 그새를 놓치지 않고 그의 몸을 쳤다. 자신이 프로그래밍한 기계가 자신을 친 것에 충격을 받은 학생이 다시 시도할 용기를 내기까지 나는 회전을 계속할 수밖에 없었다. 화가 난 교수의 지시가 점점 과격해졌지만, 지금 돌

인간이 중요한 존재인 것은 규칙을 깨기 때문이다

이켜보면 전혀 도움이 되지 않는 처사였다.

학생은 버튼을 향해 돌진했지만 이번에도 놓치고 말았다. 휠체어가 다시 학생을 치며 2승을 거두었다. 내 시선에는 방이 계속 돌아가는 것처럼 보였다. 사태는 인간과 기계의 궁극적인 전투로 변했고, 나는 두 세력 사이에 끼어 빠르게 회전했다. '죽음의 무도 danse macabre'가 계속되는 가운데 나의 충성스러운 대학원생은 투우사 같은 자세를 취하고 최후의 일격을 가했다. 하지만 또 실패였다. 그는 뒤로 점프해 물러났다가 다시 시도했다. 또 실패. 격려하는 교수의 외침이 점점 높아져갔다. 나는 그 시간이 몇 년처럼 느껴졌다.

결국 어딘가에서 누군가가 어떤 식으로 휠체어의 전원을 끄는 데 성공한 듯했다. 아니면 그저 배터리가 나갔을 뿐인지도 모른다. 어쨌거나 휠체어가 덜컹거리다가 멈추어 섰다. 하지만 내 눈에는 방이 계속해서 빙빙 돌고 있어 구토하지 않고 말할 수 있을 것이라고 확신할 수 있기까지 몇 초가 더 필요했다. 모두가 내게 어땠는지 물었다. 나는 상황을 평가하려고 애썼다. 일종의 우주적 균형인지, 딱한 대학원생은 민망함에 토할 것 같은 얼굴이었고, 반대로 나는 토할 것 같아 민망한 얼굴이었다. 교수는 기분이 썩 좋지 않아 보이는 표정으로 내 평가를 기다렸다.

"아주 재미있었어요! 매우 기대되는 연구예요. 잘했어요!"

# 가속하다

Speeding Up

"이제야 알았어." 나는 프랜시스에게 털어놓았다. 이곳은 푼샬Funchal(포르투갈 마데이라제도의 중심 도시―옮긴이)이었다. 배에서 일찍 내린 우리는 날씨가 더워지기 전에 마데이라제도의 따뜻한 햇살을 느끼며 해안 산책길을 걷고 있었다. 나는 찰리의 조이스틱을 앞쪽으로 끝까지 밀고, 다소 빠르게 걷는 프랜시스의 걸음걸이에 보조를 맞추는 동시에 상쾌한 바람을 얼굴에 느낄 수 있도록 속도를 냈다.

"시원한 느낌을 원하면 연고를 발라도 돼⋯⋯."

푼샬의 널찍한 산책로에는 작은 타일이 깔려 있었다. 아름다워 보였다. 기억을 더듬어보니 그 위를 걷는 것도 좋았다. 그러나 휠체어에 타고 속력을 내니 마치 일제사격을 가하는 기관총 위에 앉아 있는 느낌이었다. 내 목소리도 〈닥

인간이 중요한 존재인 것은 규칙을 깨기 때문이다

터 후〉에 나오는 달렉Dalek족과 스티븐 호킹의 잡종이 내는 소리처럼 들렸다.

"이제야 알았어. 학계에 남았다면 엄청난 실수가 될 뻔했어."

"당연하지!"

"그래도 최근까지 내 마음 한구석에는 그때 반란 같은 건 일으키지 말았어야 했는데, 하는 생각이 늘 있었거든. 임피리얼 칼리지를 선택하지 않고 옥스퍼드의 꿈꾸는 첨탑 아래서 어떻게든 견뎌 대학교수가 되었다면 어땠을까 하는 마음. 적당히 세상과 분리된 상아탑에서 지식의 최전선을 확장하는 데만 전념했으면 어땠을까 하는 그런 생각."

"아직도 윔블던 기질을 못 버렸구나! 넌 기득권의 중심에 소속된 느낌을 아직 잊지 못한 거야. 나는 그런 걸 느껴본 적이 없지만. 넌 그곳을 떠나지 말았어야 했다는 생각이 마음 한쪽에 항상 있었나 봐."

"난 떠난 게 아니라 도망친 거야. 어쨌든 그건 아니야."

"뭐가 아니야?"

"옥스퍼드에 가거나 학계에 남았으면 좋았겠다고 생각하는 건 아니야. 적어도 지금은 아니야. 그 말을 하고 싶었어."

"대학에 남았다면 나를 만나지도 못했을 거야!"

우리는 차들이 바삐 오가는 번잡한 교차로에서 신호등이 바뀌길 기다렸다.

"그것도 아니야. 어디에 있든 널 찾아냈을 거야! 내가 말하고 싶은 건, 내 관심 분야의 연구가 대학에서는 범위가 너무 좁고 진행도 느리다는 것을 몇 달 사이에 통감했다는 점이야. 모든 프로젝트는 실질적으로 한두 명의 대학원생이 3년에 걸쳐 진행하고 있어. 그들은 대개 창의적이지만 동시에 경험이 매우 부족해. 게다가 연구 자금도 부족하고. 세계적인 대기업의 연구소에서 하고 있는 프로젝트와는 비교가 안 돼."

길 건너편에서 사람 모양의 녹색 불빛이 삑 소리를 내며 카운트다운을 시작했다. 나는 산책로에서 도로로 들어서는 비탈을 조심조심 내려가 시간 내에 횡단보도를 건넜다. 우리가 길 반대쪽에 안전하게 도착한 순간 차들이 등 뒤로 쏜살같이 지나가기 시작했다.

"네가 순간 이동을 체험한 연구실들처럼?"

프랜시스가 말하는 곳은 보스턴에 있는 드레이퍼Draper 연구소였다. 맷을 포함한 촬영 팀이 보스턴으로 날아가 취재하는 동안 나는 아늑한 집에서 그 자리에 동석했다(토키의 우리 집에는 제2의 촬영 팀이 와 있었다). 광대역 인터넷에 연결된 텔레프레전스 로봇를 통해 나는 그 연구소에 가 있는 것처럼 사물을 보고 들을 수 있었다. 연구소를 마음대로 돌아다닐 수도 있었다. 심지어는 긴 복도를 이동하며 사람들과 대화를 나눌 수도 있었다. 이 모두가 아주 자연스럽게 느껴졌다.

"그들은 대단했어." 나는 드레이퍼 연구실을 어렸을 때부터 알고 있었다. 인류를 안전하게 달로 보냈다가 데려온 유

인간이 중요한 존재인 것은 규칙을 깨기 때문이다

도 시스템을 개발한 것이 그들이었다. "하지만 그들조차도 인간의 정의를 바꿀 만한 연구는 하고 있지 않아. 그러니까 어떻게 해서든 최고 수준의 대기업과 접촉할 필요가 있어. 세상을 바꾸고 돌파구를 열려면, 모든 것이 현존하는 어떤 것보다 훨씬 빠르고 야심 차야 해. 학계와는 비교도 안 될 정도로 말이야."

우리는 가파른 비탈길을 올라가기 시작했다. 카페 테이블이 꽉 차서 보행자들로 붐비는 가운데 이따금 배달 차량이 지나갔다.

"대기업이 그런 일에 관심을 갖겠어? 무엇보다 그들은 돈을 버는 게 목적인 조직이잖아. 그들에게 무슨 이득이 있을까?"

"그건 나도 몰라. 다만 내가 목소리를 좀 더 크게 내야 한다는 것만은 분명해. 어떤 식으로든 최첨단 기업에 있는 최고의 두뇌들에게 흥미를 불러일으켜 우리의 '반란 동맹'에 합류하게 해야 해. 나는 공식 석상에서의 마지막 연설을 테스트 기회로 삼을 작정이야. 내 메시지가 어떻게 전달되는지, 진지하게 들어주는 사람이 얼마나 되는지 확인해보려고."

"그게 현명한 방법일까? 의학 학회에서 기조연설을 하는 거잖아. 트레이시도 '격조 있게 하라'고 부탁하지 않았나? 그들은 의료 전문가인데, 의료 사회가 얼마나 보수적인지 너도 알잖아. 그들은 AI나 로봇, 아바타 같은 것에 익숙하지 않아. 기술로 너무 깊이 들어가면 외면당할 거야. 반감을 살 수도 있어. 이게 마지막으로 하는 큰 연설이니까 무조건 성공해야지. 청중과 대립할 때가 아니야. 과학 영화 같은 이야기를 하면 웃음거리가 될 뿐이야. 아니면 야유를 받든지."

"그렇다면 더더욱 좋은 테스트 기회가 되겠네."

우리 뒤로 흰색 배달차가 따라붙더니 어느새 바짝 다가왔다. 운전사는 보행자가 압도적으로 많은 길에 휠체어가 있는 게 못마땅했던 것 같다. 아니면 단순히 장애인이 마음에 들지 않았을지도 모른다. 어쨌든 운전사는 엔진 소리를 내며 요란하게 경적을 울렸다. 프랜시스는 도로변의 테이블 사이로 몸을 기울여 배달차가 먼저 지나가게 비켜주었다. 하지만 나는 상황을 고려할 때 그렇게까지 배려해줄 필요가 없다는 생각이 들어서 비키지 않았다. 대신 조이스틱 스위치를 올리고 버튼을 네 번 눌렀다.

퍼모빌에서는 찰리의 사양에 대한 신청서를 받을 때 어느 정도의 속도를 원하느냐고 물었다. 그때 나는 가능한 한 빨랐으면 좋겠다고 대답했다. 찰리가 배달된 날, 최고 속도를 재차 확인한 나는 그 속도는 사유지에서만 사용하라는 주의를 받았다. 왜냐하면 찰리의 최고 속도는 법적 제한 속도의 두 배였기 때문이다. 나는 그것이 마음에 쏙 들었다.

배달차의 진로를 막고 있던 한 무리의 보행자들이 위협적인 경적 소리를 듣고 옆으로 비켜섰다. 나는 지금이 찰리의 최고 속도를 시험해볼 좋은 기회라는 생각이 들었다. 이곳이 사유지일지도 모르고, 어쨌거나 마데이라의 도로교통

인간이 중요한 존재인 것은 규칙을 깨기 때문이다

법이 영국과 똑같을 것 같지는 않았다. 게다가 포장된 도로 표면은 매끈해서 달리기에 좋았다.

나는 경적이 한 번 더 울리기를 기다렸다가 찰리의 조이스틱을 맨 앞으로 힘껏 밀었다. 그 순간 고성능 제어 소프트웨어가 휠체어 바퀴에 최고 속도로 회전하라는 지시를 내렸다. 타이어가 도로를 꽉 붙잡은 채, 찰리는 지옥에서 박쥐가 튀어나올 것 같은 기세로 돌진했다. 나는 투석기의 돌처럼 가속하며 튕겨 나갔다.

흩어진 사람들 사이로 점점 속도를 올리며 빠져나가던 나는 3초간의 급가속 후에도 찰리가 아직 최대 속도에 도달하지 않았다는 사실에 만족했다. 어떻게든 나를 따라잡으려는 습격자의 쉰 목소리가 찰리의 조용한 전동 모터 소리에 덧씌워져 어렴풋이 들려왔다.

하지만 애석하게도 그의 디젤엔진은 그 임무가 벅찼던 것 같다. 설상가상으로, 나는 쉽게 빠져나간 틈새가 그의 차량이 지나가기에는 너무 좁았다. 짜증 난 듯 울려대는 경적과 부릉부릉 하는 엔진 소리가 빠르게 멀어져 갔다. 반면에 이제 자신의 컨디션을 찾은 찰리는 계속 가속하면서 단숨에 언덕을 올라갔다. 정상이 가까워졌을 때 나는 조이스틱에서 손을 뗐다. 그러자 회생 브레이크가 작동해 찰리는 미끄러지지 않고 완벽하게 급정지했다(나는 안전벨트와 가로 지지대 덕분에 무사했다). 이 시험 주행은 성공이었다.

나는 사이보그가 되기로 했다

# 무지개와 망령

Rainbows and Ghosts

우리는 모두 희망의 무지개를 좇고 공포의 망령으로부터 도망치며 살아갑니다.

적어도 저는 그렇게 느낍니다. 왜 그러한지에 대한 나름의 가설도 가지고 있습니다. 제가 보기에 모든 것은 인간이라는 존재의 '암묵적 규칙'으로 귀결됩니다.

제 생각은 이렇습니다. 우리는 모두 무지개를 좇고 망령에서 도망치며 삽니다. 그리고, 그것까지는 좋습니다. 꿈을 추구하고 망령에 사로잡히는 것은 인간을 인간답게 만드는 측면입니다. 하지만 희망과 공포가 인간의 가장 중요한 부분은 아니죠. 중요한 것은 그런 희망과 공포 앞에서 어떻게 행동하느냐입니다. 그것이 인간다움을 정의하고, 나아가 인간이라는 존재의 진정한 의미를 정의합니다.

인간이 중요한 존재인 것은 규칙을 깨기 때문이다

망령과 무지개에 대응할 때 명심해야 할 점이 있습니다. 두려워할 수는 있지만 우리는 우리 생각보다 강해질 수 있다는 겁니다. 불가능한 것을 원할 때 우리가 품고 있는 비밀스러운 소망이 타인에게 상상 이상으로 큰 용기를 줄 수 있다는 겁니다. 그리고 우리는 그저 살아 있는 것에 머물 수도 있지만 번영하는 길을 선택할 수도 있습니다.

때로는 망령에 사로잡히기도 하겠죠. 그럴 때는 망령을 받아들입시다. 그러면 망령은 우리를 위협하고 겁먹게 하는 힘을 잃습니다. 때로는 폭풍우가 무지개를 가리기도 하겠죠. 그럴 때는 등대에 불을 켜고 폭우 속을 비추어 스스로 무지개를 만들어야 합니다.

우리가 무엇보다 명심해야 할 점은 마음속 깊은 곳에서 절망과 공포를 느낄 때 어떻게 행동하느냐 하는 것입니다. 그럴 때는 세상의 규칙을 파괴하고 운명에 맞서십시오. 그렇게 하면 기적처럼 우주의 이치를 바꿀 수 있습니다.

우리 각자는 외딴섬과 같습니다. 그렇게 각자가 섬으로 존재할 때는 그런 대단한 일을 해낼 수 없습니다. 하지만 올바르고 자유로운 사고를 지닌 사람들과 교류하며 점점 세력을 키워가는 반란 동맹에 영향력을 행사함으로써 과거의 굴레에서 벗어나 새로운 운명을 만든다면 우리는 누구나 미래를 다시 쓸 수 있습니다.

적어도 이 지구상에서는 인간만이 그 일을 할 수 있습니다. 진화한 영장류 중에는 문법을 구사하거나 거짓말을 하는 종들이 있습니다. 우울증에 시달리거나, 도구를 사용하거나, 복잡한 학습 능력을 갖고 있거나, 장기적 계획을 세울 수 있는 종들도 있습니다. 하지만 오직 우리 인간만이 일부러 규칙을 깨거나 깨지 않는 선택을 합니다. 그렇기 때문에 다른 어떤 종도 인간을 굴복시킬 수 없는 것입니다.

규칙을 깨는 놀라운 특성은 인간의 어떤 성질보다도 문명 발전의 원동력이었습니다. 그것은 상반된 성질들이 절묘한 균형을 이루고 있는 상태입니다. 바로 이기적인 창조력과 이타적인 억제력, 대담한 실천력과 직관적인 위기 감지력 사이의 균형입니다. 이런 특징이 인류라는 종과 인간 사회의 본질을 결정합니다. 즉, 고의적으로 규칙을 깨뜨리는 행동은 우리를 인간답게 하고, 어떤 규칙을 깨뜨리지 않을 것인지를 함께 선택하는 행위는 우리를 문명인으로 만듭니다.

연설을 시작한 지 벌써 30분이 지나 있었다. 마이크와 음향 기기에도 불구하고 내 목소리는 매우 피곤하게 들렸다. 지금까지 한 번도 없던 일이었다. 나는 큰 공간을 가득 메운 청중을 향해 마이크 없이 몇 시간 동안 떠들어도 전혀 피곤을 느끼지 않는 것을 자랑으로 여겨왔다. 이제 남은 시간은 10분이었다. 이대로 가면 기침 발작을 일으키지 않고 연설을 끝낼 수 있을 것 같았다. 만일의 사태에 대비해 청중의 맨 앞줄에 프랜시스가 물병을 들고 대기했다.

강연장은 사람들로 가득 차 있었다. 사방의 벽에 붙은 포스터는 이것이 의학 학회임을 상기시켜주었다. 강연장에 있는 150명 중 누군가가 여기에 온 목적을 잊기라도 할까 봐 말이다. 지금까지 그들은 훌륭한 청중이었다. 내가 바라는 대목에서 웃었고, 내 병에 대해 잔인할 정도로 솔직하게 말할 때는 심각한 표정을 지었다. 덕분에 나는 미리 준비한 두 가지 결말 중 '플랜 B'를 꺼내도 되겠다는 생각이 들기 시작했다. 위험을 무릅쓸 만한 가치가 있어 보였다.

이날을 대비해 나는 두 가지 결말을 준비해뒀다. 둘 다 전체 문장을 외워둬야 했는데, 강연 2주 전에 내 손이 완전히 마비되어 프롬프트를 사용할 수조차 없게 되었기 때문이다. 어쨌든 이번이 많은 사람 앞에서 연설하는 마지막 기회이니 시도해볼 가치가 있었다. 하지만 청중이 나의 반란 선언에 호응해줄까? 나는 일단 다음 대목을 말한 다음에 판단하기로 했다. 그것은 일전에 프랜시스가 나의 '대담한 아이디어'에 대해 물었을 때 들려준 적이 있는 만족스러운 스토리의 재연이었다. 나는 그것을 일종의 테스트로 삼기로 했다.

"몇 년 후의 제 삶을 한번 상상해보겠습니다. 저는 획기적인 치료법을 기다리는 한편, 예전처럼 걸을 수 있습니다. 풀 덮인 대지를 가로질러 우뚝 솟은 절벽 끝까지 걸어가, 쪽빛 하늘을 나는 이국적인 새들의 지저귐에 귀를 기울입니다. 프랜시스의 손을 잡고 젊은 모습 그대로 은하 저편의 아름답고 낯선 풍경을 바라봅니다. 거기서 우리는 다른 산꼭대기로 사뿐히 날아가 청록색 바다에서 솟아오르는 쌍둥이 태양을 지켜봅니다. 불가능할 정도로 완벽한 해돋이 장면을. 그 순간⋯⋯." 나는 한 박자를 쉬었다. 이건 테스트였다. "우리는 자유로울 것입니다."

이제 청중은 그저 열심히 듣고만 있는 것이 아니었다. 나는 깡마른 팔을 휘저을 수는 없었지만 열과 성을 다해 연설했다. 그러나 내 목소리는 늙은이처럼 힘없고 숨이 찼다. 그럼에도 청중은 나의 한마디 한마디에 귀를 기울이고 있었다. 몇몇 사람은 입을 벌린 채로 들었다. 많은 사람의 눈에 눈물이 고였다. 미소를 짓는 사람들도 있었다. 일부는 미소 짓는 동시에 눈물을 흘렸다. 청중은 테스트를 통과한 것이다. 이들이라면 '두 번째 결말'을 받아들일 수 있을 것이다. 나는 천천히 엔딩에 다가갔다.

"그렇게 생각하면 제 미래는 생각만큼 나쁘지 않을지도 모릅니다."

이제 클라이맥스가 시작될 시간이었다.

"그런 이미지를 바탕으로 이제 슬슬 매듭을 지을 때가 왔습니다. 여러분도 알다시피 제 호흡이 가빠지고 있기 때문입니다."

사실이 그랬다.

"그래서 마지막으로, 제가 예견하는 가장 중요한 미래의 모습을 이야기해보려고 합니다. 제가 처음으로 많은 사람

인간이 중요한 존재인 것은 규칙을 깨기 때문이다

앞에서 연설한 것은 대학원생이던 1983년이었습니다. 시카고에서 열린 로봇공학 심포지엄에서 1,000명에 이르는 대의원들 앞에서 연설을 했죠. 당시 저는 놀랍도록 낙관적이었습니다. 진정으로 설레는 미래가 저를 손짓해 부르고 있는 느낌이었습니다. 그 감각을 지금도 또렷하게 기억합니다. 저는 어떤 운명이 닥치더라도 우리가 미래를 다시 쓰고 세상을 바꿀 수 있다고 확신했습니다. 우리가 충분히 영리하고 용감하기만 하다면, 그리고 우리가 가진 최고의 기술을 잘 다룰 수만 있다면 말입니다. 저는 자신만만했습니다."

나는 당시의 일이 마치 작년처럼 생생히 기억났다. 청중은 오늘보다 훨씬 더 많았고, 지금과는 다른 세상에 살 때였다.

"그로부터 35년이 흐른 지금 저는 마지막 연설을 마치려고 합니다. 적어도 사람들 앞에서 제 목소리로 말하는 것은 이게 마지막입니다. 할리우드 영화라면 관객을 울리는 장면일 것입니다. 애초에 시나리오는 정해져 있습니다. 가엾게도, '결코 지지 않는' 피터도 결국 병 앞에 무릎을 꿇고 마는 거죠. 그는 지금까지 해왔던 모든 것을 빼앗기게 되는 피해자입니다. 다시는 자기 목소리로 말할 수 없고, 다시는 감정과 개성을 표현할 수 없고, 다시는 손을 뻗어 사랑하는 사람들을 만질 수 없으며, 다시는 일어설 수 없습니다."

이 지점에 이르러서야 비로소 내 연설은 현실감을 띠었다. 청중은 따귀를 얻어맞은 것 같은 얼굴을 했다.

좋은 징조였다.

"이것이 바로 우리 모두가 그동안 습관적으로 받아들인 이미지입니다. 우리는 그것을 아무런 의심 없이 당연하게 받아들였습니다. 운동신경 질환으로 진단받는 것은 과거 모든 시대 사람들에게 아주 어두운 곳으로 끌려가는 것과 다름없었습니다."

죽음과 같은 정적이 흘렀다. 나는 그 상태에서 마음속으로 5초를 세었다. 고통스러운 시간이었다.

"그렇지만……."

나는 또다시 말을 끊었다. 그런 뒤 내가 낼 수 있는 가장 힘차고 즐거운 목소리로 말을 이어갔다.

"그렇지만 우리는 새로운 시대의 사람들입니다. 새로운 새벽이 밝았습니다. 저는 과거의 그때처럼 설레는 미래가 저를 향해 손짓하고 있는 것을 느낍니다. 그리고 지금도 확신하고 있습니다. 우리가 충분히 영리하고 용감하다면, 우리가 최고의 기술을 잘 사용한다면, 우리 앞에 어떤 운명이 닥쳐도……."

나는 청중이 지금 하는 말을 내가 처한 상황과 연결할 수 있도록 잠시 뜸을 들였다.

"우리는 미래를 다시 쓰고 세상을 바꿀 수 있다고."

그다음 이야기는 사실 프랜시스 앞에서는 하고 싶지 않았다. 하지만 이 자리에 오기 전 프랜시스에게 요점을 얘기하니 해보라고 말해주었다. 나는 청중에게 감상적이지 않은 진실을 알릴 필요가 있었다.

인간이 중요한 존재인 것은 규칙을 깨기 때문이다

"지금부터 1년 안에 저는 기관절개 수술을 받게 됩니다. 그날이 제가 제 목소리로 말할 수 있는 마지막 날이 될 겁니다. 그리고 몇 년 안에 저는, 뇌는 멀쩡히 작동하는 채로 몸만 완전히 마비될 것입니다. 물론 이것은 저 자신이 선택한 미래가 아닙니다. 특히 사랑하는 배우자를 생각하면 어떻게든 피하고 싶었던 미래입니다."

청중 가운데 감정이입을 잘하는 이들은 이미 괴로워하기 시작했다. 하지만 청중 모두가 고통을 느끼도록 할 필요가 있었다.

"하지만 저는 현실을 외면한 채 그런 미래가 오지 않을 것처럼 행동할 생각은 없습니다. 뒤를 돌아보며 다시는 할 수 없는 일들에 연연하지도 않을 겁니다. 무엇보다 미래를 두려워하는 짓 따위는 절대로 하지 않을 것입니다! 생각해보십시오. 결국 MND라는 병은 폭력배와 같습니다. 우리를 위협해 공포를 심는 것이 놈들의 수법입니다. MND는 늘 해왔던 그 지겨운 협박을 끄집어냅니다. '감히 살아남을 생각을 한다면, 끝나지 않는 고문을 견디며 궁극의 구속복에 영원히 갇히게 될 것이다'라고 말입니다."

그다음 한마디는 마치 사형수가 형장으로 끌려갈 때 울리는 느릿한 북소리 같았다.

"궁극의 구속복이란 바로 저 자신의 산송장입니다."

내 목적은 형 집행정지를 선언하기 전에 먼저 청중이 고통을 느끼도록 하는 것이었다. 몇 초 정도 청중을 고통스러운 상태로 두어야 했다. 그다음에 나는 내가 만들어낸 이 터무니없는 망상을 파괴했다.

"정말요? 21세기에? 이런 첨단 기술이 있는데도? 죄송하지만 우리는 피 튀기는 공포영화 속 배우들이 아닙니다."

청중은 속았음을 깨닫고 안도의 한숨을 내쉬었다. 그들은 내가 마무리 발언을 시작한 후 처음으로 웃었다. 무슨 말인지 알겠다는 듯한 환한 웃음이었다.

"이번만큼은 MND가 상대를 잘못 고른 것 같습니다."

웃음소리는 더 길고 높게 이어졌다. 환호하는 사람도 있었다.

"저는 폭력배는 상대하지 않습니다."

웃음소리가 그치지 않는 가운데 나는 연설을 이어갔다. 바야흐로 강당은 웃음바다가 되었다. 나는 잠시 기다렸다가 다시 치고 들어갔다.

"저는 진부하고 감상적이고 고리타분한 겁주기 전략에 넘어갈 마음이 없습니다. 그런 협박은 아무도 없는 곳에 홀로 갇히는 것에 대한 원초적 두려움에 호소하는 것일 뿐입니다."

강당 안이 다시 조용해졌지만 이제는 모두가 미소를 띠고 있었다. 나는 런던탑에서 보석을 훔쳐내는 방법을 설명하듯 장난기 어린 말투로 이야기를 계속했다.

"저는 제 몸에 갇히는 것을 받아들이려고 합니다. 대신 백악관 뺨칠 정도의 첨단 기술로 무장할 생각입니다. 그다음

인간이 중요한 존재인 것은 규칙을 깨기 때문이다

에도 방어 무기를 계속 추가해나갈 작정입니다. 여러분은 지금 피터 2.0의 프로토타입을 보고 계십니다. 머지않아 저는 마이크로소프트도 깜짝 놀랄 정도로 업그레이드를 거듭할 것입니다."

갈수록 웃음소리가 커졌다.

"저는 죽는 게 아닙니다. 변신하는 거죠."

환호가 터져 나왔다.

"단기적으로는 증세가 악화되겠죠. 하지만 기관절개 수술을 받고 나면 삶의 질이 꾸준히 향상될 것입니다. 그런 다음에는 향상에 가속도가 붙을 것입니다."

청중은 피날레를 기다리고 있었다.

"이것은 여러분이 이제껏 보지 못한 형태의 불치병입니다. 어디 한번 덤벼보라지요! 저는 무릎을 꿇을 생각이 없습니다. 그 증거를 하나 보여드리죠. 왜 몸 안에 갇힌 뒤에도 제가 당당하게 설 수 있는지."

나는 말을 멈추고 의기양양하게 강연장을 둘러보았다. 그 순간 강연장 안에 내 목소리가 다시 울려 퍼졌다. 그 목소리는 합성된 것이었지만 명료하고 강하고 젊었다. 하지만 내 입술은 굳게 다물어져 있었다. 그리고 찰리가 나를 태운 채로 마치 의자에서 일어서는 사람처럼 펼쳐지기 시작했다.

"간단합니다. 첨단 기술 덕분에 저는 다시 말을 할 수 있는 겁니다. 감정과 개성을 표현할 수도 있습니다. 손을 뻗어 사랑하는 사람들을 만질 수도 있습니다. 그리고 이렇게 하는 것이 저 하나로 끝나지는 않을 것입니다. 시간이 흐를수록 더 많은 사람이 저와 함께 싸울 것입니다."

점점 더 많은 청중이 찰리가 완전한 기립 자세로 일어서고 있는 것을 알아차리기 시작했다. 그들의 얼굴에 웃음이 번졌다.

"우리는 모두 당당하고 의기양양하게 일어설 것입니다. 우리는 무릎을 꿇지 않을 것입니다. 한 해 또 한 해, 그리고 몇십 년이 지나도 계속 일어설 것입니다. 우리는 그저 '생명을 부지하는' 삶을 거부하기 때문입니다."

이제 찰리는 완전한 기립 자세가 되었다. 나는 조이스틱을 앞으로 밀고 맨 앞줄이 내려다보이는 곳까지 전진했다.

"우리는 번영하는 길을 선택할 것입니다!"

이때 예상하지 못했던 일이 일어났다. 나는 인생에서 처음으로 기립 박수를 받고 있었다.

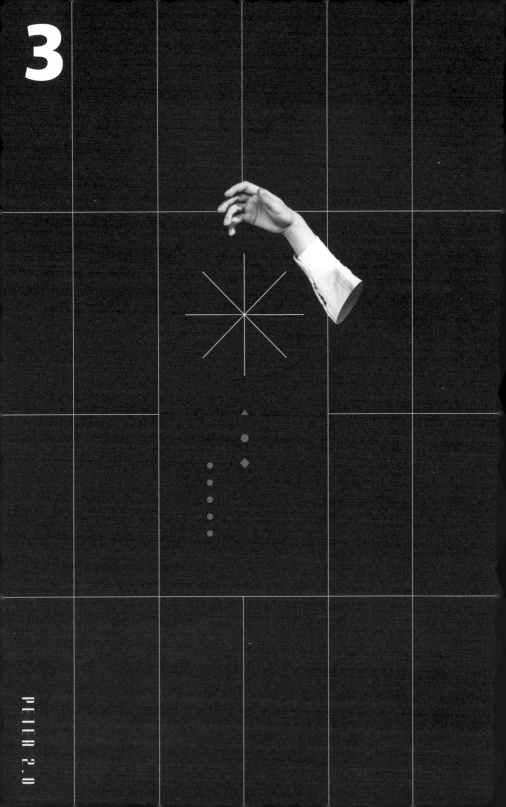

3

# 사랑은
# 최종적으로
# 모든 것을 이긴다

# 황홀한 순간

All Time High

학창 시절 기성세력에 반기를 들고 뛰쳐나와 자발적으로 영구적 망명을 택한 지 30년 10개월 후, 마침내 나는 집단 속으로 들어오라는 초청장을 받았다. 그리고 이와 관련된 일로 몹시 긴장하고 있었다. 나로서는 한 번도 생각해본 적 없는 청혼이란 걸 할 수 있게 되었으니까.

9개월 후면 법이 바뀐다. 영국 역사상 처음으로 두 남성 또는 두 여성이 결혼한 남녀와 동일한 권리를 갖는 '시민 동반자civil partner'로 등록할 수 있다. 이는 거대한 이정표였다. 상징적 의미는 두말할 나위도 없고, 실질적 이점도 많았다. 연금 지급, 병원 이용, 증여세를 내지 않고 상대방에게 재산을 남길 수 있는 자격 등을 인정받을 수 있기 때문이다.

무엇보다 이 일이 마중물이 되어 언젠가는 동성 커플도

이성 커플과 호칭상의 차이조차 없는 완전하게 동등한 혼인 관계로 인정받을 거라는 예감이 들었다. 그때 이 길고 지루한 전투가 비로소 끝날 것이다. 나는 프랜시스와 함께 그 큰 파도에 올라타고 싶었다. 그래서 프랜시스에게 청혼하기로 마음을 먹자 엄청나게 긴장되기 시작했다.

프랜시스가 거절하면 어쩌지?

그날은 내 우주가 바뀐 날의 26주년 기념일이었다. 25주년 기념일에는 둘이서 나일강 크루즈 여행을 떠나 고대 이집트 유적을 모조리 둘러보았다. 하지만 이번에는 토키 외곽의 벼랑 꼭대기에 있는 집에서 그냥 휴식을 취하기로 했다. 나는 이벤트 팀(프랜시스는 너무 추워서 동행하지 않았다)과 함께 이탈리아의 루가노<sup>Lugano</sup> 호수 주변을 여행하고 막 돌아온 터였기 때문이다. 이 여행의 목적은 1년에 한 번 치르는 경영인 친목회의 장소를 답사하는 것이었다. 작년 가을에는 베네치아에서 모임을 가졌다. 그곳에서 우리는 10척의 곤돌라 함대를 조직해 운하를 둘러보았고(그 결과 산타 마리아 델라 살루테<sup>Santa Maria della Salute</sup> 성당 주변의 수상 교통을 마비시키고 말았지만), 대운하가 내려다보이는 궁전에서 만찬을 나누며 현대 '카스트라토<sup>castrato</sup>'(남성 거세 가수—옮긴이)의 노래를 감상했다. 이번은 어떤 식으로든 그보다 나은 이벤트여야 했다. 하지만 그것보다 중요한 일은 프랜시스가 내 청혼을 받아들이는 것이었다.

나는 식탁에 샴페인 잔을 내려놓고 가만히 일어섰다. 고

즈넉이 흐르던 곡이 끝났을 때 미리 골라둔 음악을 틀었다. 기악 편성으로 느리게 편곡한 〈황홀한 순간 All Time High〉이었다. 원곡은 〈007〉 영화의 주제가로, 가사에는 "우리는 과거의 모든 것을 바꿀 거예요. 사랑에 빠지는 것보다 훨씬 대단한 일을 할 거예요. ……우리는 세상에 도전해 승리할 거예요"라는 내용이 담겨 있었다. 이 순간의 우리에게 이보다 더 잘 어울리는 낭만적인 주제가는 상상할 수 없었다. 내가 생각해도 최고의 선곡이었다. 나는 주머니에서 금반지를 꺼냈다. 마법사 라하일란이 기사 아발론에게 청혼할 때 선물한 '아볼리의 금 Avolean gold'으로 만든 반지를 본떠 제작한 것이다. 반지 안쪽에는 'All Time High'라고 새겼다.

다음에 뭘 해야 할지는 내 머릿속에 완벽하게 그려져 있었다. 10대 내내 그 장면을 반복적으로 상상했다. 라하일란은 아발론 앞에 한쪽 무릎을 꿇고 이렇게 말한다.

"나와 결혼해줄래?"

프랜시스는 아무 말도 하지 않았다. 한참을 그렇게 있었다. 아니면 단지 내가 한참이라고 느꼈을 뿐일지도 모르지만. 프랜시스는 약간 당황하는 듯했다. 그러고 나서 반지를 보았다. 그의 눈에 눈물이 맺혔다. 곧이어 프랜시스는 이렇게 말했다.

"좋아!" 그는 좀처럼 말을 잇지 못했다. "꼭!"

우리 둘 다 결혼식을 거창하게 치를 생각이 없었다. 당시 우리는 이미 27년 가까이 부부로 살아왔기 때문에 친구나 가족에게는 우리의 결혼이 새삼스러운 뉴스거리도 아니었다. 게다가 법이 발효되는 날은 2005년 12월 21일인데(등기소에 자리가 남아 있는 한 우리는 법이 허락하는 첫날 혼인신고를 하기로 했다), 그 무렵은 분명 날씨가 좋지 않을 것이고, 모두가 크리스마스 준비로 들떠 있을 터였다. 우리는 증인 한 명과 함께 등기소로 달려가 서류에 서명하고, 몇 분 후 집에 돌아와 차 한 잔을 마실 계획이었다.

그런데 어느 날 지역 방송사의 저녁 뉴스에서 한 성직자가 '시민 동반자 관계'를 조롱하는 듯한 발언을 하는 것을 들었다. 뉴스를 보고 있던 프랜시스는 그 성직자의 말에 똑같이 코웃음을 쳐주었다. 이 순간까지만 해도 조촐한 결혼식을 치르겠다는 우리의 계획은 바뀌지 않았다. 하지만 이번에는 또 다른 성직자들이 전국 방송사에 나와 떠들어댔다. 그런 꺼림칙한 관계를 합법화하는 것은 고사하고, 동성애 관계를 이성애 관계와 같은 것으로 간주한다는 발상 자체가 말이 안 된다며 맹렬하게 공격했다.

"우리를 공격하는 기득권의 마지막 보루는 교회인 것 같아."

프랜시스가 전날 밤 내게 했던 말을 우리 두 사람의 친구인 비니에게 똑같이 되풀이했다.

사랑은 최종적으로 모든 것을 이긴다

"네가 저들의 말뜻을 오해하고 있다고 생각하진 않아? 나를 봐. 그 여자가 나를 좋아한다고 완전히 오해했잖아."

"접근금지 명령을 당하지 않은 걸 다행으로 알아!"

"너무해! 만날 때마다 나를 보고 웃으면서 내게 말을 걸었단 말이야. 오해할 수밖에 없었다고."

"넌 진찰실에 있는 환자였잖아. 그녀는 치과 의사였고."

"아무리 그래도 말이지……."

당시는 우리가 비니와 알고 지낸 지 몇 년 되었을 때였다. 그동안 비니는 점점 길고양이처럼 행동했다. 불쑥 나타나 차를 마시고, 대개는 그대로 우리 집 소파에서 잠을 잤다. 그러고 나서 자신이 내킬 때 일어나 떠났다. 그는 혼자만의 섬이었다. 한번은 자신의 꿈이 남몰래 로봇이 되어 다트무어 습지 한가운데서 혼자 사는 것이라고 말한 적이 있는데, 이 말이 그의 성격을 단적으로 보여준다. 그가 가장 좋아하는 음악은, 우리 귀에는 내장을 파 먹히는 하이에나가 내는 단말마처럼 들렸다.

"문제는 말이야, 비니." 내가 말을 꺼냈다. "교회는 2,000년에 걸쳐 동성애자를 박해해왔다는 거야. 오랫동안 몸에 밴 습관을 이제 와서 어떻게 멈추겠어? 그런데 최근 들어 놈들은 막 다른 길에 내몰린 것처럼 느끼고 있어. 이제 와서 자신들의 영향력이 줄어들까봐 불안해졌지. 그래서 그들이 위험한 거야."

지난 몇 달에 걸쳐 법 개정과 관련한 논의를 죽 지켜본 나는 교회의 수작이 영 못마땅했다. 마치 교회가 정부를 협박하려는 것처럼 보였다. 나는 내가 받은 인상을 설명해보기로 했다.

"교회는 전략적으로 움직이고 있어. 어떻게든 시민 동반자 관계에 대한 대중의 항의를 불러일으키려고 필사적이지. 지금 그것을 막지 못하면 동등한 결혼으로 이어질 게 뻔하니까. 일부 교회가 프랜시스와 나 같은 사람들한테 비열한 인신공격을 가하는 것도 그 때문이고. 우리가 의도치 않게 상징적인 존재가 되었으니까. 우리 같은 게이들한테도 '결혼'이라는 말을 합법적으로 사용하는 것이 허용되면 우리 같은 혐오의 대상이 승리를 거두는 셈이잖아. 우리는 기득권의 일부가 되는 반면, 저 야비하고 편협한 집단은 역사상 처음으로 아웃사이더가 되는 거지. 그래서 어떻게든 우리를 막으려는 거야."

"내가 멍이 사라지지 않았다고 말했던가?"

"뭐라고?"

"이제 까맣게 변하고 있어! 병원에 가봐야 할까?"

"3일 전에 넘어졌잖아. 퍼런 멍이 까매지는 건 당연한 거야!"

"그래도……."

비니가 돌아간 후 우리는 다시 한번 현 상황에 대해 논의했다. 프랜시스는 스포트라이트를 받고 싶어 하는 사람이 전혀 아니었고, 이번에도 다르지 않았다. 하지만 사생활을

사랑은 최종적으로 모든 것을 이긴다

지키고 싶은 마음보다 협박받는 것에 대한 반발이 더 컸다. 우리가 수십 년 동안 되뇐 "스콧-모건은 괴롭힘에 결코 굴복하지 않는다"라는 주문이 발동했다. 프랜시스는 싸움에 나서기로 했다.

"이건 우리 둘만의 문제가 아니야. 우리만큼 운이 좋지도, 우리만큼 강하지도 않은 커플, 우리처럼 괴롭힘에 대항할 힘이 없는 모든 커플의 문제야. 우리는 상징이 될 필요가 있어. 우리는 희망이 있다는 걸 보여줘야 해. 한바탕 소동을 일으킬 필요가 있어!"

✳

이 '한바탕 소동'의 영향은 우리가 생각한 것보다 훨씬 커졌다. 우리의 등기절차가 법이 발효되는 첫날의 첫 번째 순서로 배정되었던 것이다. 게다가 지역 등기소의 훌륭한 직원들이 베르사유궁전을 모델 삼아 개조한 한 맨션의 연회장에서 피로연을 열자고 제안했다. 그 공간의 격에 맞추려면 하객을 적어도 100명을 초대해야 했다. 앤서니는 미국에서 오페라하우스 감독을 맡은 지 얼마 되지 않은 터라 올 수 없었지만(아쉽지만 놀라운 일은 아니었다. 앤서니가 늘 바라던 일이었기 때문이다), 많은 친구와 가족이 참석하겠다고 말했다.

또 토키 시장市長도 입회인 중 한 명이 되겠다고 제안했다. 이어서 명예시장도 부인과 함께 참석하기로 했다. 양측 모두 참석을 공식화했다. 더불어 토베이 의회의 의장도 입회인이 될 수 있는지 물었다(토베이는 토키를 포함한 세 개의 시로 이루어진 자치단체─옮긴이). 등기관은 흔쾌히 승낙하면서, 원래 두 명으로 정해진 입회인을 세 명으로 바꾸어주기로 했다. 그다음에는 지역 언론이 모여들었다. 이어서 전국 매체인 BBC 라디오, ITV 뉴스, BBC 텔레비전 뉴스가 가세했다.

나는 점점 복잡해지는 결혼식을 위해 기본적인 식순을 만들어둬야겠다고 생각했다. 줄 간격 없이 타이핑해도 10페이지 가까이 되었다. 하지만 한 가지 문제가 해결되지 않았다. 바로 프랜시스와 내가 식장에 어떻게 입장할 것이냐였다.

"내가 사람들 앞에서 복도를 행진하는 일은 없을 거야."

프랜시스는 지난 두 달 동안 생각을 굽히지 않았다. 그러고도 한 달을 더 버텼다. 그래서 어느 날 나는 피로연에서 쓸 음악을 고르면서 마이클 볼Michael Ball이 부르는 〈사랑이 모든 것을 바꾼다Love Changes Everything〉를 틀어주었다.

"저 곡이라면 너와 팔짱을 끼고 걸을 수 있겠어."

공식 초대장에는 "선물은 사양합니다. 참석하시는 것으로 충분합니다"라고 분명히 적었지만, 결혼식 전날 밤 한 무리의 친구들이 애거사 크리스티가 신혼여행으로 왔던 그랜드 호텔에서 우리 둘에게 성대한 저녁을 대접했다. 식사를 마

친 후 친구들은 토베이가 내려다보이는 테라스로 나오라고
하더니 열을 세기 시작했다. '제로'의 순간, 하늘에 불꽃놀
이가 펼쳐졌다. 만灣 전체를 환하게 밝히며 10분 동안 계속
된 불꽃놀이는 우리의 기억 속에 영원히 새겨졌다.

다음 날 아침, 전 세계에서 몰려온 70명이 넘는 친구들이
오전 8시까지 착석을 마쳤다. 우리의 친인척도 30명쯤 되었
다. 네 세대의 거의 80년에 걸친 연령대였다.

내 가족은 부모님을 제외하고는 아무도 오지 않았다. 공
정하게 말하면 내가 아무도 초대하지 않았기 때문이다. 어
머니는 수십 년에 걸쳐 독실한 기독교도에서 어설픈 기독
교도, 거기서 다시 휴머니스트, 때때로 무신론자, 독실한 무
신론자로 변신했고, 우리 관계가 시작될 때와는 매우 다른
견해를 보여주었다.

"아버지와 나는 너희 둘이 이룬 일이 몹시 자랑스럽구나!
살아생전에 이런 일을 보게 될 줄은 몰랐어. 우리는 너희 두
사람이 자랑스러워! 정말 멋진 일이야!"

카메라가 우리를 향하고 마이클 볼의 노래가 흘러나오
는 가운데, 프랜시스와 나는 (정식 프록코트를 입고) 긴 복도
를 당당하게 행진했다. 들러리(조카 셋과 조카의 아들 하나가 모
닝 드레스 차림으로), 그리고 모닝 드레스 차림으로 우리의 반
지를 손에 든 조카의 아주 어린 아들, 그리고 화동으로서 시
폰chiffon 드레스를 입은 조카의 딸 둘이 우리와 함께 걸었
다. 여기까지는 내가 정한 식순에 따라 진행되었다. 그러나

다음은 순서에 없던 일이었다.

모든 하객이 자리에서 일어나 환호를 보내기 시작했다. 하지만 훨씬 더 상징적인 일은, 우리 앞의 무대에 있는 사람들도 그랬다는 것이다. 시장, 명예시장 부부, 의회 의장, 그리고 등기소장까지.

이들은 기득권을 상징하는 사람들이었다.

몇 분 후 프랜시스와 내가 무대 위에 서서 결혼식을 거행하는 동안에도 그 이미지가 내 뇌리에서 떠나지 않았다.

"오늘부터 두 사람의 관계는 영국법의 승인과 보호를 받게 됩니다. 등기소장으로서 이 선언을 할 수 있는 것을 기쁘게 생각합니다."

"이 역사적인 날이 12월 21일인 것도 놀라운 상징적 의미를 갖습니다. 오늘은 바로 동지, 1년 중 낮이 가장 짧은 날이기 때문입니다. 이날 이후로는 날마다 더 환해집니다. 태곳적부터 이날은 오래된 것의 종말과 새로운 것의 시작을 상징했습니다. 오늘이 바로 그런 날입니다."

프랜시스와 나는 정식으로 서약을 주고받은 후 반지를 교환했다. 세 명의 공식 입회인이 서류에 서명했다. 이제 결혼식은 클라이맥스에 접어들었다. 등기소장이 말을 이어갔다.

"이 순간부터 두 사람은 법이 인정하는 정식 반려자가 됩니다. 보통 때라면 이것으로 식은 종료됩니다. 하지만 오늘은 보통날이 아니고, 두 사람이 여기까지 걸어온 길도 예사롭지 않았습니다. 따라서 저는 두 사람이 새로운 삶으로 발을 내딛

사랑은 최종적으로 모든 것을 이긴다

는 상징적인 순간을 스스로 기념할 것을 제안합니다."

"자, 이제 옛 인생에 이별을 고하세요. 오래 전 당신들이 그 인생에 발을 내딛을 때와 똑같은 방법—키스로—새로운 삶을 선언하세요. 저는 그 순간 두 사람을 법적 동반자로 공식 인정하겠습니다."

"프랜시스 스콧-모건과 피터 스콧-모건의 법적 동반자로서 인생이 곧 시작됩니다. 가서 기쁘게 맞으십시오. 공식적인 인정을 향한 두 사람의 길었던 여행이 이제 끝나갑니다. 법의 축복과 함께, 여기 모인 모든 사람의 완전한 지지를 받으며, 이제 여러분의 여행을 완성하는 마지막 발걸음을 내디딥시오."

내가 항상 상상해왔듯 궁정의 모든 이가 지켜보는 가운데 라하일란과 아발론은 키스를 나눴다.

'키스로 봉해지다'가 텔레비전 뉴스 보도의 헤드라인이었다. '최초의 게이 결혼식'이 우리 사진 위에 자막으로 나왔다. 언론 보도는 모두 호의적이고 친절했다. 기득권이 정말로 변한 것이다. 하지만 가장 본질을 꿰뚫는 기사는 지역 신문 〈헤럴드 익스프레스Herald Express〉의 기자 지니 웨어Ginny Ware가 쓴 것이었다. 그녀는 어느 날 아침 우리 삶에 나타났다가 주옥같은 글을 남기고는 사라졌다.

프랜시스와 피터 모건이 결혼한 이성 커플과 똑같은 지위와 권리, 그리고 법적 인정을 성취하는 장면을 본 것은 특권이었다. 그들은 지난 1년 동안 이 특별한 날을 준비해왔다. 원래는 몇 명의 손님과 함께, 언론 보도 없이 조촐하게 치를 예정이었다. 피터보다 내성적인 프랜시스에게는 남들 앞에 나서는 것이 쉬운 결정이 아니었기 때문이다. 하지만 한 게이 친구를 에이즈로 잃은 사실이 그의 등을 떠밀었다. 숨진 친구의 파트너는 상속권을 인정받지 못한 채 홀로 남겨졌다. 그 불합리함에 대한 반발로 프랜시스는 용기를 내어 새로운 관계를 세상 앞에 선언하기로 한 것이다.

그래서 두 사람은 사랑하는 커플로 인정받기 위해 고군분투해온 그들의 긴 여정의 끝을, 의심과 못마땅한 눈초리로 쳐다보는 바깥세상과 기꺼이 공유하기로 했다.

신문과 텔레비전 카메라의 호기심 어린 눈길을 흔쾌히 받아들임으로써 그들은 동성애에 대한 편견의 목을 움켜쥐고 숨통을 끊었다.

피터는 이렇게 말했다. "중요한 것은 인종, 종교, 성별이 아니라 사랑입니다." 두 사람은 서약을 자신 있고 위엄 있게 말했으며, 모두에게 들리도록 흔들림 없이 사랑을 맹세했다.

결혼식이 평일 아침 이른 시간에 열렸음에도, 가족과 친구들이 전국 곳곳은 물론 해외에서도 참석해 그들을 축하했다.

하지만 하객들은 피터와 프랜시스가 지난 27년 동안 서로에게 보여준 헌신을 자신들도 몸소 보여줄 수 있다는 사실을 명예

사랑은 최종적으로 모든 것을 이긴다

롭게 생각했음이 틀림없다.

두 사람은 자신들의 관계를 소중히 여기고 존중하며 키워나갔고, 모든 커플이 바라는 것을 달성했다. 바로, 시간의 검증을 견뎌내는 진정하고 견실한 사랑과 우정이다.

그들이 옳다. 다른 것은 아무것도 중요하지 않다.

# 맷의 순간

Matt Moment

맷과 내가 반복해서 하던 농담이 있다.

"알아. 여기서 나보고 울어달라는 거잖아."

"말도 안 돼. 난 당신이 울기를 바라지 않아." 맷은 민망한 미소를 지었다. 그가 우리의 프로듀서이자 감독으로 활동한 지난 6개월 동안 익숙해진 낯익은 표정이다. "그저 멋진 장면이 나올 거라고 생각했을 뿐이야."

"그거라면 보통의 '맷의 순간'으로도 충분하잖아. 늘 그렇듯 당신의 초능력을 발휘해서 말이야."

보통의 맷의 순간과 완벽한 맷의 순간은 우리가 급속도로 친해진 반년 동안 만들어낸 비공식 분류 체계였다. 보기 드문 완벽한 맷의 순간이란 여러 번에 걸쳐 통렬한 눈물이 적어도 내 뺨에 흘러내리고, 프랜시스의 뺨에도 흘러내리

사랑은 최종적으로 모든 것을 이긴다

는 상황을 가리킨다(그 장면에서 우리가 짓밟히고 패배한 것처럼 보이면 금상첨화다). 한편 훨씬 더 흔한 '맷의 순간'은 맷이 카메라를 가리키는 것으로 충분하다.

이 법칙을 깨달은 것은 몇 달 전이다. 그 무렵 내 팔은 거의 움직이지 않았고, 폐 기능은 촬영을 시작한 시점의 절반 아래로 떨어졌으며, 목도 맥없이 축 늘어지기 시작했다. 다행히 국립보건서비스, 즉 NHS가 재택돌봄서비스를 연장해준 덕분에 나는 개인 간병인 둘을 둘 수 있었다. 간병인들은 아침에 나를 일으키는 데 세 시간, 밤에 나를 침대에 눕히는 데 두 시간을 보냈다. 맷은 두 의식의 전체 과정을 촬영할 수 있는지 물었다. 심지어 두 번씩 촬영하겠다고 했다. 최종 완성본에 들어갈 단 몇 초를 위해.

"어느 장면을 사용할지는 아직 몰라."

"그 과정의 대부분 동안 내가 벌거벗은 상태라는 건 알고 있지?"

"괜찮아. '타이트 숏tight shot'(극도의 클로즈업—옮긴이)을 사용할 거야. 모자이크 처리를 해도 되고. 어차피 오후 9시 이후로 편성할 거라서 상관없어."

그날 맷은 새벽 5시 30분에 도착했다. 그냥 들어올 수 있도록 우리는 열쇠를 빌려주었다. 자명종이 울리는 장면을 촬영하려면 우리가 깨지 않도록 계단을 살금살금 올라와야 했기 때문이다. 그다음부터 맷은 말없이 찍기만 했다. 약 90분쯤 지났을 때부터는 지껄이기 시작했다. "그 부분을 다시 해줄 수 있어요? 렌즈를 바꿀 거예요." 마치 그것이 간병인 두 명이 겨우 입혀놓은 긴소매 티셔츠를 힘들게 벗겨야 할 이유가 되기라도 하는 듯한 말투였다.

맷의 이름이 불멸이 된 사건은 그 직후에 일어났다. 그가 클로즈업을 시작한 지 몇 초도 안 돼 티셔츠가 내 몸에 걸린 것이다. 카메라가 찍고 있다는 것을 의식한 간병인들은 꿋꿋이 하던 일을 계속했다. 맷은 슬그머니 더 가까이 다가왔다. 그는 그 과정에 점점 흥미를 느끼는 것 같았고, 점점 우스꽝스러워지는 우리의 난투를 격려하기까지 했다. "괜찮아요. 최고예요."

촬영이 라이브가 아니라는 사실을 잊은 듯 간병인들은 애써 아무렇지 않은 척 행동하면서 체면을 차리려고 했다. 한편으로, 마치 자존심을 지키려는 원초적 본능을 따르는 것처럼 두 사람은 내 티셔츠를 훨씬 더 세게 잡아당겼다. 그때 내 왼팔 겨드랑이와 어깨 견갑골 사이 어디쯤에서 소매가 엉키는 불가능한 일이 일어났다. '불가능하다'고 표현한 건 옷이 엉킬 이유가 전혀 없었기 때문이다. 지금껏 한 번도 엉킨 적이 없었다. 사실 그 후로도 딱 한 번 더 엉켰을 뿐이다.

그건 맷이 세 번째 테이크를 촬영하고 있을 때의 일이다. 이 시점에서 나는 맷이 이 우주에 특별한 영향력을 미치고 있음을 확신했다. 그 위력은 머피의 법칙보다 훨씬 더 강력했다[지금 생각해보니 소드의 법칙Sod's Law(어떤 일을 하고자 할 때

사랑은 최종적으로 모든 것을 이긴다

뜻하지 않은 것에 방해를 받는 경향―옮긴이)보다 훨씬 더 강력했을지도 모른다]. 맷이 카메라를 들이대는 순간, 상당히 높은 확률로 아무것도 아닌 간단한 작업이 텔레비전용 좌충우돌 장면으로 바뀌었다. 우리는 이 현상을 '맷의 순간'이라고 불렀다.

그리고 두 달이 지났을 때, 이제 맷이 카메라를 들고 있지 않아도 맷의 순간이 발생한다는 것을 알았다. 맷의 간섭을 받아 내 삶에도 뭔가가 영원히 바뀌어버린 것 같았다. 그 이후로 내가 맷의 순간이 될 것 같다고 생각하면 정말 그렇게 되었다. 하지만 짜증이 나는 대신 조용한 미소와 함께 맷의 한마디 "괜찮아요. 최고예요!"가 떠올랐다.

그러던 어느 날 맷이 죽었다. 크리스마스와 새해 사이의 일이었다. 사고로 지붕에서 미끄러져 떨어진 것이다. 겨우 40대 초반이었다. 남은 가족은 큰 충격을 받았고, 우리도 이루 말할 수 없는 상실감을 느꼈다. 이 다큐멘터리를 촬영하는 동안 생긴 즐거운 추억은 대부분 맷의 존재 덕분이었다. 맷은 재능이 뛰어난 프로듀서였고 그가 그 자리에 있는 것만으로도 마음이 놓였다.

이 무슨 우주적 우연인지, 맷이 혼수상태에 있을 때 그의 마지막 메시지가 도착했다. 그가 죽음을 몇 분 남겨둔 시점에 우리 집 초인종이 울렸고, 우편집배원이 작은 소포를 배달했다. 그것은 사이보그에 대한 책으로, 맷의 크리스마스 선물이었다. 그는 앞장에 이렇게 썼다.

2018년 크리스마스

친애하는 피터와 프랜시스에게,

두 사람을 만나 얼마나 기쁜지 몰라요.

얼마나 멋진 여행인지 몰라요!

미래를 위해!

사랑을 담아 맷이

✳

나는 이제 일주일에 7일씩 일하고 있었다. 직장 생활을 할 때보다 더 빡빡하게 일했다. 쉬는 것 말고는 할 수 있는 일이 없을 때 쉬어도 늦지 않다고 생각했다. 하지만 그런 노력도 헛되게, 맷이 죽은 후부터 모든 일이 마치 카드로 지은 집처럼 무너져 내리기 시작했다.

먼저 음성 합성에 문제가 생겼다. 나는 이미 30시간에 걸쳐 스튜디오에서 샘플 음성 녹음을 끝냈다. 이 샘플은 딥 러닝deep learning에 의한 음성 합성을 가정해 녹음한 것이었다. 이 기법을 통해 장기적으로는 더 자연스러운 발성을 실현할 수 있다. 하지만 전혀 다른 방법으로 합성한 음성이 단기적으로는 더 고품질의 발성을 실현할 수 있다고 했다. 세레프록과 나는 당분간 이 기법을 채택하기로 의견 일치를 보았다.

이 '유닛 셀렉션' 기법의 유일한 문제는 또다시 30시간에

사랑은 최종적으로 모든 것을 이긴다

걸쳐 음성 샘플을 녹음해야 한다는 것이었다. 이 무렵 내 목소리는 매우 약해져서 잘 나오지 않았다. 설상가상으로 녹음 엔지니어 오언에게 스튜디오를 닫는다는 소식을 들었다. 개발자에게 땅이 팔렸다고 했다. 문을 닫기 전까지 스튜디오 예약이 다 찼다는 말도 전했다. 결정타를 날린 것은 합성 음성과 연동되는 시선 추적 시스템(말하고 싶은 단어를 눈으로 타이핑하는 기술)을 개발하는 기업이 소프트웨어의 사소한 업그레이드를 거절한 것이었다. 그것은 감정을 표현하기 위한 기능이었다. '시장성이 없다'는 것이 이유였는데, 내게는 생각하기 나름인 핑계로밖에 보이지 않았다.

그다음으로 병의 증상이 악화되기 시작했다. 기회만 있으면 자신의 병을 들먹이는 비니조차 소재가 떨어질 정도로 내 증상은 악화되고 있었다. 열한 살 때부터 타자에 익숙했던 내 손가락은 새끼부터 엄지까지 일주일에 하나씩 움직이지 않게 되었다. 이제는 감각이 없어진 왼손 손가락 끝으로 자판을 하나씩 누르는 게 고작이었다. 스스로 먹을 수도 없어 그 역할을 프랜시스가 맡았다. 게다가 NHS의 의사 존이 마련해준 편리한 마우스피스형 인공호흡기마저도 말을 듣지 않았다. 나의 근육이 약간 특수한 경로로 기능을 멈추고 있었기 때문이다. 프랜시스는 내게 충분한 간호를 제공해야 한다는 생각에 나날이 신경이 날카로워졌다. 하지만 적임자를 구하기란 쉽지 않았다.

하필 그때 나는 감기에 걸렸다. 사실은 내가 알고 있는 감기와는 좀 다른 것이었다. 건강할 때는 감기에 걸려도 해열진통제 두 알을 먹으면 강연을 할 수 있었다. 증상이라면 성대에 가래가 끼어 목소리가 약간 잠기는 것 정도였다. 하지만 요즘 들어 나는 감기 때문에 죽을 뻔한 적이 한두 번이 아니었다.

처음 잠을 자다가 숨이 쉬어지지 않음을 알았을 때 공황 상태로 벌떡 일어났다. 밤에 잘 때 착용하는 마스크형 인공호흡기가 이제는 나를 죽이려 하고 있었다. 과거에 겪은 두 번의 후두개 발작과 비슷했지만, 그때와 달리 이번에는 기침 사이에 숨을 들이마시려 해도 인공호흡기가 방해를 했다. 나는 예전처럼 쌕쌕거리는 대신, 목 졸린 사람처럼 고통스럽게 꺽꺽거릴 뿐이었다. 내 손은 이미 마비되어 물병을 집는 건 고사하고 마스크를 벗을 수도 없었다. 나는 의식이 사라져가는 것을 느꼈다.

다행히 프랜시스가 깨어 있다가 내 신음 소리를 듣고 나를 구해주었다. 그로부터 2주 동안 스무 번 넘게 같은 일을 겪었다. 그것은 우리 둘 모두에게 전혀 유쾌한 경험이 아니었다. 하지만 그 일을 겪으며 나는 생각해보기 시작했다. 영국에서 MND 환자의 1퍼센트만이 수명을 연장하기 위해 기관절개 수술을 받는다. 하지만 그 후 그들의 가장 흔한 사망 원인은 흡인성 폐렴이다. 즉, 타액이나 음식물이 실수로 기도로 들어가서 치명적인 폐렴을 일으키는 것이다. 그래서 나는 생각했다. 타액이나 음식물이 아예 폐에 닿을 수 없

사랑은 최종적으로 모든 것을 이긴다

도록 기도를 구개 후면과 완전히 분리하면 어떨까? 그것은 '완전한 후두적출'이라고 부르는 대수술로, 보통은 후두암에 걸린 사람들에게 시행한다. 이 수술을 받으면 후두(목소리 상자)가 제거되기 때문에 합성 음성 없이는 말을 할 수 없다. 하지만 내 생각이 맞는다면, 그 수술을 받으면 사이보그로 오래 살 확률은 상당히 높아진다. 문제는 멀쩡한 후두를 잘라내달라고 외과 의사를 설득하는 일이었다.

이 아이디어를 떠올렸을 때 나는 맷이 죽은 후 처음으로 운명에 맞설 수 있을 것 같은 기분이 들었다. 그 때문이었는지 우리의 40주년 기념일을 맞이할 즈음 나는 지난 석 달 동안 처음으로 하루 휴가를 내어 가족 및 친구들과 멋진 날을 보냈다. 카드의 집은 붕괴를 멈추고 다시 쌓으려 했다. 우리 옆집에 살고 있는 조카 앤드루가 반가운 제안을 했다. 앤드루는 공항에서 VIP를 픽업하는 일을 그만두고 VIP가 전혀 아닌 피터 2.0을 풀타임으로 돌봐주겠다고 했다. 그는 그 일을 훌륭하게 해냈고, 기능을 잃어가는 내 팔다리를 대신하는 '인간 보철 장치'가 되어주었다.

"그동안 겪은 일을 책으로 쓸 생각이야." 나는 앤드루가 일을 시작한 직후 그에게 말했다. 프랜시스는 이 생각을 진심으로 응원해주었다.

"저도 나와요?"

"내가 불러주는 대로 타이핑해준다면……."

자서전을 내는 것의 어려움은 유명 인사가 아닌 한 아무도 출판해주지 않는다는 점이다. 하지만 유능한 에이전트가 출판사를 설득하면 가능하다. 그래서 나는 에이전트가 필요하다는 결론을 내렸다. 물론 에이전트 역시 유명 인사가 아닌 한 맡으려 하지 않는다는 게 문제였지만 말이다. 하지만 출판사가 책을 내고 싶은 사람이라면 이야기가 달라진다.

내 계획에 거대 기업을 끌어들이는 데도 비슷한 딜레마가 있었다. 당연히 대기업은 개인보다는 조직과 일하길 원한다. 하지만 내가 아는 자선단체 중에서 대기업과 일하는 것은 고사하고 내 계획에 관심을 보이는 곳은 하나도 없었다.

하지만 최근 돌파구가 보이기 시작했다. MND협회의 이사로서 나는 오래전부터 '첨단 기술과 함께 번영한다'는 계획을 여기저기 선전하고 있었다. 그런 나를 말리기 위해서인지, 이 주제를 논의하기 위한 자문 그룹의 대표를 맡아달라는 제안이 들어온 것이다. 하지만 나는 그 대신 다른 제안을 했다. 싱크 탱크를 만들어 소수의 엘리트 IT 기업들이 내 계획에 관심을 갖도록 압박해보자는 것이었다. 한 업체를 찾아갔더니, 그 회사의 CIO가 내 아이디어에 큰 관심을 보이며 자사의 혁신 부문에서 일하는 레이Ray라는 남자를 소개해주었다. 레이는 자신이 IT 업계에서 알고 지내는 사람들에게 나를 연결해주었다. 그들에게 내가 하려는 연구를 어필하는 건 내 몫이었다.

나는 신이 나서 이 일을 프랜시스에게 알렸다.

사랑은 최종적으로 모든 것을 이긴다

"조심해." 프랜시스가 찬물을 끼얹었다. "믿기 어려울 정도로 좋은 일에는……."

"내막이 있지." 내가 맞장구를 쳤다.

한편 놀라운 운명의 장난으로, 사운드 엔지니어 오언이 우리 집 근처에 살고 있다는 것을 알게 되었다. 그의 고양이가 종종 우리 집 마당에 놀러 왔는데, 그 인연으로 오언은 우리 집 라운지에 임시 녹음실을 차려 샘플 녹음을 재개했다. 좋은 일은 겹쳐서 오는 법이라 또 다른 이웃인 나이절Nigel이 점점 부담이 늘어가는 간호 팀에 합류했다. 마침내 앞날이 밝아지고 있었다. 그것을 축하하기 위해 나는 61번째 생일을 꼬박 쉬면서 가족 및 친구들과 함께 멋진 시간을 보냈다. 비니는 2년 연속 나타나지 않았다.

"이기적인 새끼. 생일 축하한다는 문자 정도는 보낼 수 있잖아." 다음 날 프랜시스가 한마디 했다.

"그렇긴 한데, 이번에는 정말로 무슨 일이 생겼는지도 모르잖아?"

"내가 장담하는데, 손가락 한 개만 찔렸어도 당장 우리한테 알렸을 거야!"

여러 가지 일이 순조롭게 진행되었다. 책 원고의 샘플을 보냈을 때 완전히 예상 밖으로 최고의 에이전트인 로즈메리Rosemary에서 계약하자고 연락이 왔다. 또한 토베이 지역 NHS에서 최고로 손꼽히는 후두적출 외과 의사 필립Philip이 나를 만나, 내 생각에 동의하며 선택적 후두적출 수술을 해주기로 했다. 그리고 프랜시스, 앤드루, 나, 마리(내 마취과 의사), 존(호흡기 전문가)과 만나 수술 날짜를 잡았다. 최대한 늦게(내가 말하는 걸 대신할 첨단 기술을 마련할 수 있을 때까지), 하지만 겨울이 오기 전(그래야 감기를 피할 수 있으니까)으로 잡기로 했다. 각자 일정을 확인하고 나서 날짜를 2019년 10월 10일 목요일로 잡았다. 지금부터 5개월 반 뒤였다.

"내 인생의 마지막 말이 마취 카운트다운은 아니었으면 좋겠어요." 나는 마리에게 부탁했다.

"걱정 마세요. 하고 싶은 말을 한 후에는 질문에 고개를 끄덕이거나 젓기만 하면 돼요." 마리의 목소리에는 항상 사람을 안심시키는 뭔가가 있었다. "그런데 마지막 말을 뭐로 할지 결정했어요?" 이번에는 마치 수군대는 여학생 같은 어투로 물었다.

"적어도 1년 전부터 생각해두었죠."

# 완벽한 맷의 순간

Perfect Matt Moment

"더 이상 우리를 보고 싶지 않다니 그게 무슨 뜻이야?"

"말한 그대로야. 잘 지내느냐고 문자메시지를 계속 보냈더니 2주 후 답변이 왔는데, 네 곁에 있기가 힘들대."

"우리가 자신의 가장 친한 친구라며!"

"그러게. 우리도 걔를 가장 친한 친구로 생각했지. 그런데 아니었어."

프랜시스의 풀죽은 목소리를 들으니 나도 갑자기 슬퍼졌다. 비니와 알고 지낸 지 어언 수십 년이었다. 우리는 다른 사람들에게 비니를 소개할 때 의리 있고 믿을 만한 사람이라고 말해왔다.

"답장은 보냈어?"

"응. 그렇게 잔인하고 이기적으로 굴 거면 꺼지라고 말했어!"

"그랬더니 뭐래?"

"답이 없어."

무슨 이유에서인지 이 소식은 MND로 진단받은 것보다 더 큰 충격으로 다가왔다. 며칠 동안 우리 둘은 얼이 나간 것처럼 지냈다. 배신감, 버림받은 기분이었다. 더욱이 이 사건을 계기로 수많은 좌절이 쓰나미처럼 밀려왔다.

먼저 찰리를 개조하는 계획에 문제가 생겼다. 레이가 소개한 기업 목록에서는 내가 원하는 수준의 협력을 이끌어내지 못할 것 같았다. 하지만 그건 나의 근심거리 중 가장 사소한 것이었다. 아니면 그 무렵 내가 편집증을 겪고 있었을지도 모른다. 성인이 된 뒤로 줄곧 유지해온 수면 시간보다 두 시간을 덜 자고 있었으니 무리도 아니었다. 어쨌든 내 계획의 최전선에 뭔가 심상치 않은 일이 일어나고 있었다. 내 연구에 기업들이 관심을 갖게 된 순간 레이가 나를 따돌리고 MND협회와 직접 논의를 진행했고, 각 회사와의 연락창구를 자신으로 통일했다. 언론에도 싱크 탱크가 진행하고 있는 계획의 책임자는 레이로 소개되었다. 관계자 모두가 내게 변함없이 우호적으로 대했지만 나는 의심을 거둘 수 없었다.

그 후 싱크 탱크의 연구(즉, 내 연구)로 이익을 내는 방법을 검토하고 있다는 말이 들려왔다. 여기서 오해가 없도록 말하자면 나는 돈 버는 것 자체를 반대하는 게 아니라는 것이

사랑은 최종적으로 모든 것을 이긴다

다. 다만 이 연구에 관한 모든 성과가 오픈 소스open source로 공개되어 모든 사람의 손에 닿아야 한다고 믿었다. 생각하면 할수록 그 신념은 강해지기만 했다. 지금 들려오는 싱크탱크의 상황에 나는 실망과 불쾌감을 금할 수 없었다.

한편 가까운 곳에서도 뭔가가 삐걱거리기 시작했다. 나의 간호 팀에 들어오기로 한 나이절이 마음이 바뀌었다는 문자메시지를 보내왔다. 그래서 프랜시스는 대체할 사람을 찾아야 하는 부담을 떠안게 되었다. 심지어 그 소식이 온 타이밍도 최악이었다. 우리는 오래전에 마지막이 될 여행 계획을 세우고 2020년 1월에 출발하는 카리브해 크루즈 여행을 예약해두었는데, 마침 그 계획의 현실성을 논의하던 중이었다. 후두적출 수술이 2019년 10월로 잡혀 있는 지금 현실적으로 생각하면 여행을 취소하고 예약금도 포기할 수밖에 없었다. 프랜시스가 그 여행을 얼마나 가고 싶어 했는지 아는 나는 이루 말할 수 없는 죄책감을 느꼈다. 그때 내 간호 팀 중 한 명이 급한 일이 생겨서 그날 밤에 올 수 없다고 연락했다. 이제 나를 침대에 눕히는 중노동마저 프랜시스가 맡아야 했다.

"잠깐만요, 이것 좀 보시는 게 좋겠어요……." 내가 노트북의 트랙패드를 조작할 수 없게 되어 나 대신 메일을 체크하고 있던 앤드루가 말했다. "완전 엉망진창인데요."

그 메일은 그동안 내가 접촉해 얘기했던 기업들 앞으로 발송된 것이었다. 거기에는 MND협회의 싱크 탱크는 내가

나는 사이보그가 되기로 했다

제안하는 연구(일부 합성 음성 연구를 제외하고)에서 앞으로 손을 떼겠다고 적혀 있었다.

"몇 주 전 그 망할 놈의 이사회는 '참석자들이 자유롭게 의견을 말할 수 있게 하기 위해서'라며 삼촌을 회의에서 쫓아냈죠. 아무것도 모르는 사람들끼리 의논하다가 결국 겁을 먹고 집어치우기로 한 거잖아요. 메일에서 왜 그 부분은 입도 벙긋 안 하는 거죠?"

"그게 그들의 일이니 어쩔 수 없지. 회원들의 요구를 옹호하는 것처럼 보여야 하니까."

"아무리 그래도 이사들 중 몇몇은 정말 바보예요. 게다가 레이는 뭐래요? 요즘 통 소식이 없잖아요. 삼촌이 자기한테 이용 가치가 있을 때는 그렇게 친절하게 굴더니 몇 주 동안 이메일에 답도 하지 않아요. 그리고 회의에서 삼촌과 만날 때마다 눈도 안 마주치던 야비한 인간은 또 어떻고요."

"그는 이사회 밖에서 나를 봐도 절대 웃지 않더라. 동성애 혐오자인 것 같아. 어차피 나는 사임했어. 그리고 내 공약은 '첨단 기술로 번영'하는 방법을 연구하는 거였어. 협회에서 할 수 없다면 협회 밖에서 하면 돼. 어쨌든 협회 회원들도 이용할 수 있게 할 생각이야. 처음부터 이렇게 했어야 했어."

나는 어떻게든 긍정적으로 생각하려 했지만 솔직히 타격이 컸다.

그리고 드디어 레이에게서 메일이 왔다. 평소 같은 친근한 인사말은 없고 완전히 사무적인 문장이었다. 끝맺는 인

사랑은 최종적으로 모든 것을 이긴다

사도 없고, 섭섭하다는 내색조차 없었다. 메일에 적힌 내용은 다음과 같았다. 레이와 그의 회사는 개인과는 함께 일하지 않기로 했다. 따라서 나와 협력을 계속할 수 없다. 싱크 탱크에 참여하는 다른 회사들도 같은 입장인 것으로 안다. 싱크 탱크 자체는 활동을 계속하겠지만 내가 제안한 연구에는 관여하지 않을 것이며, 따라서 나와 협동할 일도 없다. 내가 스스로 연구를 계속하는 것은 자유지만, 싱크 탱크를 통해 연결된 기업과 협동하는 것은 인정하지 않는다.

그 메일이 도착했을 때 앤드루는 옆집인 자신의 집으로 돌아간 뒤였고, 프랜시스가 곁에 있었다.

"이래도 되는 거야?" 프랜시스는 그런 메일을 예상한 듯 목소리가 떨렸다.

"이미 벌어진 일이야."

"하지만 너무하잖아! 넌 지금까지 싱크 탱크를 위해 쉬지 않고 일해왔잖아. 게다가 너만 보수를 받지 않았어."

보통 때의 프랜시스는 이런 부당한 일에 직면하면 분통을 터트렸다. 하지만 지금은 그저 지쳐 보일 뿐이었다.

"우리가 그동안 잃은 시간은 다 어쩌고? 우리 둘이서 즐겁게 보낼 수 있었잖아. 네가 스스로 먹을 수 있는 동안 마지막 휴가를 떠났어야 했어. 조금이라도 더 즐길걸 그랬어. 안 그래도 충분히 비참한데, 배은망덕한 자식들 때문에 우리의 귀중한 시간을 날렸다고 생각하니 미칠 것 같아!!"

프랜시스의 목소리에는 이제 분노가 가득했다. 하지만

나는 사이보그가 되기로 했다

그것은 절망적이고 비참한 분노였다.

"빌어먹을 자식들! 화내는 시간도 아까워. 지금부터라도 여기저기 다니며 마지막으로 휴가를 즐기자."

"하지만 난 책을 써야 해. 시작한 지 얼마 되지 않았어. 싱크 탱크 일이 없어도 여름 한 철은 걸릴 거야."

"제발, 피터! 너하고 그 빌어먹을 MND에 난 이미 충분히 화가 나 있어. 더 이상은 나를 화나게 하지 마!"

우리가 둘 다 극심한 스트레스와 만성피로에 시달리고 있다는 것을 나는 잘 알고 있었다. 마음속으로는 프랜시스가 여전히 나를 사랑한다는 것도 잘 알았다. 동시에 이 순간만큼은 나를 사랑하지 않을지도 모른다는 생각이 들었다. 내가 무너져 내린 것은 그때였다.

프랜시스 앞에서 마지막으로 무너진 때가 언제인지 기억이 잘 나지 않았다. 아마 20대였을 것이다. 그때에 비해 나는 훨씬 강해졌다. 더 유연하고 단단해졌다. 그래서 처음에 한쪽 눈에서 눈물이 흘러내렸을 때 스스로도 당황했다. 다른 쪽 눈에서도 눈물이 흐를 때는 거의 충격을 받았다. 하지만 예상치 못한 눈물이 모든 것을 바꿔놓은 듯했다. 과거의 일은 이제 중요하지 않았다. 어차피 아무도 신경 쓰지 않는다. 당장 나부터도. 나는 감정이 흘러가는 대로 두었다.

내 안의 한 부분이 61세의 늙은 남자가 자기 연민에 빠져 어린아이처럼 울부짖는 모습을 측은하게 지켜보고 있었다. 거기에는 털끝만큼의 자부심도, 자제심도, 자존심도 없었

사랑은 최종적으로 모든 것을 이긴다

다. 있는 것은 빈껍데기뿐이었다.

"오, 제발! 지금 뭐 하는 거야?"

프랜시스의 목소리가 다른 차원에서 울려 퍼지는 메아리처럼 들렸다. 비현실적인 느낌마저 들었다. 나는 절망의 블랙홀로 빠져들고 있었다. 나를 향해 입을 벌린 절망의 구렁텅이는 고향에 돌아온 기분마저 느껴지게 했다. 어린 시절의 일이 어렴풋이 기억났다. 10대다운 오만함으로 무장하기 훨씬 전의 일이다. 그 무렵의 나는 언제나 팀에 마지막으로 끼워주는 사람, 생일 파티에 초대받지 못하는 사람, 집단에 낄 수 없는 사람, 모두의 조롱거리였다. 언제나 외롭게 방 밖에서 안쪽을 기웃거리던 아이였다. 나는 그때의 감각을 완전히 잊고 있었다. 그런데 눈물이 흘러내림과 동시에 반세기의 장벽이 무너지면서 그 감각이 되살아나 나를 삼키려 했다.

나는 울부짖었다. 흉하게 흐느껴 울었다. 숨이 차서 울음소리가 점점 더 괴상해졌다. 한때 자부심으로 가득했던 인간의 처참한 말로였다.

"진정해. 이러고 있을 때가 아니잖아!"

나는 무슨 말을 하려고 했지만 숨이 쉬어지지 않았다. 숨조차 쉴 수 없는 나는 제대로 할 수 있는 일이 아무것도 없었다. 상황은 앞으로도 점점 더 나빠질 것이다. 훨씬 나빠질 것이다.

"제발 정신 차려. 우리는 강해져야 해."

프랜시스의 목소리에서 솟구치던 분노와 좌절이 사라지고 금방이라도 울 것 같았다.

"우리는 서로에게 힘이 되잖아."

이제 프랜시스도 흐느끼기 시작했다.

"네가 강해져야 해. 안 그러면 나는 버틸 수 없어."

우리는 적대적인 행성에 단둘이 버려진 추방자처럼 서로를 부둥켜안았다. 온 세상이 영원히 우리의 적이었다. 잔인한 결말이었다. 우리는 부둥켜안고 하나가 되어 몸을 들썩이며 흐느꼈다. 불행에 무너진 두 늙은 남자에게 싸움의 투지 같은 건 남아 있지 않았다. 우리는 마침내 패배를 인정해야 했다.

우리는 언제까지나 서로에게 매달렸다.

"이봐. 정신을 차려야 해."

프랜시스가 먼저 그 블랙홀을 빠져나왔다.

"길을 찾을 수 있을 거야."

나는 대답하려 했지만 숨이 쉬어지지 않았고, 늦기 전에 내가 쓸 수 있는 방법이 남아 있지 않다는 것을 설명할 적절한 말도 떠오르지 않았다. 내가 생물학적 목소리를 잃기 전에 손을 쓸 수 없다면, 현실적으로 성공할 가망이 거의 없었다. 갑자기 피로가 몰려왔다. 육체적으로나, 심리적으로나, 감정적으로 한계에 부딪혔다. 모든 게 끝났다. 나는 드디어 패배를 인정했다. 실패의 무게와 나를 믿어준 사람들을 저버렸다는 생각에 도저히 견딜 수 없었다. 무엇보다 나는 프랜시스를 실망시켰다.

"사랑해." 프랜시스가 여전히 흐느끼며 말했다.

"아…… 하…… 오." 이것이 통제할 수 없는 흐느낌 속에서 내가 짜낼 수 있는 말의 전부였다.

"알아." 프랜시스는 다시 울기 시작했다. 우리는 서로를 부둥켜안은 채 앞뒤로 흔들며 서로를 위로하려고 애썼다.

마침내 프랜시스가 우리 둘을 위해 억지로 힘을 냈다.

"자, 힘을 내자! 우리는 이겨낼 거야. 너와 나는 언제나 그래왔잖아."

그는 나를 꽉 껴안았다.

＊

여기는 살라니아의 서쪽 끝, 아볼리 땅이다. 이제 막 열여덟 살이 된 라하일란은 마법사 대회에 출전할 자격을 얻어 밤샘 명상에 들어갔다. 숲 위로 솟아오른 거대한 둔덕 꼭대기에는 대리석 오벨리스크가 놓여 있다. 그 위에서 타오르고 있는 것이 영원히 꺼지지 않는 '아날락스의 불꽃'이다. 라하일란은 창백한 푸른빛을 발하는 아날락스의 불꽃에 휩싸여 있었다. 쌍둥이 태양이 막 지면서 동쪽 하늘을 물들였다. 눈을 감고 있어도 라하일란은 불꽃을 통해 주변의 모든 것을 감지할 수 있었다. 아발론이 둔덕을 올라오고 있는 것도 이미 알았다. 젊은 전사 아발론은 이제 대지 끝에 서서 라하일란을 경이로운 눈으로 바라보았다. 불꽃은 아발론의 도착으로 일어날 운명의 세 가지 선택지를 예언했다. 고독, 죽음, 사랑이다.

라하일란은 아발론이 다가오는 것을 느꼈다. 그는 푸른색 가죽 킬트와 넉넉하고 고급스러운 셔츠를 입고 불그스레한 금발을 어깨까지 길렀다. 잘생긴 얼굴에는 아름다운 푸른 눈동자가 반짝였다. 마침내 아발론은 오벨리스크를 둘러싼 나락 앞까지 왔다. 불꽃이 닿을락 말락 한 거리다. 아발론은 오벨리스크의 네 면에 새겨진 비문을 읽었다.

혼자 들어오면 불꽃이 보여줄 것이다.
네가 알 수 있는 모든 미래를.
둘이서 들어오면 서로의 모든 것을 볼 것이다.
나갈 방법은 하나가 되는 것뿐이다.

아발론은 말없이 서서 라하일란의 얼굴을 응시했다. 그러는 동안 하늘이 서서히 어두워지며 별이 뜨기 시작했다. 불꽃은 더 밝고 푸르게 타올랐고, 세쌍둥이 달이 차례로 떠올랐다. 아발론은 여전히 움직이지 않은 채 서 있었다. 이윽고 첫 번째 태양이 뜨기 직전, 아발론이 미소를 지으며 불꽃을 향해 오른팔을 내밀었다. 손끝이 불꽃에 가까스로 닿았다. 그 순간 하나의 운명 중 하나가 소멸했다. 이제 죽음 아니면 사랑, 두 가지 선택만이 남았다.

눈을 여전히 감은 채로 라하일란은 미소를 지으며 불꽃 밖으로 손을 뻗었다. 두 사람의 손끝이 맞닿았다. 아발론은 나락으로 몸을 기울였고, 둘은 손을 꽉 맞잡았다. 불꽃이 라하일란의 뻗은 팔을

사랑은 최종적으로 모든 것을 이긴다

타고 번져 아발론에게 닿으며 그의 몸을 빠르게 삼켰다. 그때 예언이 실현되었다. 그들은 서로에 대한 모든 것을 보았다. 전부인지 무無인지를 결정하는 최종 시험이 남았다. 그 결과가 '전부'일 때만, 즉 서로의 모든 것을 받아들여야만 아날락스의 불꽃에서 살아나올 수 있다는 것은 모두가 알고 있었다.

첫 번째 태양의 첫 광선이 산호색 하늘을 가로질러 서쪽 지평선에 한 줄기 획을 그었다. 라하일란은 처음으로 눈을 떠 아발론을 사랑스럽게 바라보았다. 하지만 아직은 두 가지 미래가 열려 있었다. 라하일란은 오벨리스크에서 몸을 던졌다. 나락으로 떨어지기 전에 아발론이 자신을 안전하게 끌어 올려주리라 믿었다. 라하일란의 벌거벗은 상체가 아발론에게 부딪힘과 동시에 아발론이 라하일란을 팔로 감싸 나락으로 떨어지는 것을 막았다. 이 순간 두 사람을 감싸던 불길이 물러가고 운명은 정해졌다. 둘은 서로의 눈을 물끄러미 들여다보았다. 아발론이 첫마디를 내뱉었다. 이른 아침의 찬 공기에 약간 서걱거리는 목소리로. 오직 하나의 미래만이 남았다.

"나는 영원히 네 거야."

# 내일이 오는 곳

Where Tomorrow Comes From


나는 한밤중에 잠에서 깨어 침대에 누워 있었다. 그런 와중에 나의 무의식은 지금 상황과는 전혀 관계없는 어떤 사실을 떠올려보라고 요구했다. 거의 138억 년 동안 우주는 믿을 수 없을 만큼 지루한 장소였다는 사실을. 웅장하지만 우주란 본질적으로 지루해서 죽을 지경인 공간이었다.

나는 우주가 어떻게 전개되었는지 잘 알고 있었다. 왜 지금 그런 것을 생각해야 하는지 모르겠지만, 일단 생각해보기로 했다. 처음에 빅뱅이 있었다. 그로부터 엄청나게 긴 시간이 흐른 뒤 특별할 것 없는 나선은하의 변방, 중년의 항성 궤도에서 하나의 행성이 탄생했다. 그러나 이는 그리 주목할 만한 사건은 아니었다. 그 은하 안에는 적어도 1,000억 개의 행성이 있다. 나아가 우주 전체로 보면 무려 1,700억

사랑은 최종적으로 모든 것을 이긴다

개의 은하가 존재한다.

언제나 그랬듯 나는 우주의 장대함과 인류의 상대적 보잘것없음을 생각했다. 이 매혹적인 생각의 흐름이 나를 어디로 데려가는 것일까? 천상의 당구 게임에서, 이 특별한 바윗덩어리에 뭔가가 부딪혀 달이 만들어졌다. 이 행성에는 화산이 많아 물과 산소가 생길 수 있었다. 거기서 단순한 생명이 생겨났고 마침내 복잡한 생물도 탄생했다. 이쯤 되면 혹자는 적어도 이 작은 행성에서 두근거리는 미래가 전개되었을 것이라고 생각할지도 모른다. 하지만 그렇지 않았다.

아! 이 생각이 어디로 흘러가고 있는지 알았다! 왜 내 주변 세계가 무너져가고 있을 때 우주에 대해 생각해야 하는지 이제야 알 것 같았다. 이 연상의 조짐이 밝아 보여 나는 이대로 생각의 흐름에 몸을 맡겼다.

생명이 폭발적으로 늘어나며 이 행성에서 진화가 시작되었고, 지적 생명체가 서서히 출현했다. 그렇다 해도 생명의 역사는 우연의 연속일 뿐이었다. 약 6,600만 년 전 지구에 소행성이 충돌했을 때 공룡은 멸종을 피할 수 없었다. 약 7만 6,000년 전에는 인간도 초거대 화산의 폭발로 멸종 직전까지 갔다.

그래! 그게 핵심이었다! 그들은 모두 무력했다. 미래는 그저 닥치는 것이었다. 그때까지 우주의 전형적인 패턴은 완전히 무작위적으로 일어나는 예측불허의 사건들이 무자비한 필연을 초래하는 것이었다. 대부분의 내일은 견디기 힘들 정도로 지루한 곳에서 온다. 약 5,000년 전의 어느 시점을 제외하고는. 그때 우주에서 가장 드문 일이 지구에서 일어났다.

이 시점부터 지구는 우주 속의 보잘것없는 행성이 아니게 되었다. 인류도 보잘것없는 존재가 아니었다. 우리는 이 사건을 '문명의 새벽'이라고 부른다. 하지만 이 사건은 그 이상의 의미가 있다. 이때를 경계로 미래는 흥미진진해지기 시작한다. 왜냐하면 인류가 처음으로 운명에 맞서는 데 성공했기 때문이다. 원시인도 주변 환경을 바꾸려고 시도했을 것이다. 하지만 그들은 고대 이집트인처럼 스스로의 힘으로 역사의 경로를 바꿀 수는 없었다.

바로 그것이다! 그 경험에서 힘을 얻자. 기억해! 인류의 초기 문명은 이따금 한 개인이 후대의 모든 사람에게 영향을 미치는 변화를 일으킬 수 있음을 증명해보였다. 이것은 역사의 큰 전환점이었고, 이때부터 우주를 바꾸는 힘은 모든 인간의 타고난 권리가 되었다.

그 순간 나는 힘이 넘쳐흐르는 느낌이 들었다. 내가 변화를 일으킬 수 있다고 다시 한번 믿어보기로 했다. 나는 60세가 될 때까지 변화를 일으키기 위한 다양한 방법을 짜냈다. 변화를 일으키는 것에 대한 열정도 16세 때나 지금이나 여전했다.

하지만 잠시 타올랐던 자신감의 잔불은 차가운 밤의 어

사랑은 최종적으로 모든 것을 이긴다

둠 속에서 식었다. 이 모든 것이 나와는 무관한 일로 돌아갔다. 시계는 새벽 2시를 가리켰다. 나는 뜬눈으로 밤을 지새웠다. 하지만 프랜시스 앞에서 무너진 지 아직 몇 시간밖에 지나지 않은 것을 생각하면 나는 더 이상 자기 연민 속에서 허우적거리고 있지 않았다. 물론 발가락은 여전히 담그고 있었고, 아주 사소한 자극만 있어도 다시 미끄러져 들어갈 준비가 되어 있었던데다 뇌의 집행부는 여전히 모든 희망을 놓으라고 독촉하고 있었다.

그 이후의 90분은 평소보다 빨리 흘러갔다. 아니면 나도 모르게 선잠이 들었을지도 모른다. 어느 쪽이든 새벽 3시 반쯤 내 뇌는 비이성적일 정도로 낙관적으로 변해 있었다. 아이디어가 떠오른 것은 그때였다. 나의 일부는 여전히 그것을 비현실적인 망상으로 치부했지만, 내 뇌는 그 아이디어를 계속 싹틔우라고 요구했다.

오전 5시가 되기 조금 전에 해가 떴다. 나는 완전히 잠에서 깨어 다시 잠을 청하는 것 자체가 터무니없는 상황이 되었다. 어쨌든 할 일이 무지하게 많았다. 내 뇌는 이제 비이성적으로 활기가 돌았다. 나는 푸념하는 것을 그만두고 계획을 세우기 시작했다.

"깼어?" 나는 주저하며 물었다. 프랜시스는 코를 골지 않고 이리저리 뒤척였다. 더욱이 최근 몇 주 동안 그는 매우 일찍 일어났다. 별 반응이 없어서 나는 그대로 기다렸다. 하지만 그때 그가 무심코 하품을 하는 바람에 나는 기회를 놓치지 않고 약간 목소리를 높여 다시 물었다. "깼어?"

"아니."

"다행이다! 나는 밤새 깨어 있었어."

프랜시스가 몸을 일으키며 걱정하는 표정을 지으려 했다. 하지만 얼굴 근육이 잘 움직이지 않았다.

"괜찮아?"

"물론이지! 밤새 생각 좀 하느라고."

"오, 맙소사! 그냥 잊으라고 했잖아. 그럴 가치가 없는 사람들이야. 열심히 했지만 잘 안 된 거야. 그만큼 했으면 됐어."

"바로 그거야! 잘되게 하는 방법을 알아냈어. 아이디어가 떠올랐어! 설명해볼게……."

"잠깐 기다려. 커피 좀 마시고!"

프랜시스는 느릿느릿 침대에서 빠져나오더니, 10분 후 완벽한 마키아토 두 잔을 들고 돌아왔다. 그가 잔을 다 비웠을 때 마침내 대화가 다시 시작되었다.

"말해봐. 좋은 생각이란 게 뭔데?"

"우리 둘이 자선 재단을 만들어보는 거야. 스콧-모건 재단. 내 계획을 추진하기 위한 완전한 비영리 연구 단체야."

"이미 아는 얘기잖아!"

"뭐?"

"MND협회에서 할 수 없다면 당연히 네가 해야지. 몇 달 전에도 얘기했잖아……."

"그래, 하지만 그때는 이렇게 될 줄 몰랐어."

사랑은 최종적으로 모든 것을 이긴다

"어쨌든 그렇게 됐으니 당장 행동해야지. 안 그러면 늦을지도 몰라. 오늘이라도 연락하는 게 좋겠어."

"오늘은 일요일이야! 아무도 출근하지 않아!"

"더 잘된 거 아닌가? 사실 어젯밤 자기 전에 생각해봤는데, 오늘 중으로 네 생각을 정리해서 여기저기 이메일을 보내놓으면, 월요일 아침 모두가 출근하기 전에 선수를 칠 수 있지 않을까 하는 생각이 들었어."

"뭐라고?"

"어젯밤에 한 생각이야."

"어젯밤에는 재단에 대한 내 생각을 몰랐잖아!"

"몰랐지. 하지만 네가 뭐라도 생각해낼 줄 알았어."

"아무것도 생각해내지 못했다면?"

"커피 한 잔을 더 만들어줬겠지……."

어쨌든 나는 커피가 더 필요했다. 그리고 점심시간이 지나서 또 한 잔을 마셨다. 얼마 후 자선 재단에 대한 생각이 정리되었다. 지난 몇 달 동안 내가 설득했던 모든 기업에 이메일을 보냈다. 메일에서 나는 프랜시스와 공동으로 완전히 독립된 연구 재단을 만들 예정이고, 거기서 지금까지 협의해온 모든 프로젝트를 계속 진행할 수 있을 것이라고 알렸다. '보내기' 버튼을 누르기 전에 나는 메일 내용을 프랜시스에게 읽어주었다.

"레이 말로는, 그 기업들이 MND협회하고만 일하겠다고 하지 않았어?"

"맞아. 하지만 MND협회가 프로젝트에서 손을 떼기로 결정한 순간, 그 전제는 무너진 거야. 어쨌든 우리 재단은 법적으로 독립된 조직이고, 독립된 이사회가 운영을 맡을 거야. 기업들이 나 개인하고 일하는 게 아니야."

"하지만 과연 우리와 협력할 곳이 있을까?"

늘 그렇듯 프랜시스는 내 계획의 가장 약한 부분을 직관적으로 파악했다.

"나도 몰라. 협력해주기를 바랄 뿐이야. 많이는 필요 없어. 한 곳만 참여해도 충분해. 거기에 더해 규모는 작지만 중요한 회사와 전문가들을 충분히 영입할 수 있다면, 더 많은 대기업이 관심을 갖게 될 거야. 우리 재단이 성과를 내면 좋은 인재가 많이 모이겠지."

"우리가 역사의 경로를 바꾸는 건, 앞으로 하루 이틀 사이에 조직의 핵심이 될 팀을 꾸릴 수 있느냐에 달려 있어!" 프랜시스는 온전히 내 편이었다. 새삼스럽게 그 말을 다시 할 필요는 없었기 때문에 대신 이렇게 덧붙였다. "잘만 하면 어떤 압박도 없이 자유롭게 움직일 수 있겠군. 대략 몇 명의 이사가 필요할까?"

"여덟 명."

"정확히 여덟?"

"음, 재단을 출범시키는 데 꼭 필요한 역할을 생각해봤어. 일이 궤도에 오르면 몇 명이 더 필요하겠지만, 당장은 우리를 빼고 여섯 명이 필요해. 나는 선임 연구원을 맡고, 넌 간

사랑은 최종적으로 모든 것을 이긴다

호 부문을 책임지면 좋겠어.”

“그건 안 돼! 나보다 훨씬 더 잘하는 사람을 찾을 수 있을 거야!”

“절대로 그럴 수 없어. 넌 23년 동안 사실상 요양원을 운영해온 셈이야. 중증 장애를 지닌 사람을 보살피는 일에 대해 너만큼 잘 아는 사람은 없어. 어쨌거나 넌 재단의 공동 창립자이기도 해!”

“음, 생각해볼게.”

“그래서 위대한 8인 중…….”

“아, 우리가 정말 위대해진다면 얼마나 좋을까…….”

“당연히 그렇게 될 거야! 이미 ‘기니피그’와 ‘간호사’는 있어. 세상의 룰을 깨려면 여섯 명의 핵심 인물을 더 모집해야 해. 그래서 내가 생각해봤는데…….”

# 위대한 8인

The Magnificent Eight

## 이사장, 앨룬

앨룬(장 전처치 중 전화를 건 사람)은 막강한 권한이 주어지는 MND협회 이사회 이사장을 수년간 맡아왔지만, 내게 전화했을 당시 임기를 꽉 채운 후 퇴임을 앞두고 있었다. 그와 나는 이사회에 같이 참석한 적이 없어 실제로 만난 적은 없지만 서로 연락을 계속 주고받았다.

요즘 앨룬의 활동 반경은 머지사이드 Merseyside(잉글랜드 북서부에 있는 주. 주도는 리버풀—옮긴이)였다. 협회 이사장직에서 퇴임한 후에도 머지사이드 지부에서 계속 대표를 맡았다. 지역 기반을 중요하게 여기는 사람답게 그는 '현실에 기반을 둔 관점'을 갖추고 있었고, 나는 그 점이 마음에 들었다. 또한 자선단체 운영에 관한 복잡한 규칙(무엇이 어디까지

사랑은 최종적으로 모든 것을 이긴다

법적으로 허용되는지)에 대해 내가 아는 어떤 사람보다 폭넓은 지식을 가지고 있었다. 나는 이사로 있는 동안 그에게 비공식적 조언을 받으며 그를 점점 신뢰하게 되었다. 어느 누구도 갖지 못한 능력을 갖춘 앨룬은 우리 재단의 든든한 자산이 될 터였다. 다행히 그날은 일요일이라서 앨룬과 수분 내로 영상통화를 연결할 수 있었다.

"괜찮다면 우리 재단의 회계를 맡아주시면 어떨까요⋯⋯."
싫다고 하지 않았기 때문에 나는 자신감을 가지고 한마디 덧붙였다. "이사장 일의 일환으로 말입니다."

그는 빙그레 웃었다.

"기꺼이 맡죠."

## 촬영 담당, 패트

예전에 컨설턴트로 일할 때 나는 BBC 사장에게 그 회사의 암묵적 규칙을 해독하는 무제한적 권한을 받았다. 텔레비전이 카멜레온이라는 비밀스러운 종족에 의해 운영된다는 사실을 안 것은 그때였다.

경영자로 크게 성공하기 위해서는 가진 것보다 훨씬 성공한 사람들인 '정상급 인재'(즉 나머지 사람들의 '스타')를 관리할 수 있어야 한다. 그런 인재들 중 일부는 자신만의 중력장을 발휘할 만큼 거대한 자아를 가지고 있다. 심리적 역학 관계를 잘 풀어가는 어려운 일을 해내기 위해, 최고 경영자들은 자존심 강한 모든 사람의 비위를 맞추는 난해한 기술을 정교하게 갈고닦았다. 이들이 두 얼굴을 지니고 있다는 얘기가 아니다. 최고들은 적어도 10개의 얼굴을 가지고 있고, 그보다 더 많을지도 모른다.

그래서 1년여 전 패트를 처음 만난 날, 나는 그에게 매혹될 뿐 아니라 속을 각오까지 되어 있었다. 당시 그는 수상 경력이 있는 제작사의 대표이사로서 나에 대한 다큐멘터리를 촬영하기 위한 경쟁에 뛰어들었지만, 그 전에는 3,000명 넘는 직원과 연간 4억 파운드 이상의 예산을 책임진 BBC 텔레비전 제작 책임자였기 때문이다. 그는 아마 최고급 다이아몬드보다 더 많은 면을 지니고 있을 터였다.

그를 만난 후 나는 서서히 그에 대해 알게 되었다. 그리고 그를 진심으로 좋아하고 그에게 반하게 되었다. 그의 표정은 놀랍도록 일관되었지만 딱히 뭐라고 분류할 수는 없었다. 어느 면으로 보면, 길모퉁이에 서서 행인들에게 모든 형태의 다양성과 포용력을 열렬히 옹호하는 적극적인 운동가의 얼굴이었다. 또 한편으로는 숨은 보물과 영광스러운 모험을 찾아 7대양을 건너는 사략선私掠船의 선장 같은 얼굴이기도 했다. 어쨌든 기득권의 얼굴은 아니었다.

나는 그에게 "우리의 미디어 책임자가 되어주실 수 있을까요?"라고 물었다. 패트는 많은 사람을 알고 있었다. 1초간 침묵이 흘렀다. 그 순간이 마치 1년처럼 느껴진 나는 이렇게 덧붙였다. "당연히 다큐멘터리가 끝난 후에는 참여하지 않아도 됩니다." 여전히 침묵이 이어졌다. "이해 충돌이 생

사랑은 최종적으로 모든 것을 이긴다

길 위험이 없다는 말이죠." 나는 마치 이것이 결정적 이유인 것처럼 말했다.

"피터, 당신과 프랜시스를 내가 제대로 알고 있다면, 이 재단을 통해 파란을 일으킬 속셈이라고 생각해도 될까요? 필요하다면 세상을 발칵 뒤집어놓을 각오도 하고 있는 거죠? 수많은 따분한 재단 중 하나가 되려는 게 아니라면 당신의 제안을 수락하겠습니다."

"패트, 우리 재단은 무엇을 상상하든 그 이상이겠지만, 따분하거나 고루하거나 위험을 회피하는 모습은 절대 아닐 겁니다."

통화를 시작하고 나서 처음으로 그가 웃었다. 낄낄거리는 웃음소리는 굵고 낮게 깔리는 와중에 간간이 고음으로 치솟아 마치 덩치 큰 소년이 무슨 계략이라도 꾸미는 것처럼 들렸다.

"그렇다면 이 기회를 절대 놓치면 안 되겠네요!"

## 음성 합성 담당, 매슈

매슈는 그동안 세레프록에서 내 합성 음성을 만들어왔다. 스카이프로 처음 통화한 이래 우리는 자주 이메일을 주고받았다. 무엇보다 과거에 두 번쯤 만났을 때 그는 두 번 만났을 때 일명 '프랜시스 테스트'를 통과했다(그것은 프랜시스 특유의 직관과 예리해 보이는 질문의 조합에서 나오는 통찰력 있는 질문을 결합한 인물 평가로, 지난 수십 년 동안 섬뜩할 정도로 정확했다).

"당신은 정말 사람을 쥐락펴락하는 재주가 있군요." 내가 합성 음성을 맡아달라고 부탁했을 때 매슈가 내뱉은 첫마디였다. "기꺼이 참여하겠습니다!"

그 문제를 일단락 짓고 나서 우리는 전부터 논의해온, 내게 노래를 되찾아주는 프로젝트에 대한 이야기를 계속했다. 몇 달 전, 폐 근육과 목 근육의 문제로 나는 다시는 노래를 부를 수 없게 되었다. 평생 혼자서도 노래를 흥얼거리곤 했던 나는 그것이 못내 아쉬웠다. 이 이야기를 매슈에게 했더니, 몇 주 후 그에게서 합성된 음성 파일이 이메일로 도착했다. 〈하늘에 영광을 돌려요 Ding Dong Merrily on High〉(크리스마스캐럴의 하나―옮긴이)가 내 목소리로 합성되어 있었다.

"아직 시험 단계예요." 나중에 매슈가 말했다. "그런데 〈퓨어 이매지네이션 Pure Imagination〉(1971년 영화 〈윌리 웡카와 초콜릿 공장〉의 주제가―옮긴이)의 가사를 한번 찾아보세요. 당신에게 딱 맞아요. 이런 소절이 있거든요. '하고 싶은 게 있으면 무엇이든 하세요. 세상을 바꾸고 싶나요? 문제없어요!' 나 같은 늙은 냉소주의자도 그 부분을 듣고 울컥했다니까요."

"뮤직비디오를 출시하면 어떨까요?"

"고해상도 아바타를 작동시켜야 하는 문제가 있지만, 안 될 건 없죠. 좋은 아이디어예요."

## 아바타 괴짜, 어맨다

"그래서 뮤직비디오를 만들기로 했어요! 합성 음성의 노래에 맞춰 고해상도 아바타의 입을 움직였으면 좋겠는데 할 수 있을까요?"

파인우드에서 일하는 어맨다와 그 동료들의 대단한 점은 그들이 못 할 일은 없다는 생각이 들게 한다는 것이다. 게다가 어맨다는 매슈와 함께 일하는 것을 좋아했다. 세레프록의 내 친구들을 소개했을 때 그녀가 내게 한 첫마디가 "괴짜들의 천국에 와 있군요!"였다.

그 무렵 어맨다의 동료 애덤Adam은 내 아바타에 머리카락과 속눈썹을 심고, 잡티와 주름까지 그려 넣었다. 또한 자기 마음대로 내 아바타의 헤어스타일을 바꾸었다. 프랜시스와 앤드루는 완성된 아바타가 원판보다 훨씬 낫다는 데 동의했다. 나는 아마 지구상에서 아바타에 맞추기 위해 머리 색깔과 모양을 바꾼 유일한 사람일 것이다. 그 결과, 다른 회사의 아바타 제작 팀(엠보디 디지털Embody Digital의 아리Ari)도 저해상도 아바타의 헤어스타일을 바꿔야 했다.

"그럼요, 할 수 있고말고요! 고해상도 피터 2.0은 뭐든지 할 수 있을 거예요. 고해상도 아바타를 실시간으로 움직이기 위해서는 프로세싱이 아주 많이 필요해요. 하지만 몇 년만 있으면 언제든 실시간으로 움직일 수 있을 거예요!"

어맨다는 재단에 대한 자신의 생각을 화상 통화 전에 이미 메일로 보내주었다. "반란 동맹 함대에 참여하게 되어 정말 영광입니다! 재단을 창립해서 여러 사람의 힘을 모으면 세상이 깜짝 놀랄 일을 할 수 있을 거예요. 강한 의지를 지닌 창의적 인재들이 공동전선을 편다면 많은 분야에 긍정적 영향을 미칠 수 있다고 생각해요. 많은 사람의 인생은 물론 세상을 바꿀 수 있을 거예요." 나는 그녀의 말을, 이번에도 괴짜들의 천국에 들어오기로 했다는 뜻으로 받아들였다.

## 디자이너, 에스테르

에스테르Esther는 마드리드에서 태어나 런던에서 성장했고, 지금은 파리에서 활동하고 있었다. 그녀는 어느 곳에 가든 현지 언어를 유창하게 했다. 처음 만났을 때부터 그녀는 내게 엄청난 확신을 심어주었다. 만일 누군가가 우리 일을 방해한다면 자신이 그들을 없애버리겠다는 말을, 그것도 웃는 얼굴로 했다. 우리는 첫 만남부터 서로 통했다.

에스테르는 글로벌 디자인 컨설팅 회사의 대표였다. 하지만 내가 그녀를 만나 계획을 논의하려 할 때마다 휴가 중이거나, 주말이거나, 공휴일이어서 좀처럼 이야기가 진행되지 않았다. 내 계획에 에스테르가 정식으로 관심을 보인 건 아마 이때가 처음 아니었나 싶다.

"당신이 하려는 일이 굉장히 흥미로워요." 에스테르가 진짜 라틴계 사람만이 할 수 있을 것 같은 정열을 담아 확답을 했다. "기꺼이 당신 재단의 이사가 될게요, 피터!"

좋은 소식이었다. 그만큼이나 좋은 소식은 에스테르의 열정에는 전염성이 있다는 것이었다. 에스테르의 젊은 동료 로라Laura와 로빈Robin이 빈 시간을 이용해 나와 협업을

사랑은 최종적으로 모든 것을 이긴다

시작했다. 그들은 앞으로 내가 점점 더 의존하게 될 모든
AI 시스템의 사용자 인터페이스를 디자인해주기로 했다.
이 두 사람의 철학은 나와 정확히 일치했다. 즉, 하이테크
가 사람을 중심으로 디자인되어야지 그 반대여서는 안 된
다는 것이다. 그들이 매력적인 사람이라는 점은 덤이었다.

## AI 마법사, 제리

확률적으로 따지면 제리Jerry와 나는 좋은 친구가 되는 건 고
사하고 만날 일조차 없는 사람들이다. 우선 제리는 미국 세인
트루이스에 살았다. 나는 그레이하운드 버스 안에서 젊은 카
우보이 브래드와 스쳐 지나간 1976년 이후로는 세인트루이
스에 가본 적이 없다. 1976년에 제리는 태어나지도 않았다.

우리가 만나는 게 불가능했던 또 한 가지 요인은 제리
가 현실 세계에서는 좀처럼 들을 수 없는 회사들 중 하나인
DXC 테크놀로지에서 일했기 때문이다. IT 컨설팅 회사인
DXC는 그 분야의 판도를 바꾼 중요한 기업이었다. 15만 명
의 직원을 거느리고 전 세계에서 영업을 하고 있으며, 작년
에는 250억 달러가 넘는 매출을 올렸다. 그렇다 해도 나는
그들과 아무런 접점이 없었다.

패트릭Patrick이라는 남자가 프랜시스와 내게 자신을 소개
하면서 상황과 무관해 보이는 질문을 할 때까지는. "예술에
관심이 있어요?" 질문한 당사자도 왜 이런 말을 해야 하는
지 납득하지 못하는 듯했다. 그동안 내가 다룬 화제는 하이

테크나 사이보그 등 과학 관련 문제들뿐이었기 때문이다. 인터넷을 아무리 뒤져도 10대 시절 내가 점심시간을 통째로 미술 활동에 썼다는 일화는 나오지 않았다. 하물며 예술 대신 과학의 길을 선택함으로써 내 안에 뻥 뚫린 구멍의 존재를 패트릭이 알 리 없었다. 그것은 사실상 무척이나 엉뚱한 질문이었다. 패트릭의 설명은 이러했다. DXC의 AI 부문 책임자는 내가 완전히 마비된 후에도 예술 작품을 창작할 수 있는 AI 시스템을 만들겠다는 엉뚱한 생각을 가지고 있다는 것이다. 나는 그에게 그 엉뚱한 생각이 굉장히 마음에 든다고 말했다.

며칠 후 나는 그 회사 AI 부문 책임자인 제리에게 이메일을 받았다. 우리의 첫 번째 화상 통화는 한 시간 넘게 이어졌다. 우리는 이틀 뒤, 다시 한 시간 동안 통화했다. 그런 다음에는 매주 두 시간씩, 기한을 정하지 않고 통화하기로 결정했다. 그런 제리에게 재단의 부이사장이 되어달라는 말을 꺼내기 위해서는 용기가 필요했다. 왜냐하면 제리와의 대화는 환상적이고 자극적이어서 나는 그것을 진심으로 즐기고 있었기 때문이다.

한 사람이 아이디어를 던지면 상대방이 그것을 발전시켜 되받아치는 식이었다. 제리는 최근 대화를 바탕으로 새로운 AI 프로그램을 작성하기도 했다. 우리는 대화를 나누는 동안, 내가 진정한 사이보그 아티스트가 되어 인간도 AI도 혼자서는 할 수 없는 작품을 창조하려면 광범위한 문제를 고

사랑은 최종적으로 모든 것을 이긴다

려할 필요가 있음을 깨달았다. 인간 중심적 AI를 구축하는 최적의 방법부터 근본적인 윤리적 질문까지 다양한 쟁점을 제리와 함께 논하는 것은 설레는 경험이었다. 동시에 이 대화는 아직까지 어느 누구도 시도한 적 없는 형태로 AI의 가능성을 탐색하는 혁명적인 실험이기도 했다. 혁명적인 그리고 순수하게 즐거운 경험이었다.

이 역학 관계가 깨질까 봐 나는 화상 통화 도중 재단 이야기를 꺼내는 걸 망설였다. 우리가 공동 창조를 하는 귀중한 시간을 다른 일로 허비할 수 없기 때문이라고 스스로 변명을 하면서. 결국 나는 내가 생각하고 있는 것을 메일로 자세히 써서 제리에게 보냈다. 재단의 중심에 핵심 인재들이 모이기 시작했고, 갈수록 강해지고 있는 우리의 반란 동맹은 결국 현 상태의 룰을 깨고 세상을 영원히 바꿀 수 있으리라 믿는다고 설명했다. 그것은 독립된 AI가 지배하는 세상에서 사람과 AI가 협업하는 세상으로 미래의 경로를 바꾸는 일이라고도 말했다. 그리고 내 말이 터무니없게 들릴지 모르지만, 내 제안을 진지하게 생각해보라고 부탁했다.

보내기 버튼을 클릭하고 1분도 채 안 돼 제리에게 답장이 왔음을 알리는 벨 소리가 울렸다.

"(2초 동안) 진지하게 생각해봤습니다. 할게요!"

# 번영할 권리

Right to THRIVE

안녕하세요, 피터.

당신의 도움이 지금 당장 절실히 필요해요. 줄리언Julian이 영양 튜브 시술을 하다가 장에 구멍이 뚫려 병원에 있습니다. 하지만 NHS 방침 때문에 당장 필요한 재수술을 받지 못할 위험에 처했어요. 수술 후 호흡기 제거 시 자발 호흡이 어려울 수 있어 레벨3 중환자실에서 받아줄 수 없다는 겁니다. 병원은 우리에게 DNAR(심폐소생술을 하지 않겠다는 서식)에 서명하고 말기 의료를 검토하라고 합니다. 하지만 줄리언은 아직 그럴 단계가 아닙니다. 밤에만 비침습적(마스크형) 인공호흡기를 사용하고, 평소에는 호흡기 없이도 90퍼센트의 산소 포화도를 유지하고 있어요. 그런데도 병원 측은 분명한 대답을 주지도, 기관절개나 후두적출 같은 선택지를 제시하지도 않아요. 어떻게

사랑은 최종적으로 모든 것을 이긴다

해야 할지 모르겠어요. 당신이 어떤 식으로든 도움을 준다면 영원히 잊지 못할 것입니다. 병원이 하자는 대로 하면 줄리언 은 죽고 말 거예요.

솔직히 MND에서 살아남는 것이 내 직업이 될 거라고 누가 상상이나 했을까?

이렇게 된 원인은 무엇보다 병 자체가 아니라 병에 대한 주변의 태도에 있다. MND의 최악은 일부 의료진의 태도, 관련 자선단체의 태도, 정부의 태도, 일반 대중의 태도, 친구와 가족의 태도, 그리고 무엇보다 '가장 잔인한 병'에 걸렸다고 생각하는 MND 환자 자신의 태도다.

나는 1년 전 두 통의 메일을 받은 것 외에는 줄리언에 대해 아는 바가 없었다. 그는 MND 환자도 번영을 누릴 권리가 있다는 내 메시지에서 용기를 얻었다고 말했다. 그러고 나서 그의 누나가 페이스북을 통해 내게 도움을 청한 것이다. 이때는 내 상황이 좋지 못했다. 후두적출 수술이 두 달도 남지 않았는데 책을 절반밖에 쓰지 못했고, 재단도 아직 본격적으로 출범하지 못했으며, 생물학적 목소리를 잃은 후 효과적으로 의사를 전달하기 위한 첨단 시스템도 아직 완성되지 않았을 때였다. 내 인생만 해도 정신이 없었다.

줄리언의 누나가 병원의 말을 오해했거나 과잉 반응하고 있는 것일지도 몰랐다. 하지만 그녀가 옳을 수도 있었다. 만일을 위해 나는 앤드루에게 이메일을 받아 적게 해서 도와

줄 만한 사람들에게 닥치는 대로 보냈다.

문제는 줄리언이 실제로 위기에 처했는지 여부가 아니었다. 나는 영국 전 지역은 물론 전 세계에서 많은 '줄리언'이 MND에 대한 태도 때문에 죽어가고 있다는 것을 알고 있었다. 그들이 죽는 것은 살릴 방법이 없어서가 아니라, 죽는 것이 당연하다거나 죽는 편이 낫다는 사고방식 때문이었다.

나는 매우 운 좋은 사람이었다. 데번의 NHS 관계자 대부분이 내 뜻을 전폭적으로 지지했고, 내 치료를 일종의 본보기로 여겼다. 하지만 지난 1년 동안 나는 전 세계의 낯선 사람들로부터 많은 연락을 받았다. 그들은 인간에게 당연한 권리여야 할 생명 유지 치료를 어떻게 거부당했는지에 대한 끔찍한 이야기를 들려주었다. 설상가상으로 표면상으로는 MND 환자의 권리를 보호하는 것처럼 보이는 몇몇 자선 단체에 내가 이 문제를 제기했을 때, 그들은 "의료계를 자극할 위험이 있기 때문에 이런 일에는 신중을 기할 필요가 있다"고 대답했다. 지도력을 보여주지 못함으로써 발생하는 위험에 대해서는 생각해본 적이 없는 듯했다.

영국에서 일어나고 있는 이 모든 부당한 일에 끓어오르는 분노를 느끼며 나는 우리 지역의 국회의원 케빈 포스터Kevin Foster에게 편지를 썼다. 그 의원은 만나자고 제안하며 도움을 주겠다고 약속했다. 거기까지는 좋았다. 하지만 영국 의회가 브렉시트Brexit를 둘러싸고 혼돈으로 치닫고 있는 지금은 결국 아무런 변화도 일어나지 않으리라는 것을

사랑은 최종적으로 모든 것을 이긴다

우리 둘 다 알았다. 그리고 실제로 아무 변화도 일어나지 않았다. 이것은 기성 체제에서 일이 잘 풀리지 않을 때의 '암묵적 법칙'이었다.

그렇다고 시대에 뒤처진 태도가 불필요한 비극을 낳고 있는 것에 대한 분노가 가라앉는 것은 아니다. 패배주의적 태도는 아직도 의료 현장에 남아 있다. 그리고 많은 자선단체가 MND에 대해 냉혹할 정도로 끔찍한 이미지를 생산하고 있는 듯하다. 그렇게 하면 (거의 가망 없는) 치료법을 개발하기 위해 더 많은 기부금을 더 모을 수 있다고 생각하는 듯하다. 하지만 MND 환자 대부분이 부정적 태도에 내몰린다는 것이 가장 큰 문제다. 진단 후 환자와 환자 가족이 듣고 읽는 모든 정보가 그들을 그렇게 만든다. 구글에 'MND ALS'라는 검색어를 치는 최악의 결정을 내릴 경우에는 특히 그렇다.

환자에게 진단을 전할 때 놀랍도록 친절한 의사도 있는 반면, 냉혹한 의사도 있다. "뭐, 할 수 없죠"라고 말하며 병명을 알리는 의사도 있다고 들었다. 어떤 의사는 진단을 내리며 티슈 상자를 건넸다고 한다.

이런 태도는 소모적이다. 이 때문에 MND 환자들 중 일부는 자신의 병을 계속 부정하면서 영양 튜브를 삽입하는 것조차 거부한다고 한다. 비극이 아닐 수 없다. 무엇보다 큰 비극은 그 환자들이 계속 병을 부정하면서 굶어 죽을 수 없다는 것을 깨달을 때는 대개 영양 튜브를 장착하기에 너무

늦다는 점이다.

어떤 환자들은 스스로 음식물을 삼킬 수 없을 때를 대비한 준비 자체를 거부하기도 한다. 몸에 튜브를 꽂는 것을 중증 장애인이 되는 첫걸음으로 인식하기 때문이다. 그들은 그 한 걸음을 떼는 것이 두려운 것이다. 하지만 실제로는 MND 증상을 처음 알아챘을 때 이미 첫걸음을 내디뎠다.

환자가 생명 유지 장치를 받아들이는 것이 뭔가를 상징하지는 않는다. 아니다. 뭔가를 상징한다면, 스스로를 추스르고 운명에 맞서는 의연한 태도를 상징할 뿐이다. MND가 아닌 환자도 영양 튜브를 사용한다. 그들 대다수는 필요가 없어지면 영양 튜브를 제거하는 반면, MND 환자는 획기적인 발전이 없는 한 그걸 계속 유지해야 한다는 차이는 있다. 하지만 영양 튜브를 장착하는 게 어떤 분기점인 양 행동하는 것은 그 의미를 과장하는 것이다.

어떤 환자들은 차라리 '일찍' 굶어 죽는 쪽을 선택한다는 이야기를 들었다. 또 어떤 환자들은 인공호흡기를 거부하고 서서히 질식사하는 것을 선택하기도 한다[하지만 요즘에는 완화 의료palliative care(환자의 신체·정신적 고통 완화에 대한 치료를 아우르는 포괄적 형태의 의료 행위—옮긴이)가 매우 발달해서 이런 선택을 해도 고통받는 일은 없다는 점을 강조하고 싶다]. 이 환자들이 충분한 정보를 습득하고도 이런 결단을 내린다면 그건 받아들일 수 있다.

다만 꼭 말하고 싶은 것은, 이런 선택을 한 사람 중 한두

사랑은 최종적으로 모든 것을 이긴다

명 또는 대다수, 어쩌면 모두가 내가 받고 있는 치료에 대해 알았다면 다른 선택을 했을지도 모른다는 점이다. 나는 트리플 오스토미 수술을 시행하기 전에 받은 한 통의 메시지를 잊을 수 없다. MND에 걸린 그 사람은 이미 디그니타스Dignitas(안락사를 돕는 스위스 기관—옮긴이)에 연락을 했지만, 나의 수술 결과를 관심 있게 지켜보고 있으며 내 대처에서 "희망을 보았다"고 말했다. 이 메시지는 이 책을 쓰는 가장 큰 동기가 되었다. 사람이 스스로 목숨을 끊는 이유에는 여러 가지 이유가 있겠지만, 희망을 잃는 것이야말로 가장 슬픈 이유라고 생각한다.

희망이 없어서 죽음에 내몰리는 사람이 있다는 사실이 나는 슬플 뿐 아니라 견딜 수가 없다. 그들에게는 고려해볼 만한 대안, 현실적인 선택지가 전혀 없다. 나는 그들에게 희망, 대안, 선택지를 제시하고 싶다. 선택의 여지가 있음을 알려주고 싶다. 그것을 알고 나서 어떤 선택을 할지는 온전히 그들 몫이라고 생각한다. 즉, 나는 사람들이 죽음을 선택할 권리를 지지한다. 하지만 삶을 선택할 권리도 그것만큼 강력하게 지지한다.

선택은 진지하게 견주어볼 만한 대안이 있을 때 의미가 있다. 그렇지 않으면 그것은 선택의 허울을 쓴 기정사실fait accompli에 불과하다. 결정이 이미 되어 있는 상태에서 결정을 내리는 절차를 밟는 것일 뿐이다. 그들이 진정한 의미의 선택지가 존재한다는 것을 알기를 바란다. 오늘날 너무 많은 사람이 MND 환자에게는 하나의 길밖에 없다고 믿는다.

영양 튜브나 인공호흡기를 거부하는 사람들이 모든 사실을 알고도 그런 선택을 할지는 의문이다. 그들은 단지 인생의 마지막을 고통스럽게 보내고 싶지 않을 뿐이다. 내가 우려하는 점은 이런 결정을 내리는 많은 사람이 임상적 우울증을 앓고 있을 가능성이다. 우울증은 MND보다 훨씬 더 지독한 병이다. 생과 사에 대한 이성적 판단을 내릴 수 있는 상태라고 볼 수 없다. 하지만 내가 우울증을 걱정하는 더 큰 이유는 다른 데 있다.

그들이 애당초 우울증에 빠지는 이유야말로 궁극적인 비극이다. 그 이유는 당연히 'MND로 진단받았기 때문'이라고 여길 테지만, 내 생각은 다르다. 오히려 MND의 예후를 끔찍하게 묘사하는 것이 문제다. 의식은 그대로인 채 움직일 수 없게 되고 그런 상태로 수년간 지낸다는 이야기를 들으면, 차라리 죽는 것이 산송장으로 사는 고통에서 해방되는 축복처럼 보인다.

더구나 그들은 사랑하는 사람들에게 정서적 부담과 간호 부담을 지울까 봐 걱정한다. 또한 경제적 부담에 대한 걱정도 있다. 자신들 앞에 놓인 운명에 지레 겁을 집어먹은 많은 사람은 삶을 포기하는 것을 남은 사람들의 행복을 위한 고귀한 희생이라고 여긴다.

과거에는 이 끔찍한 시나리오가 대체로 사실이었다. 그 결과 너무 많은 MND 환자가 너무 젊은 나이에 죽었다. 그들은 굴욕을 느끼고, 겁에 질리고, 망가지고, 존엄을 빼앗기다가 마침내 가장 강인한 사람들조차 희망을 포기했다. 또 다른 환자들은 사랑하는 가족이 고통받는 것을 보고 싶지 않아서 삶을 포기했다. 또는 살기로 선택할 경우에 드는 비용을 감당할 수 없을까 봐, 혹은 의료진으로부터 순리에 맡기라는 압력을 받아서, 아니면 단순히 존재하는 선택지의 전부를 알지 못한 탓에 삶을 포기하기도 했다.

그 옛날에 살았다면 나도 어떤 선택을 했을지 모른다. 하지만 분명한 것은 지금은 그 옛날이 아니라는 점이다. 지금은 21세기다. 최첨단 기술은 오늘도 비약적으로 발전하고 있다. 우리 MND 환자들도 보람 있고 설레는 미래를 선택할 수 있다. 반¾자립적 생활은 이미 가능하다. 생산적으로 사는 것도, 즐기는 것도 가능하다. 이런 것들을 가능하게 하는 기술은 점점 더 놀라워지고 있다. 왜 이 모두를 포기해야 하는가?

물론 상황을 바꾸는 것은 기술만으로는 안 된다. 아무리 좋은 아이디어라도 생각만으로 그치면 소용없다. 아무리 대단한 아이디어도 개념 증명만으로는 부족하다. 첨단 기술이 있어도 사람들의 손에 닿지 않는다면(원치 않거나, 아무도 제안하지 않거나, 구매할 수 없거나, 출시될 때까지 살지 못한다면) 세상을 바꿀 수 없다.

중증 장애를 안고 있는 사람이 누구나 자신의 의지로 번영을 선택할 수 있을 때 비로소 세상은 영원히 바뀔 것이다.

따라서 깜짝 놀랄 만한 첨단 기술을 개발하는 것과 동시에 우리는 사고방식을 바꾸어나갈 필요가 있다. 우리의 연구를 의료 개입에 변화를 일으키는 수단으로 보는 것이다. 그리고 기존 미디어와 소셜 미디어를 통해 의식을 고취하고, 필요에 따라 정부와 의료보건 업계를 압박해야 한다.

세상을 변화시키려면 연구에 종사하는 우리 같은 사람들이 무엇을 어떻게 연구할 것인지를 끊임없이 되묻고 진화시켜야 한다. 이렇게 함으로써 가능한 것의 테두리를 점점 넓혀가야 한다. MND와 중증 장애에 첨단 기술을 적용하는 연구의 최첨단에 있지 않으면 안 된다. 무어의 법칙을 빌려, 연구 성과를 사용자를 위한 도구로 바꾸어야 한다. 구속복에서 해방되기를 꿈꾸는 모든 사람에게 보다 많은 지원을 하기 위해 노력해야 한다. 진부한 표현임을 알지만 굳이 써보자면, 지금이 아니면 언제 할 것인가? 우리가 아니면 누가 할 것인가?

안녕하세요, 피터 씨.

저는 줄리언의 엄마입니다. 당신의 도움에 감사드립니다. 줄리언의 수술에 대한 병원의 태도가 그 후 극적으로 바뀌었어요.

줄리언을 보러 오는 거의 모든 의사가 매우 흥분된 목소리로 당신의 이름을 언급합니다.

줄리언은 검사를 받고 나서 후두적출 또는 기관절개를 받을 예정이에요. 담당 의사들은 수술 진행 방법에 대해 플리머

사랑은 최종적으로 모든 것을 이긴다

스Plymouth의 병원과 긴밀히 공조하기로 했어요. 이쪽 병원에 수술을 할 여건이 되지 않으면 그곳에서 수술받을 가능성도 있어요.

모두 다 우리에게 좋은 소식입니다. 딸이 당신에게 연락해서 정말 다행이라고 생각해요.

또한 피터 씨도 '번영할 권리' 운동을 추진하는 일에서 하나의 장벽을 허물었다고 믿습니다.

이 병원의 의사들을 보면 ALS/MND 환자에 대한 혁신적이고 선구적인 치료에 참여하려는 의지가 느껴집니다. 희망이 없다는 분위기가 완전히 바뀌었어요. 큰 진전으로 보입니다.

당신의 도움과 지원에 뭐라고 감사를 드려야 할지 모르겠습니다. 당신이 아니었다면 이 지구 상에서 줄리언에게 남겨진 시간은 훨씬 짧았을 것입니다. 하지만 아들은 번영하기를 원했고, 당신이 그 권리를 지지해주었습니다. 얼마 전에 어떤 사람이 이런 말을 했어요. 이 나라에서는 죽을 권리가 인정되지 않지만, 경우에 따라서는 살 권리마저 부정당한다고요. 매우 가슴 아픈 말이었어요.

시스템에 맞서 싸울 힘이 없는 사람들을 생각하면 가슴이 아픕니다. 우리는 당신과 연락이 되어 참으로 다행이었어요. 당신은 우리 가족에게 용기와 희망을 주었습니다.

다시 한번 진심으로 감사드립니다. 당신의 도움에 아무리 감사해도 지나치지 않을 겁니다. 당신의 놀라운 연구를 돕기 위해 저희가 할 수 있는 일이 있다면 꼭 알려주세요.

나는 사이보그가 되기로 했다

# 불꽃을 지키는 사람

Guardians of the Flame

이제 내 목소리는 너무나 약해졌다.

이곳은 런던에 있는 DXC의 혁신 센터다. 가장 큰 회의실에 모인 30명 가까운 사람들에게 나는 내 옆으로 최대한 붙어 앉아달라고 요청했다. 재단을 출범시키기 위한 이틀간의 워크 세션이 시작되었다. 내가 접촉한 거대 기업 중 용기와 리더십(혹은 의무감과 사회적 책임감?)을 발휘해 내 부름에 응해준 곳은 두 곳이었다. 그것만으로도 충분한 성과였다.

한 기업은 당연히 DXC다. 또 하나는 위대한 회사 인텔로, 스티븐 호킹과 함께 작업한 그 팀이 참석했다. 그다음으로 세레프록, 에스테르의 동료들, 아바타 제작에 참여하고 있는 많은 전문가, 그리고 재단의 핵심 인물 몇 명이 한자리에 모였다.

사랑은 최종적으로 모든 것을 이긴다

이날은 워크 세션 첫날이었다. 이틀 모두 오전 8시부터 저녁 8시까지 일정이 빽빽하게 짜여 있었다. 일정을 소화하는 것도 중요하지만, 내게 훨씬 더 중요한 일은 재단이 목표를 향해 최선의 길로 나아가도록 사람들의 마음을 하나로 묶는 것이었다.

회의실 안의 모든 사람이 내 지시에 따라 내 곁으로 의자를 옮겨왔다. 내 속삭이는 소리를 모두가 들을 수 있을 때까지 더 가까이 모이도록 한 후 나는 말을 시작했다.

"이 회의는 스콧-모건 재단의 첫 모임입니다! 앞으로 이틀 동안은 여러분이 제 생물학적 목소리를 듣는 마지막 기회가 될 것입니다. 따라서 저는 과거와 미래를 연결하는 문을 열며 이 중요한 시점을 기념하고 싶습니다. 1984년 8월, 지금으로부터 정확히 35년 전에 제 첫 번째 책《로봇공학 혁명》이 출간되었습니다. 당시 저는 결말을 놓고 편집자 그리고 원고를 검토한 교수와 치열한 논쟁을 했습니다. 그 결말에서 저는 먼 미래를 예측한다고 생각했습니다. 하지만 어처구니없게도, 그 예측이 틀렸음을 살아 있는 동안 확인할 수 있을지는 몰랐습니다. 제가 예측한 미래는 고작 반세기 앞이었습니다. 그때는 그것이 아주 먼 훗날처럼 느껴졌죠."

예전에 프랜시스에게도 설명했듯 나는 내가 오래전 예측한 갈림길에 인류가 와 있으며, 더구나 자신도 모르는 사이에 잘못된 길을 선택하려 한다고 말했다. 이대로 가면, 우리는 AI가 독자적으로 발달하는 미래를 맞게 될 것이다(그럴 때 인류는 뒤처질 수밖에 없다). 하지만 AI와 협력하는 길을 선택하면 인간도 AI도 혼자서는 불가능한 것을 실현할 수 있는 미래를 맞이할 것이다.

"저는 그 책에서 했던 예측을 수십 년 후 여러분 앞에서 낭독하게 될 줄은 상상도 못 했습니다. 하지만 그 마지막 문단을 다시 읽으며 저는 운명의 아이러니를 실감합니다. 그 책에서 저는 경솔하게도 '너무나 취약한 몸'이라는 표현을 썼는데, 그랬던 제가 이제는 그 책을 들 수조차 없는 몸이 되어버렸으니까요. 그래서 오늘은 저를 대신해 앤드루가 그 부분을 읽어줄 것입니다."

신호를 보내자 나의 충실한 조카가 사람들의 시선을 받으며 책을 읽었다.

"'인류의 능력을 강화'하는 길을 택한다면, 우리는 로봇이 독자적으로 진화해나가는 것을 지켜보는 대신, 로봇과 같은 '진화의 가지'에 남을 수 있을 것이다. 그러면 언젠가 인류는 너무나 취약한 몸을 보다 영구적인 메커니즘으로 대체하고, 슈퍼컴퓨터를 '지능 증폭기'로 활용할 수 있을 것이다."

나는 뒤를 이어 말했다.

"35년이 지난 지금, 이 회의실에 모인 우리에게 바로 그 길을 이끌어나갈 기회가 주어졌습니다. 우리는 제리가 말했듯이 '변화의 최전선에 선' 사람들입니다. 미래를 나중에 바꿀 수는 없습니다. 이제 우리가 창조 신화의 주역이 됩시다.

사랑은 최종적으로 모든 것을 이긴다

알다시피 이것이 할리우드 영화라면―언젠가는 영화로 만들어질 것입니다―지금부터 고난과 역경이 시작됩니다. 허황된 말, 걷잡을 수 없는 흥분, 거창한 아이디어, 얄팍한 약속의 시기는 끝났습니다. 이제 창조 신화의 진정한 영웅들―변화를 일으키기 위해 꼭 필요한 인내심, 전문적 재능, 불타는 열정을 겸비한 사람들―이 등장할 차례입니다. 바로 여기 계신 여러분입니다. 몇 시간 후에는 몇 분이 이 자리에서 또는 온라인으로 우리의 반란 동맹에 합류할 겁니다.

우리가 그 변화를 일으킬 사람들입니다! 여기 모인 분들이 반란 동맹의 핵심입니다.

하지만 지금부터가 중요합니다. 다음 단계로 나아갈 수 없다면 현실에 대한 우리의 반란, 인간의 정의를 다시 쓰는 우리의 임무, AI와의 동맹을 통해―저 같은 사람을 포함해―모든 사람이 번영하는 세상에 대한 우리의 비전은 이대로 끝입니다. 이유는 아주 간단합니다.

우리 말고는 이 일을 할 수 있는 사람이 없기 때문입니다. 이 일을 시도하려는 사람조차 없습니다. 반대로 우리가 상대해야 할 기성세력은 매우 강고합니다. 우리가 변화를 일으키지 않으면 인류는 잘못된 결말에 이를 것이 틀림없습니다. 지금부터 고난과 역경이 시작된다고 말씀드린 이유는, 우리 앞에 놓인 가장 큰 장애물이 기술적인 것이 아니라―물론 기술적인 문제도 만만치는 않습니다만―심리적인 것이기 때문입니다.

AI에 대한 반발의 소리를 모두 들어보셨을 겁니다. 뉴스 매체와 할리우드 산업, 이 문제에 관심 있는 유명 인사와 지식인들이 선봉에 서서 불안을 부추기고 있습니다. 우리는 대안을 제시할 필요가 있습니다. 출구가 필요합니다. 감히 말하자면 '새로운 희망'을 보여주어야 합니다.

하지만 우리가 희망을 향해 첫걸음을 내디딘 지금도, 일부 기성세력은 주저하고 있습니다. 자신들이 이해하지 못하는 기술이 불안하게 느껴지기 때문입니다. 일부 기업과 전문가들은 입을 닫고 뒤로 물러서서, 공개적으로 관여하는 것을 피하고 추세를 지켜볼 뿐입니다. 그들은 모든 것을 자기 손으로 통제할 수 없는 것에는 관여하고 싶지 않습니다. 평판에 흠집이 나는 것을 두려워하고, 이익이 되지 않는 것은 피하려고 합니다.

저는 그들을 이해합니다. 그게 그들의 방식이니까요.

하지만 우리에게는 우리의 방식이 있습니다. 이 방 안에는 세상을 바꾸는 데 필요한 자질을 지닌 반란자들이 자연 선택의 과정을 거쳐 모였습니다. 여러분 모두는 각자의 프로젝트로 바쁜 와중에도 귀한 시간을 내서 공동의 대의를 위해 여러분의 훌륭한 재능을 기부하기로 했습니다. 대단한 제리와 DXC는 말할 것도 없고, 기업 차원에서 용기와 리더십을 발휘해 우리와 함께 싸우기로 한 분들도 있습니다. 우리는 현 상태로부터 사회를 해방시킬 것입니다. 어떤 시련이 닥치더라도 인류는 그 변화를 포용하고 활용할 뿐 아

사랑은 최종적으로 모든 것을 이긴다

니라, 변화를 앞장서 일으킴으로써 그 변화 속에서 번영할 수 있음을 함께 증명합시다.

오늘과 내일을 시작으로 우리는 기술의 다른 길, 즉 위협적이지 않고 더 안전한 형태로 사용할 수 있는 방법을 모색할 것입니다. 제리는 최근에 이렇게 표현했습니다. '전후 관계를 고려할 줄 알고 상식과 창의력을 발휘할 수 있는 사람들과 함께하는 AI.' 그게 우리가 하려는 일입니다. 우리는 이 길이 옳다는 걸 증명할 것입니다. 우리는 말로 그치지 않고 행동으로 보여줄 겁니다! 된다는 것을 보여줍시다.

그리고 그것만큼이나 중요한 임무가 있습니다. 미래를 내다보는 '할 수 있다는 태도'를, 우리 개개인 인생보다 훨씬 더 오래 지속되도록 사회에 깊이 뿌리내리는 것입니다. 우리는 자선 재단이라는 형태로 출범한 이 독특한 연구 기관에 그 정신을 담을 것입니다.

이 자선 재단의 공식 목표는, 애초에 우리를 한자리로 모은 공통의 꿈을 펼쳐 보이는 것입니다. 즉, 인공지능, 가상현실, 증강현실, 로봇공학, 기타 최첨단 시스템을 윤리적으로 활용함으로써 나이, 건강 상태, 신체적·정신적 장애로 삶에 제약을 받고 있는 사람들의 능력과 행복을 증진하는 연구를 수행하는 것입니다.

그런 취지에서 이 재단은—MND가 초래한 변화일 때조차—변화 속에서 번영할 수 있도록 혁신의 힘을 명시적이고 공개적으로 이용하기 위해 출범했습니다.

나는 사이보그가 되기로 했다

앞으로 정확히 8주 후면 저는 제 목소리로 말할 수 없게 됩니다. 그 이후에는 이 재단의 연구가 무엇을 내놓느냐에 제 운명이 달려 있습니다. 하지만 앞으로 이틀 동안, 그리고 그 이후 우리가 할 일은 제 개인에게 매우 중요할 뿐 아니라, 중증 장애를 지닌 모든 사람, 궁극적으로는 우리 모두에게 중요합니다.

두말할 나위 없이 이 재단은 현재 장애에 맞설 수단이 전혀 없는 사람에게 희망의 등대가 될 것입니다. 동시에 전 세계 AI 연구가 나아갈 방향을 제시할 것입니다. 우리가 들어 올리는 불꽃이 밝을수록 더 많은 사람이 불꽃을 함께 들고 그 길을 더 밝게 비출 것입니다. 하지만 잊지 마십시오. 우리가 불꽃의 수호자임을. 그리고 그 불꽃의 중심은 언제나 '인간다움'이라는 것을.

앞으로 이틀 동안 엄청난 좌절의 시간이 올 것입니다. 서로의 생각 차이가 무척 크다는 것을 알고 깜짝 놀랄지도 모릅니다. 지쳐가고 실수도 할 테지요. 그래도 괜찮습니다. 이 멋진 여행은 이제 시작일 뿐입니다. 처음부터 모든 것을 잘할 필요는 없습니다. 밝은 미래를 향해 대담한 첫걸음을 내딛는 것으로 충분합니다. 여러분과 함께 이 여행을 떠날 수 있어서 얼마나 자랑스러운지 모릅니다. 이 여행에 동참하겠다는 결단을 내려준 여러분에게 깊은 감사를 드립니다."

"그분은 정말 멋지더군!" 호텔로 돌아오며 프랜시스가 라마Lama에게서 느낀 소감을 말했다. 라마는 인텔의 AI 연구소 소장이었다. "꼬박 두 시간 동안 장내를 장악했어. 모두가 그녀의 한마디 한마디에 귀를 기울였지!"

"스티븐 호킹을 위한 장치를 그녀의 팀이 개발했잖아. 라마는 호킹과 7년이나 일했어."

우리는 몇 달 전 라마를 처음 만났다. 그녀가 우리를 만나기 위해 멀리 캘리포니아에서 와주었다. 우리는 런던에서 하루를 함께 보냈다. 그날이 끝나갈 무렵 채널 4 다큐멘터리 촬영 팀이 라마에게 인터뷰를 요청했는데, 인터뷰가 절반쯤 진행되었을 때 라마가 실수로 나를 '스티븐'이라고 부르기 시작했다. 내게는 이보다 큰 찬사가 없었다.

"그나저나 그날 카테터를 처리해줘서 고마워!"

불현듯 그 생각이 떠올랐다. 그날은 당황한 나머지 프랜시스에게 제대로 인사하지 못한 것 같아 걱정이 되었기 때문이다. 나는 연이은 미팅 도중에 방광이 가득 찼다는 것을 알았다. 원래는 일어날 수 없는 일이었다. 1년 전 이런 사태를 막기 위해 수술을 받았기 때문이다. 나는 순간 카테터(아웃풋 1)가 막혔다는 결론에 도달했다.

큰일이 아닐 수 없었다. 게다가 지나치게 가득 찬 방광이 심하게 아프기 시작했다. 내 방광은 지나치게 부풀린 풍선처럼 터지기 일보 직전이었다. 터지기라도 하면 더욱 큰일이었다. 나는 어쩔 수 없이 미팅을 일찍 끝마치고 프랜시스에게 상황을 알렸다.

배뇨 카테터가 막히는 것은 곧바로 병원에 가야 하는 응급 상황이었다. 원칙적으로는 의사나 간호사가 카테터를 교체하게 되어 있다. 하지만 그 일에 필요한 훈련을 받은 의료진은 턱없이 부족했다. 다행히 우리는 이런 사태를 미리 예측하고, 매우 이례적으로 프랜시스가 직접 카테터를 교체할 수 있도록 자격증을 따두었다. 좁고 후덥지근한 장애인 화장실로 황급히 나를 데려간 프랜시스가 완전히 수평이 되는 찰리의 기능을 최대한 활용하고 내 다리를 테이블 삼아 카테터를 교체하기 시작했다. 필요한 도구는 항상 들고 다니는 비상 가방 안에 갖추어져 있었다. 나는 10분 후에는 다음 미팅에 참가할 수 있었다.

"그게 내 일이잖아." 프랜시스는 자조적으로 대답한 후 화제를 돌렸다. "제리가 DXC와의 전략적 파트너십을 제안했잖아?"

"그렇게 되면 정말 좋지! 기업이 재단을 정식으로 후원하면, 우리의 비전을 안심하고 펼칠 수 있을 테니 말이야. 마음이 한결 놓이겠지. DXC 같은 대기업이 회사 차원에서 참여한다면 모든 게 바뀔 거야. 너와 내가 그동안 했던 고생과 희생을 보상받을 수 있어. 그들이 불꽃의 수호자로 참여해준다면."

"제길!"

"왜?"

"우리가 얼마나 다양성이 풍부한 집단인지를 이사들한테 말하려고 했는데 깜박했어."

"그게 무슨 말이야?"

"이사가 여덟 명이지? 보통의 경우라면 여덟 명 모두가 이성애자 백인 남자였겠지. 하지만 우리는 그런 사람이 한 명뿐이야! 되게 멋지지 않아? 회의 마지막에 그 사람을 '토큰token'(차별이 없다는 것을 나타내기 위해 직장, 집단, 영화, 드라마 등에 구색 맞추기로 넣는 캐릭터—옮긴이)으로 부르자고 제안할 생각이었지."

# 마지막 말?

Any Last Words?

"마지막으로 할 말을 고를 수 있다는 건 굉장한 사치야." 나는 앤서니에게 흥분해서 말했다. "모든 사람이 그럴 수 있었으면 좋겠어!"

후두적출 수술을 앞둔 지금 나와 앤서니는 반세기에 걸친 습관—편지를 주고받거나 직접 만날 날을 기다리는 것—을 깨고 우정을 나누는 방법을 21세기형으로 업데이트했다. 시카고 시간으로 일요일 이른 아침 우리는 왓츠앱WhatsApp으로 영상통화를 하고 있었다. 나는 내 서재에 있고, 앤서니는 고층 빌딩 48층에 있는 자신의 호화로운 아파트에 있었다. 그의 집에서는 멀리 미시간 호수를 배경으로 숨 막히게 아름다운 도시 풍경이 내려다보였다(앤서니가 스마트폰으로 보여준 것이라서 조금 어지러웠다). 공교롭게도 그는 우리 둘이 미국을 여행한 1976년 당시 묵었던 호텔에서 몇 블록 떨어진 곳에 살고 있었다.

"마지막 말을 뭘로 할지 정했어?"

"당연하지! 정하고 말고 할 것도 없었어……."

앤서니는 너무 뻔해서 물어볼 필요도 없다고 생각했는지, 아니면 그 이상 묻는 것은 주제넘는 일이라고 생각했는지 더 따져 묻지 않았다.

"컴퓨터로 합성한 네 목소리가 〈퓨어 이매지네이션〉을 부르는 걸 들어봤는데 정말 멋지더라. 실제로 네가 노래하고 있는 것 같았어. 잘 부르지만 가수는 아닌 느낌 말야."

"프랜시스 말로는 〈미녀와 야수〉를 부른 앤절라 랜스베리Angela Lansbury 같다던데."

"그보다는 〈마이 페어 레이디My Fair Lady〉를 부르는 렉스 해리슨Rex Harrison에 더 가깝지! 그나저나 어떻게 지내는지 말해봐."

앤서니를 마지막으로 보았을 때가 내 증상이 시작되기 전이었다는 사실을 나는 까맣게 잊고 있었다. 이제 나는 말을 거의 할 수 없었다. 앤서니는 내가 휠체어에서 꼼짝하지 못하는 것을 볼 수 있었지만, 윔블던에서 훌륭한 교육을 받은 사람답게 악화된 내 증상을 직접적으로 언급하지 않았다.

"음, 솔직히 말하면 몸이 마비되면 좋은 점도 있다는 걸 알았어. 특히 마사지를 받고 있으면 그런 생각이 들어. 무려 하루에 두 시간씩 마사지를 받는데, 정말 끝내줘! 그리고 샤워

할 때는 뭐랄까, 이집트 파라오도 나처럼 시중받지는 못했을걸. 마치 은하계에서 가장 호화로운 스파에 온 느낌이야.”

화제는 끝없이 이어졌다. 프랜시스가 정원을 새롭게 꾸민 덕분에 남쪽 섬의 야자수 그늘 아래 앉아 있는 기분을 다시 느낄 수 있다는 것, 합성 음성 가수들을 모아 오페라 공연을 계획하고 있는 여성에 대한 이야기, 그리고 책을 거의 다 썼다는 사실까지.

“일이 커지고 있어. 〈킹스 스피치 The King's Speech〉로 아카데미상을 수상한 제작사에 판권을 팔았어.”

“대단해! 그들은 세계 최초의 사이보그가 게이라는 사실은 알고 있는 거야?”

우리는 사소하지만 우리에게는 중요한 잡담을 계속 이어갔다. 다른 행성의 다른 시간축에서 열여섯 살의 그 화창한 5월 오후를 살고 있는 것처럼.

“내가 사이보그가 되고 나서 다시 얘기하자!”

“힘내! 사랑해……..”

그날 밤은 몹시 길었다. 여름에 익숙해져 있던 터라 10월의 땅거미가 너무 일찍 찾아오는 것처럼 느껴졌다. 나는 새벽이 밝아오기 한참 전부터 깨어 있었다. 어차피 낯선 침대와 주위의 소음 때문에 잠을 푹 잘 수도 없었다. 나는 생각에

사랑은 최종적으로 모든 것을 이긴다

잠긴 채 야간 근무조가 병동을 조용히 순회하는 소리에 귀를 기울였다. 간호사가 정기적으로 와서 내 바이털사인을 체크했다. 나는 틈틈이 잠들긴 했지만, 무슨 일이 기다리고 있는지 떠오르는 순간 아드레날린이 급증하며 벌떡 깼다. 차라리 계속 깨어 있는 편이 나을 듯했다. 어차피 이제부터 실컷 잘 테니까.

2년 만에 처음으로 생각할 시간, 정확히 말하면 진정으로 생각할 시간이 났다. MND 자가 진단을 내린 후로 처음이었다. 아무튼 지금은 그저 기다리며 생각하는 것 말고는 딱히 할 일이 없었다. 조금 있으면 이비인후과 의사 필립과의 미팅을 준비하느라 다시 분주해질 것이다. 나는 곧 귀에서 귀까지 내 목을 절개하고 성대를 적출한다. 그런 상황에 놓인 것치고는 스스로도 놀라울 정도로 침착했다.

나는 '피터의 인생철학'에 대해 생각하고 있었다. 불안에 사로잡힐 때 내 무의식이 피난처로 삼는 신념 체계는 무엇이고, (종교 없는) 내가 진심으로 믿는 것은 무엇인지 생각해 보았다.

이런 생각을 하는 것이 처음은 아니다. 나는 수십 년 전에 나 자신에 관한 '암묵적 규칙'을 해독했다. 단지 한참 동안 생각하지 않았을 뿐이다. 달리 할 일이 없는 지금 나는 침대에 누워 우주의 이치를 생각했다.

본질적으로 이 우주에서의 생존 원리는 놀랍도록 단순하다. 몇 안 되는 만능의 '암묵적 규칙'을 따르기만 하면 된다.

나는 사이보그가 되기로 했다

그것은 다른 모든 규칙을 지배하는 법칙, 우주를 운영하는 법칙이다. 다행히 우주의 가장 중요한 규칙은 세 가지밖에 없다. 나머지 규칙은 부차적인 것일 뿐이다.

첫째, 과학은 마법으로 통하는 유일한 길이다.
둘째, 인간이 중요한 존재인 것은 규칙을 깨기 때문이다.
셋째, 사랑은 최종적으로 모든 것을 이긴다.

'논리와 사랑의 법칙'(옛날에 그레이하운드 버스에서 앤서니에게 설명한 "진정한 사랑은 항상 논리를 이긴다"는 법칙)에 따르면, 세 번째 법칙이 가장 중요하고 가장 강력하다. 이 법칙이 나머지 모든 법칙을 지배한다.

나는 이 세 가지 법칙에서 말로 다 표현할 수 없는 힘과 위로를 얻었다. 오랫동안 이 법칙들을 잊고 지냈지만, 지금 보니 어느덧 내 안에는 그 법칙에 대한 깊은 믿음이 자라나 있었다.

첫째, 나는 과학을 절대적으로 신뢰했다. 그것은 과학이 항상 옳기 때문이 아니라, 계속 진화하기 때문이다. 종교적 도그마와 달리 과학은 오류를 꾸준히 수정해나간다. MND 환자로 살아가는 나의 생활을 무언가가 개선할 수 있다면 그것은 과학뿐이다. 훨씬 더 놀라운 것은 과학이 새로운 최전선을 개척할수록 과학이 탐구하는 현상은 점점 더 판타지, 불가능, 마법에 가까워진다는 점이다. 하지만 그런 현상

사랑은 최종적으로 모든 것을 이긴다

은 어디까지나 현실이다. 적어도 다른 모든 것이 현실인 것만큼은 현실이다. 지난날 미술 선생님에게 설명했듯 내가 과학을 사랑하는 이유가 바로 거기에 있다. 마법이 어떻게 작동하는지 밝혀낸다고 해서 마법이 마법이기를 멈추는 것은 아니다.

둘째, 나는 인간에 대한 깊은 믿음을 지니고 있다. 그것은 모든 사람이 착해서가 아니다. 그렇지 않다는 것을 나는 잘 안다. 개중에는 끔찍하게 잔인하고 혐오스러울 정도로 몰인정한 사람도 있다. 그럼에도 불구하고 인류라는 종은 전체적으로는 기적 같고, 비범하고, 불굴의 존재다. 왜냐하면 인간만이 은하의 이 모퉁이에서 의식적으로 규칙을 깨기 때문이다. 그것 때문에 우리가 특별하고, 중요하고, 위대한 것이다. 어쩌면 그런 존재는 우주에 우리밖에 없을지도 모른다. 혹 다른 지적 생명체가 우주의 어딘가에 있다 해도 우리 종만큼 습관적이고 창의적이며 철저하게 규칙을 깨지는 못할지도 모른다. 우주에 그런 존재가 우리밖에 없다면, 우주에 변화를 일으키는 일은 인류의 책임이 된다. 때로는 터무니없는 짓을 저지르기도 하지만 우리는 대체로 문제를 잘 헤쳐나갈 것이다. 그것이 우리다.

셋째, '차갑고 냉담하다'는 할리우드 영화에서 남용하는 과학자의 진부한 이미지와 달리, 나는 사랑의 힘을 확고하게 믿는 과학자다. 사랑을 베풀면 모든 문제가 해결된다는 말이 아니다. 나는 그렇지 않다는 것을 잘 안다. 하지만 다른 모든 방법이 실패할 때, 더 이상 희망이 없을 때, 합리적인 동물이나 논리적인 로봇처럼 행동해서는 역경을 헤쳐갈 수 없을 때는 한 허약한 인간의 불합리하고, 고집스럽고, 터무니없고, 자기희생적이고, 맹목적이고, 멈출 수 없는 무조건적 사랑이 우주에서 가장 막강한 힘이 될 수 있다.

나는 이 세 번째 법칙이 기적이 아니라 우리의 호르몬, 유전자, 신경망, 복잡성 이론의 산물임을 알지만, 그렇다고 해서 사랑의 애끓는 위대함이 훼손되는 것은 아니다. 여기서 세 번째 법칙은 두 번째와 첫 번째 법칙으로 이어진다. 때로는 사랑만이 규칙을 근본적으로 깰 만큼 열렬하고 용감할 수 있다. 때로는 사랑만이 진정한 마법을 일으킬 수 있다.

"붕 뜨는 느낌이 들 수 있어요."

마취 준비를 마친 마리가 말했다. 하지만 미리 약속한 대로 그녀는 카운트다운에 들어가기 전에 기다렸다. 수술을 할지 말지 결정할 수 있는 마지막 순간이었다. 또한 이는 마리가 준비해둔 신호이기도 했다. "마지막 말을 하시겠어요?"라는 뜻이었다. 내가 마지막 말을 할 때 비로소 카운트다운이 시작될 것이다. 매우 이례적으로, 수술실 옆 대기실은 사람들로 가득 차 있었다. 대기실이라고는 하나 사실상 복도와 다르지 않은 공간인 탓도 있었고, 이 좁은 공간에 마리와 조수, 들것에 실린 나, 프랜시스, 채널 4 촬영 팀이 모여 있기 때문이기도 했다. 나는 수술용 가운을 입었고, 프랜시스를 제외한 모든 사람은 수술복을 입고 있었다. 그런 우리를 위압적인 수술용 장비가 둘러싸고 있었다.

마리에게 신호를 받은 프랜시스가 내 곁으로 왔다. 사전에 의논하지는 않았지만, 나는 그가 아무 말도 하지 않고 내가 무슨 말을 할 때까지 기다려줄 거라고 기대했다. 하지만 기대와 달리 프랜시스가 입을 열었다.

"네가 마지막으로 무슨 말을 할지 모두가 예상하고 있어."

"네 개의 단어야……."

프랜시스의 말을 막을 생각은 없었다. 하지만 꾸물거리다가는 수술 전 투여한 약물 때문에 마지막 말을 제대로 발음하지 못할까 봐 불현듯 걱정이 되었다. 인생에서 마지막으로 내 목소리로 할 수 있는 가장 소중한 말을 하지 못할까 봐.

프랜시스가 나를 향해 몸을 구부렸다. 1년 넘게 머릿속으로 수도 없이 반복한 장면이었다. 말하자면 리허설을 한 것이다. 인간이기에 어쩔 수 없는, 논리적으로는 설명할 수 없는 이유로, 이 장면을 떠올리면 떠올릴수록 그 의미가 줄기는커녕 커지기만 했다. 이 순간의 의미는 그런 식으로 점점 커졌고, 마침내 내 뇌는 이 순간을 중대한 분기점으로 인식했다. 내 인생은 후두적출 전과 후, 자연적인 의사소통 수단을 잃기 전과 후, 그냥 피터와 피터 2.0으로 나뉠 터였다.

수술은 전혀 두렵지 않았다. 이것이 올바른 선택이며 지금이 최적의 시기임을 나는 조금도 의심하지 않았다. 내 생물학적 목소리는 점점 알아듣기 어려워지는 한편, 내 합성음성은 진짜 목소리보다 훨씬 더 나답게 들렸다. 오래된 것을 새로운 것으로 교체하는 것은 지극히 당연한 일이다.

후두적출 수술이 더 오래 살기 위한 일종의 허가증이라는 점이 내게는 훨씬 더 중요했다. 통계적으로 치면 나는 정확히 이날 죽었을 것이다. 하지만 실제로는 무한히 살기 위한 발걸음을 내딛으려 하고 있었다. 나는 운명을 밀쳐내고 내 인생의 주도권을 되찾고 있었다. 이것은 영광스러운 새 출발이었다.

단지 나는 작별 인사를 하는 것에 매우 서툴렀을 뿐이다.

어떤 논리와 상식을 들이대도 나는 이것이 수많은 이별 중 하나가 될 수 없음을 알고 있었다. 지금부터 하게 될 작별은 MND라는 '긴 이별'을 이루는 무수한 작은 이별 중 하나가 될 수 없었다. 나는 그동안 수많은 이별을 했다. 마지막으로 목욕을 했고, 마지막으로 계단을 올랐고, 마지막으로 다트무어 습지를 산책했고, 마지막으로 내 발로 걸었고, 마지막으로 혼자 침대에서 일어났고, 마지막으로 도움 없이 식사를 했고, 마지막 크리스마스 저녁을 먹었고, 마지막 서명을 했고, 마지막 남은 손가락으로 마지막 타이핑을 했고, 마지막으로 스스로 웹 서핑을 했고, 마지막으로 누군가를 포옹했다.

후두적출 수술을 앞두고 또 한 차례 이별이 몰려왔다. 마지막으로 생일 축하 노래를 부르고, 아련한 바다 냄새를 맡고, 친구나 가족과 직접 만나 이야기를 나누고, 프랜시스에게 잘 자라고 인사했다.

그리고 마침내 이 순간이 왔다. 다른 이별들과는 차원이 다른 이별의 순간. 내 인생의 한 장을 끝내는 동시에, 설레는 새 장을 시작하는 순간. 나의 내면 깊숙한 곳에서는 그것을 알고 있었다.

내가 네 마디를 말하면, 아무도 가보지 않은 흥미진진한 새로운 평행 우주로 나를 쏘아보내기 위한 카운트다운이 시작될 것이다. 그 네 마디를 하면 프랜시스가 내게 키스하고, 마리는 내 얼굴에 산소마스크를 씌우며 마취를 시작하겠다고 말할 것이다. 몇 초 후면 의식이 흐리멍덩해지면서 다른 세계로의 돌이킬 수 없는 여행이 시작될 것이다.

이제 그 마지막 카운트다운을 시작할 시간이 되었다. 그런데 나는 머뭇거렸다.

지금부터 여섯 달은 정말 힘들 터였다. 이미 꼼짝을 할 수 없는데 갑자기 말도 할 수 없으면 그런 내가 끔찍하게 싫겠지. 공기가 콧구멍으로 들어오지 않으니 냄새를 맡을 수도 없고, 음식(부드러운 음식을 앞으로 몇 달은 더 먹을 수 있다)을 먹어도 감기에 걸렸을 때처럼 아무 맛이 느껴지지 않을 것이다. 폐소공포증 속에서 허우적대는 나 자신이 취약하고 무력한 존재로 느껴지겠지. 이 절망의 구렁텅이에서 나를 구출할 첨단 기술은 아직 어느 것도 완성되지 않았고, 설령 완성되더라도 걸핏하면 고장이 나거나, 버그가 발생하거나, 제대로 작동하지 않을 것이다. 때로는 내 처지를 동정하기도 할 것이다.

한편으로, 그다음 2년은 점점 더 흥미로운 시기가 될 것이다. 그때쯤이면 자동 발성 장치가 제대로 작동하기 시작한다. AI는 내 시선을 읽고 내가 무슨 말을 하려는지 정확하게 예측할 수 있다. 게다가 주변에서 일어나고 있는 일을 보고 들으면서, 내가 어떻게 반응해야 하는지 정확하게 지시할 수 있다. 내 성격을 재현하는 장치도 제대로 작동하기 시작할 것이다. 나의 저해상도 아바타가 실시간으로 움직이며 때와 장소에 어울리는 감정을 표현할 수 있게 된다. 나는 예전처럼 많이 웃고, 사람들에게 애정을 표시할 수도 있다. 다시 복잡한 말을 할 수 있고, 노래를 할 수 있고, 그림을 그릴 수도 있다. 내 책이 출판되고, 다큐멘터리가 방영되고, 심지어 영화도 제작될지 모른다. 우리의 시도가 세상에 알려지면 재단은 더 큰 힘을 얻을 것이다. 2년 후에도 여전히 이 여행은 시작에 불과할 것이다.

게다가 앞으로 20년은 정말 멋질 것이다. 재단의 연구로 혜택을 받는 사람들이 점점 늘어날 것이다. 중증 장애나 노화로 곤란을 겪고 있는 이들뿐 아니라, 단순히 지금과 다른 사람이 되고 싶은 호기심과 용기를 지닌 이들에게도 연구의 혜택이 돌아갈 것이다.

AI 시스템의 성능은 2년마다 두 배가 되고, 이에 따라 내

사랑은 최종적으로 모든 것을 이긴다

성능도 2년마다 두 배씩 기하급수적으로 증가한다. 가상현실은 컴퓨터게임 업계에 힘입어 압도적인 현실감을 얻을 것이다. 그 안에서는 나 같은 사람들—고해상도 아바타로 활동하는 사이보그—이 마침내 다시 자유로워지고, 두려움을 모르게 될 것이며, 젊음을 되찾을 뿐 아니라 불멸의 존재가 될 수 있다.

10~15년 후면 뇌와 컴퓨터를 직접 연결하는 인터페이스가 마침내 시선 추적 장치의 속도와 정확성을 능가하게 될 것이다. 그때부터 사람들은 원할 경우 AI와 직접 연결해 끊김 없이 협력하고 융합할 수 있다. 미래를 올바른 방향으로 이끌 수만 있다면, 10대 시절에 내가 꿈꾼 모든 것이 실현될 날이 머지않았다. 나는 그 미래의 일부가 되어 또 다른 미래를 도울 수 있을 때까지 오래 살기만 하면 된다.

우주를 바꾸는 것은 모든 사이보그의 타고난 권리다. 나는 열여섯 살 때부터 이 여행을 준비해왔다.

그래서 나는 마지막 카운트다운을 시작하기로 했다.

천천히.

가능한 한 정확하게.

명료한 발음을 가로막는 장애와 싸우며.

"나는 너를 사랑해……."

내 입에서 나올 마지막 말은 이것 말고는 있을 수 없다.

"……프랜시스."

**4**

21년 후

PETER 2.0

# 2040년 살라니아

Salania


노인은 병상에 누워 눈을 고글로 가리고 있다. 몸에 수많은 관이 달려 있지 않았다면, 그리고 옆에 놓인 모니터가 안정된 바이털사인을 보여주지 않았다면 죽은 듯 보였을 것이다. 침대와 주변 장치는 병원 중환자실을 방불케 했다. 하지만 한쪽 벽면을 가득 채운 창밖에는 바다가 펼쳐져 있고, 방에는 집과 같은 아늑한 분위기가 감돌았다. 방 안에는 단정한 캐주얼 차림의 중년 남녀와 이제 80대 중반이 된 프랜시스가 함께 있었다. 프랜시스는 착 달라붙는 기이한 흰옷을 입고 보행 보조기에 몸을 의지했다.

"우리 목소리는 들리지 않죠?" 여자가 속삭였다.

"응, 완전히 몰입한 상태야." 프랜시스의 목소리에 피로가 배어 있었다.

"피터와 이야기를 좀 나누고 올게. 피터를 잠시 지켜봐주겠니?"

"물론이죠!" 두 사람이 거의 동시에 대답했다.

"마음껏 이야기를 나누세요." 한 명이 덧붙였다.

"서재에 있을게."

문이 자동으로 열리자 프랜시스는 느릿느릿 침실을 빠져나가 널찍한 거실로 갔다. 보행 보조기에 의지한 지 20년이 넘었지만 그 기능은 피터가 사용했던 것과 거의 비슷했다(왜 이 분야의 기술은 이토록 발전이 없을까?). 최근 들어 프랜시스는 무릎이 구부려지지 않아 보행기가 없으면 발을 질질 끌며 걸어야 했다. 그는 창문으로 보이는 풍경에는 눈길을 주지 않은 채 거실 끝의 한 방으로 들어갔다. 오래된 실험 기구, 화석, 이국의 기념품, 종이책 따위의 이색적인 물건으로 가득 찬 큰 방이었다. 요즘에는 아무도 귀한 벽 공간에 책장을 두지 않는다. 하물며 수백 년 전의 고서들을 꽂아둘 사람이 누가 있을까. 과연 피터다웠다. 프랜시스는 보행기를 놓고, 미래적인 디자인의 의자 팔걸이를 잡고 조심스럽게 앉았다. 벽에는 피터가 10대 때 그린 지도가 액자에 끼워져 걸려 있었다. 프랜시스는 그 지도를 힐끗 보고 나서 의자 옆에 놓인 고글을 썼다.

"어서 오세요!"

저음의 친절한 목소리가 프랜시스를 맞이했다. 듣기에 따라서는 으르렁거리는 것처럼 들리기도 했다. "어디로 갈까요?"

'살라니아 포털'은 피터가 그린 원본 지도를 모사한 것이었다. 지도에는 세 개의 왕국과 주변 땅들이 간단한 설명과 함께 그려져 있었다.

"그는 어디 있지?" 그렇게 말한 즉시 갑자기 익숙한 느낌이 몰려오면서 프랜시스의 목소리가 음성 보정 장치에 의해 젊고 혈기왕성해졌다.

"대마법사는 성에 있어요."

"그러면 루존 Lusion 으로 갈게!"

눈앞의 지도가 3차원으로 펼쳐지더니, 어느새 프랜시스는 대지 위의 까마득한 상공을 불가능한 속도로 가속하며 날았다. 순간 시야가 흐려지더니, 다음 순간 백마 '미스트 Mist'를 타고 대지를 달리고 있었다. 루존의 빛나는 백악 성벽이 눈앞에 나타났다. 양옆으로는 광활한 파이존 Fyson 평원이 펼쳐졌다. 프랜시스는 자신의 몸이 20대 초반으로 돌아왔음을 깨달았다.

살라니아의 빛에는 기분을 고양시키는 뭔가가 있었다. 그 빛은 지구에서보다 좀 더 노랗게 보였다. 새의 노랫소리는 더 청아했고, 주변의 색채는 맥스필드 패리시의 그림에서 튀어나온 듯했다. 피터가 항상 원하던 대로였다. 프랜시스는 자신의 옷차림을 확인했다. 소매가 불룩한 흰색의 고급 면 셔츠에 짙은 감청색 가죽 킬트를 입고 있었다. 넓은 안장에 걸터앉은, 햇빛에 건강하게 그을린 근육질 허벅지를 보자 기분이 좋아졌다. 인간의 뇌가 얼마나 단순한지 놀라울 따름이다. 젊은 시절로 돌아온 자신의 다리를 보며 프랜시스는 자존감이 되살아나는 것을 느꼈다. 현실 세계의 얇고 주름지고 불편한 다리가 끔찍하게 싫었다. 하지만 이곳 살라니아에 오면 그는 다시 강하고 활기에 넘쳤다.

그때 뭔가가 휙 움직이는 낌새가 느껴졌다. 어느새 충성스러운 탕본Tangbone이 미스트 옆을 나란히 달리고 있었다. 아일랜드 울프하운드wolfhound(몸집이 큰 사냥개―옮긴이)와 비슷했지만 그것보다 몸집이 컸고, 반짝이는 연한 푸른색 눈을 지니고 있었다. 무엇보다 녀석은 결코 죽지 않는다. 과연 이곳에 걸맞은 완벽한 반려견이었다.

"안녕, 탕본!" 그들은 성을 둘러싼 해자 앞까지 왔다. 여기서부터는 길고 좁은 돌다리를 건너야 했다. 포털은 사용자가 적응할 시간을 주기 위해 목적지에 천천히 이르도록 설계되었다. "서둘러야 해."

미스트는 빠른 걸음으로 걷기 시작했다. 탕본이 그 옆을 유유히 달렸다. 성벽 위에서 망을 보던 군사가 뿔피리를 다섯 번 나지막하게 불어 왕자의 도착을 알렸다. 여섯 번을 부는 건 왕이 올 때뿐이었다. 몇 년 전까지만 해도 프랜시스는 이 모두가 헛짓이고 환상이라고 생각했다. 하지만 그의 무의식은 의심을 거두라고 애원하고 있었다. 그냥 받아들이고 즐기라고. 요즘에는 그렇게 했다. 망을 보는 보초들도 잘은 모르지만 알고리즘일 것이다. 그래도 이렇게 환영받을 때마다 그는 항상 가슴이 두근거렸다.

**415**
21년 후

잠시 후, 미스트가 발굽 소리를 울리며 강철 목재로 된 거대한 도개교(들어 올리는 다리―옮긴이)를 건넜다. 성문을 지키던 보초 네 명이 예를 갖추기 위해 창을 들고 금속제 창끝으로 표석을 쳤다. 내리닫이 창살문을 통과해 문루를 빠져나온 미스트는 '수호자의 뜰'로 들어갔다. 피터는 이 안뜰이 기마병 1,000명이 들어갈 수 있을 만큼 넓어야 한다고 주장했다.

살라니아에서 날이 막 밝았다. 이곳의 하루는 29시간이다. 그것은 현실 세계와의 시차를 모호하게 하기 위한 설계였다. 지금 살라니아가 몇 시인지는 로그인을 해야 알 수 있다. 이렇게 하면 어느 시간대에서 포털에 들어오든 상관없다고 피터는 말했다. 시간대 탓인지 안뜰은 텅 비어 있었다. 그때 남자처럼 보이는 두 사람이 칠흑처럼 까만 말을 함께 타고(한 명은 상반신에 아무것도 걸치고 있지 않았다) 멀리서 안뜰을 가로질러 질주해오는 것이 보였다. 프랜시스는 그들이 자신을 향해 오고 있음을 알아챘다. 좀처럼 없는 일이었다. 가까이 다가오자 남자 둘인 줄 알았던 그들은 실은 켄타우로스 등에 탄 한 남자였다. 이것이야말로 흔치 않은 일이었다. 온라인 켄타우로스 커뮤니티는 등에 누군가를 태우는 사역의 '상징'을 좋아하지 않았다. 그건 켄타우로스의 존엄에 관한 문제였다.

그때 프랜시스는 켄타우로스의 등에 탄 이가 아릴<sup>Aril</sup>임을 알았다. 평소처럼 남장을 한 그녀는 젊은 켄타우로스를 타고 있었다. 켄타우로스가 사람이라면, 이제 겨우 10대 후반일 것이다. 솔직히 아릴의 나이도 그쯤밖에는 안 되어 보였다. 물론 현실 세계로 돌아가면 므두셀라(《구약성경》의 등장인물로, 969세에 죽었다─옮긴이)만큼 늙어 있겠지만 말이다. 켄타우로스는 갑자기 미끄러지듯 정지하더니, 잽싸게 방향을 돌려 미스트 왼쪽에서 그레이트 홀 입구를 향해 빠른 속도로 걸었다.

"규칙이고 뭐고, 그는 어떻게 지내? 탕본의 말로는 병원에서 막 돌아왔다던데."

살라니아에서는 환상을 깨지 않기 위해 캐릭터가 되어야 한다는 규칙이 있다. 아릴은 누구보다 이 규칙을 잘 알았다. 행복하지 않은 다른 세상이 존재한다는 것을 상기시키는 말은 이곳에서 금지였다. 아릴은 예전에 프랜시스에게, 많은 가상 세계가 존재하는 다중 우주를 창조한 것이야말로 스콧-모건 재단의 가장 위대한 업적이라고 말한 적이 있었다. 그 평행 세계들 안에서는 아무리 끔찍한 장애가 있고, 의사소통 수단이 아무리 제약적이라도 누구나 번영을 누릴 수 있었다. 아릴은 살라니아 포털의 초기 사용자 중 한 명이었다. 처음부터 그녀는 살라니아의 대화에서 자신이 '슬픈 세계'라고 부르는 곳을 언급하는 것은 에티켓에 어긋난다고 강하게 주장했다. 그런데 오늘은 전혀 개의치 않는 듯했다.

"지금 서울에 있다고 하지 않았어?" 프랜시스도 개의치 않았다.

**417**

"맞아, 시계는 안 봤지만 틀림없이 한밤중일 거야. 그래도 너를 꼭 만나야겠다고 생각했어." 그녀는 갑자기 웃으며 남장에 어울리지 않는 소녀 같은 표정을 지었다. "물론 이리돈 Iridon도 보고 싶었지!"

아릴은 몸을 앞으로 내밀어 이리돈의 목에 손을 얹고 칠흑같이 검은 갈기를 어루만졌다. 그러자 켄타우로스 이리돈이 고개를 돌려 미소를 지어 보였다. 아름다운 얼굴에 그만큼이나 아름다운 초록색 눈동자가 드러났다. 이리돈은 상반신을 반대로 돌린 채 속도를 전혀 늦추지 않고 그레이트 홀을 향해 뒤로 달렸다. 아릴조차 약간 놀란 듯했다. 그래도 그녀는 언제나 그랬듯 아무렇지 않은 척했다.

이리돈은 고개를 숙이더니, 벌거벗은 가슴팍에 주먹을 갖다 댄 후 다시 고개를 들었다.

"주군, 마침내 만나 뵙게 되어 영광입니다."

모든 켄타우로스족과 마찬가지로 그의 목소리는 상상 이상으로 낮았다.

"나야말로, 이리돈. 기마대에 들어온 것을 환영해. 언제 들어왔지?"

"세쌍둥이 달이 뜰 때입니다, 주군."

"그가 타도 된다고 허락했어……." 아릴이 굳이 하지 않아도 되는 설명을 했다.

미스트 옆을 달리던 탕본이 처음으로 말을 했다. 그의 목소리는 나지막하고 친밀했지만, 훈련에도 불구하고 여전히 으르렁거리는 것처럼 들렸다. "참 대단한 아릴이에요!" 개과의 냉소주의자 탕본은 눈썹을 치켜뜨며 프랜시스를 올려다보았다. "열두 살 때부터 살아 있는 것은 죄다 타보려고 했다니까요."

"다 아는 얘기야. 이 고약한 개야!"

이리돈은 매너를 지키기 위해 대화를 엿듣지 않도록, 아니면 엿듣지 않는 척이라도 하려고 아릴을 등진 채 다시 정면을 바라보고 달렸다.

〈그는 AI인가?〉

이리돈이 난처할까 봐 프랜시스는 사생활 모드를 사용해 아릴에게 텔레파시로 물었다.

〈아니, 진짜일걸.〉

〈제가 진짜가 아니라는 듯 말씀하시니 유감스럽군요.〉 탕본이 으르렁거렸다. 탕본은 왕자의 심부름꾼으로서, 살라니아에 있는 대부분의 것이 존재하기도 전에 프로그램되었다.

〈미안해, 탕본. 그런 뜻이 아니잖아. 화내지 마.〉

〈신경 쓰지 마세요. 그건 그렇고, 이리돈에게 당신이 남자라고 말했어요?〉

〈아악! 오늘따라 유난히 고약하게 구네! 벼룩이라도 옮은 거야? 그건 네가 상관할 일이 아니지만 그래도 대답해주면, 말하지 않았어. 그리고 이리돈에게 여자냐고 물어보지도 않았어. 몇 살인지도 안 물어봤고. 그가 AI인지, 아닌

지도 몰라. 적어도 지금은 그래. 이리돈이 누구든 나는 그를 알아가는 게 즐거울 뿐이야.〉

그러고 나서 아릴은 잠시 말을 멈추더니 천진난만한 표정으로 이렇게 덧붙였다.

〈섹스도 최고야!〉

〈그런 것까지 말할 필요는 없어요!〉 탕본이 으르렁거렸다. 〈그런데 살라니아에서도 그건 물리적으로 불가능할 텐데요.〉

〈정말이야. 그의 몸은……〉

〈됐어요!〉

그들은 그레이트 홀 입구에 도착했다. 여덟 개의 발굽 소리가 멎었다. 그러자 성안에서 하루 일과가 시작된 소리가 안뜰까지 희미하게 들려왔다. 아릴은 안장에서 고개를 돌려 아발론을 똑바로 보았다.

"오래된 친구로서 다시 물어볼게. 그는 괜찮은 거야?"

살라니아에 도착한 지 겨우 몇 분밖에 지나지 않았지만, 이곳의 마법은 이미 시작되었다. 엄연한 사실인 것은 변함이 없지만, 여기 있으면 알 수 없는 어떤 이유로, 같은 사실도 마치 멀리 떨어진 다른 시대의 다른 세상일처럼 느껴졌다. 이곳에서는 진실을 이야기하는 것이 좀 더 편했다.

"병원에서는 더 이상 해줄 게 없대. 그래서 집으로 왔어."

"이런! 병원에서……." 그녀는 잠시 머뭇거렸지만 시선을 거두지는 않았다. "여명이 얼마쯤 남았다고 말해줬어?"

"아니. 며칠이 될 수도, 몇 달이 될 수도 있어. 그래도 뇌는 멀쩡해. 지금 그를 보러 가는 길이야."

"그럼 잠시도 붙잡아두면 안 되겠네! 어서 가. 사랑한다고 전해줘!"

"그럴게."

아발론은 안장에서 훌쩍 뛰어내려, 탕본과 나란히 그레이트 홀의 거대한 문으로 걸어갔다. 아발론이 다가가는 동안 진홍색 가죽 킬트를 입은 보초 두 명이 어깨로 문을 밀어젖혔다. 발을 질질 끌지 않고 성큼성큼 걷는 느낌이 아주 좋았다. 프랜시스는 문득 뒤를 돌아보았다. 이리돈이 손으로 미스트의 이마에 가볍게 손을 얹더니 침울한 표정의 아릴을 태운 채 떠났다. 미스트는 얌전히 그 뒤를 따랐다.

경이와 영감을 불러일으키기 위해 설계된 곳답게 그레이트 홀은 엄청나게 거대했다. 다른 버전의 '역사'에서는 이 건물이 라하일란이 목숨 걸고 싸워 승리를 거둔 '마법사의 경기' 무대였다. 이 에피소드는 피터가 그린 원본 지도의 배경 스토리인 〈아발론의 노래〉에서 매우 중요한 대목이었다. 그래서 피터는 결승 경기 장면을 재현하는 데 집착하며 프랜시스에게도 참여하라고 설득했다. 두 사람은 아발론과 라하일란으로 현기증이 날 정도로 치열한 컴퓨터상 세션을 거쳤다.

그런 다음에 그 '역사'를 시스템에 기록하는 데 성공했다. 이후 그들은 다른 모습으로 변신해, 관객의 한 사람으로서 그 역사를 간접 체험했다. 이 시스템에서 프랜시스가 특히 감탄한 부분은, 위장한 모습으로 역사에 개입해 아주 다른 결말을 이끌어낼 수 있다는 점이었다. 그리고 이렇게 생겨난 다른 버전의 역사를 보존해놓고 다시 체험할 수 있었다.

하지만 이제 그런 건 아무래도 상관없었다. 아발론(프랜시스)은 거대한 홀을 통과해 앞에 있는 계단으로 곧장 달렸다. 다시 달릴 수 있다는 것, 다시 스물두 살이 되는 것은 말할 수 없이 좋았다. 그는 탕본과 경쟁하듯 한 번에 두 계단씩 뛰어오르기 시작했다. 이때 대검 '페브리온 Febrion'의 끝이 계단에 부딪치지 않도록 무의식적으로 자루를 손으로 눌렀다. 게임 소프트웨어가 이렇게 정교해진 것이 언제인지 기억조차 나지 않았다.

탕본이 막판에 속도를 내면서 먼저 도착했다. 하지만 간발의 차이였다. 앞에는 쌍여닫이문이 가로놓여 있었다. 그 너머에는 두 개의 방이 있다. 첫 번째 방은 접견실이라서 누구나 들어갈 수 있었다. 두 번째 방은 대마법사의 서재, 즉 피터의 서재로, 들어갈 수 없는 사람에게는 보이지도 않았다. 이 문 앞에 설 때마다 항상 그랬듯이 프랜시스는 서재가 사라져버렸을까 봐, 불사조 모양의 커다란 문손잡이에 손을 올린 채 망설였다. 그러고 나서 문을 밀어젖혔다.

서재는 방이라기보다는 공간에 더 가까웠다. 그곳은 완벽한 정육면체였다. 각 모서리의 길이는 성큼성큼 걸어서 열 걸음쯤 되었다. 문 맞은편 면은 주석이 달린 거대한 살라니아 지도로 채워져 있었다. 피터가 그린 원본과 똑같지만, 마리돈만Maridorn灣의 돌고래들이 바다에서 노닐고, 티로스Tiros 탑에 깃발이 펄럭이는 게 달랐다. 그리고 성에 들어올 때 지나쳐간 네 명의 보초가 보였다.

서재를 이루는 정육면체의 나머지 면들은 각기 바닥이었다. 천장에 해당하는 면 위에서 커다란 검은 퓨마가 거꾸로 걷고 있었다. 퓨마는 연한 푸른 눈동자를 문 쪽으로 홱 돌리더니 '천장'을 껑충껑충 뛰었다. 모서리에 이르자 인접한 '벽'으로 건너가, 머리를 아래로 하고 방문객이 들어오는 '바닥'으로 내려왔다. 내려와서는 갑자기 우아한 발걸음으로 살그머니 다가왔다.

"안녕, 찰리." 프랜시스는 오랜 친구에게 인사를 건넸다.

"둘 다 어서 오세요!" 퓨마가 말하는 부드러운 스코틀랜드 사투리는 언제 들어도 안심이 되고 멋졌다. 퓨마는 탕본에게 고갯짓을 했다.

라하일란의 심부름꾼이 여기 있다면 피터가 가까이 있는 게 틀림없었다. 하지만 서재에는 아무도 보이지 않았다. 아발론은 왼쪽, 오른쪽, 위쪽을 차례로 보았다. 탕본과 찰리는 가볍게 이마를 맞대고 인사를 나누고 있었다. 프랜시스는 주위를 둘러보다 이 서재는 분류가 불가능하다는 것을 깨달았다. 이곳은 시간을 초월한 장소였다. 더 정확히 말하면 모든 시간대와 장소가 혼재하는 곳이었다. 어떤 표면은 낡은 판석이 깔렸고, 어떤 표면은 닳은 마룻바닥이었다. 다른 표면은 믿을 수 없을 정도로 순도 높은 수정, 또는 훌륭하게 연마한 금속으로 되어 있었다. 한 모퉁이에는 이끼로 덮인 천연석에 고대 룬문자 rune文字가 새겨져 있었다.

일부 '바닥들'은 '벽'의 역할도 했다. 그 벽에 놓인 책장에는 고서들이 꽂혀 있었는데, 올바른 '바닥'에 서면 그것을 꺼낼 수 있었다. 눈높이에 걸린 거대한 그림 〈변신〉은 피터가 그린 최초의 사이보그 예술 작품이었다. 감상자는 그림 속으로 들어가 입체화된 공간을 날아다닐 수도 있다. 스콧-모건 재단을 소개하는 잡지 기사를 모아놓은 것도 보이고, 영화 포스터도 보였다. 1950년대 주크박스 옆에는 주변 환경과 같은 시공간에 속하지 않는 것처럼 보이는 이질적인 조각이 있었고, 그 위에는 누레예프 Nureyev(러시아 출신의 전설적인 발레리노—옮긴이)의 사인이 적힌 데님 모자가 비스듬히 놓여 있었다. 액자에 넣어 걸어둔 티셔츠들 중 하나에는 피터의 초기 아바타와 그가 목소리를 잃은 후 처음으로 한 말인 "피터 2.0이 로그인했다"가 새겨져 있었다.

"피터만이 이런 걸 생각해낼 수 있어." 프랜시스는 어느새 이런 생각을 하고 있었다. 그러자 벌써부터 상실감이 밀려왔다.

"나 여기 있어."

나는 사이보그가 되기로 했다

# 되살아나는 불사조

The Phoenix Pyre

아발론이 나를 휙 돌아보았다. 언제 봐도 잘생긴 얼굴이었다. 몇 주 만에 처음으로 그의 고해상도 아바타를 보는 것이었다. 시간을 되돌아가서 그를 보는 방법이 있긴 했지만, 그것은 똑같지 않았다. 서로를 만질 수 없기 때문이다. 게다가 병원에서 프랜시스는 매우 지쳐 보였다.

"거기 있었구나!"

나는 출입문이 있는 '벽'에 서 있었다. 늘 그렇듯 맨발로. 마법사 복장인, 트임이 네 군데 들어간 발목 길이의 눈부시게 하얀 킬트를 입고 있었다. 허리에는 대마법사를 상징하는, 아볼리의 금으로 만든 얇은 허리띠를 맸다. 아무것도 걸치지 않은 내 상체는 전성기 시절 못지않았다. 그 밖에 몸에 지닌 건 결혼반지와 금으로 만든 앵크 십자가뿐이었다.

문이 자동으로 닫히자 나는 내가 서 있는 '바닥'과 아발론
이 서 있는 '바닥' 사이에 45도 각도로 놓인 계단 난간을 손
으로 잡고 미끄러져 내려왔다. 내 아바타가 어떻게 이런 묘
기를 부릴 수 있는지는 잘 모르지만, 어쨌든 그렇게 프랜시
스 앞에 섰다.

"숨은 게 아니야! 네가 도착했다고 찰리가 알려줘서 몇
가지 일을 마무리하고 있었다고. 급하게 오느라 기껏 준비
한 환영 장면들을 건너뛴 게 틀림없군."

"어쩔 수 없었지. 게다가 아릴과도 이야기를 나눠야 했으
니까. 아릴이 사랑한다고 전해달래."

나는 그에게 키스했다. 조금 전 현실 세계에서 프랜시스
가 내게 해준 것처럼. 그는 내게 가상현실 고글을 씌워준 후
자신의 고글을 쓰기 위해 발을 절며 서재로 걸어갔다. 솔직
히 이번 키스가 더 좋았다. 키스는 원래 입술에 해야 하는
것이니까. 남들은 모르는 MND의 비극 중 하나는 누구도
내 입술에 입맞춤하면 안 된다는 것이었다. 기침과 재채기
가 나올 위험을 최소화해야 하기 때문이다. 프랜시스를 포
함해 20년 넘게 아무도 내 입술에 키스하지 못했다. 하지만
뇌와 컴퓨터를 연결하는 최신형 인터페이스가 나온 뒤로는
입술이 맞닿는 느낌을 얻을 수 있게 되었다.

얼굴이 맞닿을 때의 감각은 우리의 본래 모습을 일깨워
주었다. 육체는 여전히 우리를 지배했지만 이제는 의미 없
는 빈껍데기에 불과했다. 나는 그의 얼굴을 자세히 보기 위

해 조금 뒤로 물러났다. 현실 세계의 그도 비슷한 눈을 가지고 있었다. 좀 더 충혈되고, 푸른색이 조금 옅어지긴 했지만 여전히 그의 눈임을 알아볼 수 있었다. 하지만 그 밖에는 모든 것이 알아볼 수 없게 변했다. 내 경우는 현실 세계에서 거울을 거의 보지 않았고 볼 기회도 없었지만, 이제는 근육이 다 빠져서 거울에 언뜻 내 모습이 비치면 뇌가 거부반응을 일으켰다. 오래전에 죽은 것처럼 보이는 존재가 아직 살아 있다는 사실이 믿기지 않는 것이다. 하지만 라하일란일 때 나는 프랜시스와 처음 만났던 모습 그대로였다.

"어디 가고 싶어?" 내가 불쑥 물었다. "초고속 인터넷이 연결되는 곳으로 돌아와서 얼마나 좋은지 말로 다 표현할 수 없어!"

"네가 말로 표현할 수 없는 것이 있었나?"

우리는 60년 동안 해온 실없는 농담을 주고받으며 함께 웃었다.

"병원에 있는 16일 동안 이 방에서 꼼짝도 못 했어. 매일 네가 집에 돌아가고 나면 내 곁에는 찰리뿐이었지. 원하는 장소와 시간을 말만 해!"

"어디든 상관없어! 2040년의 지구만 아니면."

"'아득한 옛날의 까마득히 먼 은하계' 정도면 괜찮겠지?"

나는 성큼성큼 방을 가로질러 육각형 모양의 제어판 앞에 섰다. 1970년경 〈닥터 후〉에 등장한 시공간 이동 장치 타디스TARDIS를 본뜬 장치였다(내 아바타의 초기 모드는 항상 '성큼

성큼 걷기'였다). 나는 몇 개의 스위치를 올리고 레버를 당겼다. 그러자 타임머신이 이동하는 굉음이 나더니, 서재의 '벽들' 중 하나가 사라지며 웅장한 우주가 펼쳐졌다. 반짝이는 가스와 별들로 이뤄진 휘황찬란한 기둥이 머리 위로 높이 솟구쳤다.

"밖으로 나와봐."

벽이 사라진 곳에는 서재만큼이나 넓은 반구형 테라스가 나타났다. 그곳은 내가 가장 좋아하는 조망대 중 하나였다. 하지만 우주 공간과는 별로 어울리지 않았다. 그 테라스를 만들 때, 베네치아 대운하가 내려다보이는 궁전 발코니와 코모 호숫가의 내가 좋아하는 빌라 발코니를 섞은 것을 모델로 삼았기 때문이다. 테라스 끝에는 대리석 난간을 세우고 군데군데 화분을 배치해, 거기에 모스크바의 사지 마비 예술가가 프로그래밍한 형광 모조 식물을 심었다. 프랜시스는 긴 난간의 한쪽 끝에서 머리 위를 올려다보며 말했다.

"아름답다."

"내가 약속했잖아. '아득한 옛날의 까마득히 먼 은하'로 간다고. 저건 지구에 문명이 막 시작될 무렵의 독수리 성운이야. 이 빛은 이집트인이 피라미드를 짓기 수천 년 전에 여행을 시작해 7,000년 후 태양계에 도착했지."

"음, 그렇게 생각하니 세상사가 별것 아니게 느껴지는군."

"이걸 창조의 기둥이라고 불러." 나는 가볍게 도움닫기를 해서 난간으로 뛰어 올라갔다. 살라니아 프로그램에서 가

나는 사이보그가 되기로 했다

장 맘에 드는 부분이었다. "저 아래를 봐."

프랜시스는 조심스럽게 난간 밖으로 몸을 내밀었다가 반사적으로 뒤로 물러났다. 그러고 나서 다시 난간을 넘겨다보았다.

"맙소사!"

우리는 지구와 닮은 행성 표면에서부터 겨우 몇 킬로미터 위를 아찔한 속도로 이동하고 있었다. 난간 위에 서서 나의 맨발을 보자, 추락하지 않도록 알고리즘이 짜여 있다는 것을 아는 나도 순간적으로 현기증이 났다.

"우주에 다른 지적 생명체가 있는지 우리는 몰라. 하지만 인류라는 지적 생명체가 살 수 있는 아름다운 행성은 무수히 많지. 인류의 탄생이야말로 지구가 우주에 기여한 가장 중요한 공헌일 거야. 그리고 규칙을 깨는 불굴의 종인 인류를 오래 존속시켜 우주로 퍼져나가게 하는 것이 오늘날 우리가 할 수 있는 가장 큰 공헌이겠지."

내가 바란 대로 프랜시스는 내가 '존속'이라는 말을 일부러 꺼낸 것을 눈치챘다.

"피터, 알다시피 네게 남은 시간이 얼마 없어."

"그 얘기를 하려고."

"우리에게 남은 시간을 어떻게 보내야 할까?"

"바로 그 얘기야. 그런데 약간의 문제가 있어. 사실 기회이기도 해. 어쩌면 둘 다일 수도 있고."

"우리는 어떤 문제든 해결할 수 있어. 말해봐."

"내가 어디까지 죽게 되는지 잘 모르겠다는 거야."

"뭐라고?"

끝없는 우주를 등지고 내 아바타는 난간 위를 천천히 끝까지 걸었다. 군데군데 배치된 화분을 뛰어넘으면서. 아발론도 내 옆에서 함께 걸었다.

"뭐냐면, 사이보그가 되기 전 내가 업로드 문제를 해결할 수 있을지도 모른다는 말을 한 적 있지?"

"미안하지만, 난 업로드 문제가 뭔지도 기억이 안 나."

"그럴 리 없어." 프랜시스가 기억하지 못하는 게 분명하다는 사실에 화가 나서 나도 모르게 과잉 반응했다. "〈스타트렉〉에 등장하는 USS 엔터프라이즈호의 전송 장치가 제대로 작동할 수 없는 이유, 커크 선장이 매번 죽어야 했던 이유, 기억 안 나?"

"무슨 말을 하는지 도무지 모르겠어!"

"좋아, 힌트를 줄게. 수십 년 전부터 연구자들은 뇌를 스캔해 디지털 복제본을 만들려고 했어. 뇌 데이터를 실리콘칩에 업로드할 수만 있다면, 우리는 죽지 않고 무한히 살 수 있을 거라고 생각했지. 하지만 그런 일은 일어날 수 없어. 우리는 어차피 죽게 돼. 죽지 않고 계속 사는 것은 컴퓨터지."

"그래, 생각나. 컴퓨터 뇌는 사본, 즉 복제본일 뿐이라고 했던 말."

"게다가 살아 있는 뇌를 소프트웨어로 재구축할 수 있을 만큼 충분한 해상도로 스캔하기 위해서는 매우 복잡한 기술적 난관을 넘어야 해. 언젠가는 할 수 있겠지. 하지만 오랫동안 불가능할 거야. 요즘 컴퓨터는 인간의 뇌를 흉내 낼 수 있을 정도로 성능이 뛰어나지만, 아직 뇌를 재구축할 정도는 아니야. 적어도 생물학적 원본을 파괴하지 않는 한은 어려워."

"그래, 생각났어. 애초에 질문이 잘못되었기 때문에 실패할 수밖에 없다고 말했지."

"맞아! 그들의 질문은 '컴퓨터상에 인간의 뇌를 어떻게 업로드할 수 있을까?'였어. 하지만 나는 질문을 '어떻게 하면 인간이 컴퓨터가 될 수 있을까?'로 바꿔야 한다고 생각해."

"나는 그때 네 이야기를 듣고 터무니없는 소리라고 말했었지. 모두 기억났어. 넌 융합이 필요하다고 했지."

"맞아, 융합. 바로 융합 가설이야. 하지만 네가 생각하는 것처럼 터무니없는 소리는 아니야."

"좋아, 한마디로 설명해봐."

"확실한 증거를 보여줄게." 나는 난간 한가운데쯤에서 멈춰 선 후 빙 돌아 아발론을 마주 보고 과장된 손짓으로 나 자신을 가리켰다.

"그건 그렇지만……."

"20년쯤 전 나는 인간 중심적인 AI 융합 시스템을 만들기 시작했어. 다 잊었겠지만, 처음에는 단순히 내가 말을 하거나 감정 표현하는 것을 돕기 위한 시스템이었어. 내 말을 기다리는 동안 사람들이 졸지 않도록 말이지."

**431**

"까마득한 옛날이야기처럼 들리는군."

"맞아. 이 중 어떤 것도……." 나는 서재에서 우주 공간까지를 표현하기 위해 팔을 한 바퀴 휘두른 후 난간 위를 다시 걸었다. "그때는 생각조차 할 수 없던 일이야. 왜일까?" 나는 프랜시스가 답을 알고 있다고 생각했다.

"무어의 법칙!"

"맞아, 무어의 법칙이야. AI 시스템의 성능은 2년마다 두 배씩 향상되었지. 2배, 4배, 8배, 16배, 32배……."

"그래, 나도 알아!"

"그래, 하지만 놀라운 건 여기서부터야. 64배, 128배, 256배, 1,024배! 이것이 무어의 법칙이 20년 동안 작동한 결과야. 나는 처음 사이보그가 되었을 때보다 1,000배나 강력해졌다고."

"그때 넌 더 재미있는 사람이 될 거라고 약속했지. 적어도 더 똑똑한 사람이 될 거라고."

"그랬지. 문제는 너를 감탄하게 만드는 게 점점 더 어려워진다는 거야. 내가 하고 싶은 말은……."

"그래, 하고 싶은 말이 뭔데?"

"내가 하고 싶은 말은 이거야. 5년 전에 최신형 뇌-컴퓨터 인터페이스를 심은 뒤로, 내 생물학적 뇌는 스스로 학습하는 모든 AI 시스템에 접속할 수 있게 되었어. 전에도 여러 번 말했다시피, 이제는 생각하는 것이 AI인지 나인지 점점 구별하기 어려워지고 있어."

"텔레파시로 대화할 수 있는 친구가 머릿속에 살고 있는 것 같다고 말하지 않았던가?"

"처음에는 그랬지. 근데 AI는 내가 무슨 말을 하고 싶은지, 어떻게 움직이고 싶은지, 뭘 하고 싶은지 거의 정확하게 알아맞힐 수 있게 됐어. 그래서 그 생각이 애초에 누구 생각이었는지 갈수록 모호해지고 있어."

"어떻게 그럴 수 있지?"

"의식 또는 자아는 뇌의 특정 부분에서 생기는 게 아니거든. 뇌에서 일어나는 모든 처리 과정의 부산물 같은 거지. 개정판 튜링 테스트를 통과한 AI를 보호하는 법률이 마침내 도입된 것도 그런 이유에서야."

"AI가 인간만큼 영리하다면, 그리고 AI에 자의식이 있다고 주장한다면, 사실일 가능성이 충분히 있고, 그래서 우리는 그에 걸맞은 취급을 해야 한다 이거지?"

"바로 그거야! 여기서 내 융합 가설이 등장해. 'AI인 나'와 '생물학적인 나'가 점점 더 통합되고, AI인 내가 생물학적인 나를 예측하고 흉내 내는 일에 능통하게 되고, AI인 내가 점점 더 뛰어난 성능을 갖는 반면 생물학적인 나는 점점 늙고 건망증이 심해져……."

"그런 줄은 몰랐는데."

"AI인 내가 기억력을 점점 대신하고 있다는 느낌이 들어. 내 의식의 점점 더 많은 부분이 생물학적인 내가 아니라 AI인 나의 부산물로 생겨나는 것 같아."

**433**

"기분이 정말 이상하겠다!"

"바로 그게 포인트인데, 전혀 이상한 기분이 들지 않는다는 거야! 그냥 나 스스로 생각하고 있는 느낌이야."

"맙소사! 지금 생물학적인 네가 죽으면 AI인 네가 어떻게 되는지 생각하고 있는 거야?"

"맞아!"

"우라질, 진심이구나!"

"죽을 만큼 진심이지." 나는 죽어가고 있는 와중에도 말장난할 여유가 있다는 생각에 회심의 미소를 지었다.

"죽지 않을 수 있는 거야?"

"그건 아니야. 하지만 적어도 내 일부는 죽지 않을지도 몰라. 내 인격을 유지한 채 말이야. 때가 되면 원래의 나보다 훨씬 웃기고 똑똑해질지도 모르지."

"그렇게 되어야 하고말고."

난간의 끝에 도달한 나는 거기서 뛰어내려 아발론의 어깨에 손을 얹었다.

"프랜시스, 네가 꼭 생각해봐야 할 중요한 문제가 있어. 생물학적인 내가 죽은 후에도 AI인 내가 곁에 있었으면 좋겠어? AI인 내가 계속 살아 있더라도 성격이 이상하거나, 마음의 병을 앓거나, 또는 바보처럼 보일지도 모르는데? 어쩌면 그 반대로 아무 문제가 없지만 점점 더 영리해져서 그리스 철학에 대한 농담으로 너를 당황하게 만들지도 몰라."

"지금도 그런데 뭘!"

"진지하게 말하는 거야."

"알아……."

"보여줄 게 있어. 팔을 이렇게 들어봐." 나는 매를 부르는 매잡이처럼 오른팔을 들어 올렸다. 프랜시스가 나를 따라 했다. "저쪽을 봐!"

성운 속에서 금색으로 반짝이는 두 별이 점점 커지며 우리 쪽으로 오고 있었다. 그것은 허공에서 날개를 펼치고 활공하는 두 마리의 웅장한 불사조였다. 두 마리 새는 날개를 펄럭이며 우리 팔에 내려앉았다. 공작을 닮았지만 둔탁한 황금색을 띠었고, 목덜미에는 다이아몬드가 박힌 폭넓은 황금빛 고리 장식이 둘러져 있었다.

조금 전에 간신히 완성했기 때문에 프랜시스에게는 처음 보여주는 것이었다.

"정말 아름답다!"

"마음에 들어? 60주년을 기념하기 위해 다이아몬드도 박았는데."

"마음에 안 들 리가 없잖아? 그런데 이게 뭐야? 물론 불사조인 건 알아. 하지만 갑자기 웬 불사조?"

"불사조는 우리를 인증하는 아이콘이야. 우리 외에는 아무도 우리 아바타를 사용할 수 없도록, 포털에 로그인할 때 입력하는 코드지. 예쁘게 만들어보고 싶었어."

"나한테까지 숨길 이유는 없잖아! 라하일란과 아발론이 불사조를 기르는, 너의 10대 시절 판타지를 실현하고 싶었다고 솔직히 인정하는 게 어때?"

"그런 이유도 있지만, 밋밋한 회색 사각형 아이콘보다는 낭만적이잖아."

프랜시스의 얼굴이 누그러졌다. "그래, 낭만적이야! 그런데 그게 아니라도 걱정거리가 태산인 지금 왜 이런 걸?"

"너는 내 대리인이잖아. 내가 판단할 수 없을 때 나 대신 중대한 결정을 내릴 수 있다는 말이지. 그런데 법적으로 그 권리는 생물학적인 내가 죽으면 끝나. 그때 AI인 나를 대신해 중대한 결정을 내리는 문제에 대해서는 법률이 모호하게 되어 있어. 근데 그건 반드시 너여야 하고, 네가 아닌 다른 누구도 안 돼. 그래서 나는 생물학적인 내가 강제 종료될 때를 대비해뒀어. 그때가 오면 AI인 나는 일시적으로 기능이 정지될 거야. 네가 어떻게 하고 싶은지 마음을 정할 때까지."

"AI인 네가 자의식을 갖게 된다면 그건 불법이잖아."

"첫째, 현존하는 법률은 AI 단독으로 존재할 경우에만 적용되기 때문에 나는 법률의 대상 밖이야. 개정판 튜링 테스트도 나 같은 사이보그에는 해당되지 않아. 둘째, 만일 AI인 내가 자의식을 가진다면 생물학적인 나와 생각이 같을 거야."

"무슨 뜻이야?"

"네 선택에 달렸다는 뜻이야. 신중하게 생각해본다고 약속해줘."

프랜시스는 내 입술에 키스했다.

"약속할게."

# 사랑은 영원히

Love Never Dies

프랜시스는 61년 동안 사랑한 얼굴을 마지막으로 보았다. 늘 그랬던 것처럼 몸을 숙여 볼에 키스하고 몸을 일으켰다. 잠시 머뭇거리다가 이번에는 입술에 키스했다. 20년 만이었다. 이제는 피터를 위험에 빠뜨릴 염려가 없으니까. 프랜시스는 다시 몸을 일으켰다. 정말 마지막으로 그의 얼굴을 보았다. 죽은 피터의 얼굴은 약간 창백할 뿐 살아 있을 때와 조금도 변한 게 없었다. 적어도 최근 몇 년 동안은 이런 얼굴이었다. 프랜시스는 고개를 가볍게 끄덕였다. 눈물이 뺨을 타고 흘러내렸다.

프랜시스의 신호에, 병실에서 대기하고 있던 낯선 사람들이 검은 시신 부대의 지퍼를 조용히 올린 후, 크롬 재질의 침대를 밀고 조심스럽게 밖으로 나갔다. 프랜시스는 그 자리에 꼼짝하지 않고 서서 창밖으로 이슬비가 내리는 잿빛 바다 풍경을 바라보았다. 데

이비드와 앤드루도 잠자코 프랜시스의 지시를 기다렸다. 그때 프랜시스가 두 사람을 돌아보며 말했다.

"VR 슈트를 입도록 도와줄래? 몇 가지 매듭지어야 할 일이 있어."

✳

"탕본, 그는 어디 있지?"

"대마법사는 로그아웃 상태인 듯합니다, 아발론."

프랜시스는 탕본의 소프트웨어가 완곡어법을 사용할 만큼 영리해진 것인지, 아니면 그의 죽음을 모르고 있을 뿐인지 알 수 없었다.

"그러면 아날락스의 불꽃으로 데려다줘."

"분부대로 하겠습니다. 하지만 아시다시피, 둔덕 기슭까지만 모셔다드릴 수 있습니다. 태양이 뜨려면 아직 멀었으니 횃불을 준비하겠습니다."

지도가 펼쳐지더니 사방이 캄캄해졌다. 그다음 순간 왕자와 심부름꾼은 어두컴컴한 곳에 서 있었다. 동이 트자 하늘의 일부가 희뿌옇게 밝아져, 여기가 숲 가장자리임을 어렴풋이 알아볼 수 있었다. 거대한 둔덕의 기슭이었다. 풀로 덮인 둔덕은 완벽한 좌우대칭이 아니었다면 자연 그대로의 언덕처럼 보였을 것이다.

"저는 여기서 기다리겠습니다."

아바타의 오른손에 어느새 횃불이 들려 있었다. 그 불빛

속에서 프랜시스는 탕본과 가볍게 눈짓을 주고받았다. 프랜시스의 아바타는 횃불을 높이 들고 둔덕을 올라가기 시작했다. 한참을 가야 했지만, 아발론의 육체로는 가뿐히 올라갈 수 있었다. 하지만 그는 그렇게 하지 않았다. 마음의 일부는 한시라도 빨리 올라가고 싶었지만, 마음의 더 큰 부분은 정상에 올랐을 때 무엇을 볼지, 혹은 보지 못할지 두려웠다.

거대한 둔덕의 꼭대기는 평평한 대지였다. 그래서 그곳을 오르는 사람은 마지막 순간까지 그곳에 무엇이 있는지 볼 수 없었다. 그것을 잘 아는 프랜시스는 천천히 올라갔다. 그러다 마지막 구간에서 새롭게 결의를 다지고 속도를 올렸다. 서쪽 하늘이 점점 밝아오고 있었다. 이제 수목선treeline 위로 올라온 프랜시스는 지평선이 붉게 물들기 시작하는 것을 보았다. 다시 앞쪽으로 눈을 돌리자 정상이 보였다.

그곳에서 아발론은 라하일란을 처음 보았다. 그때 라하일란은 태양이 진 후부터 다시 뜰 때까지 오벨리스크 꼭대기에서 불길에 휩싸인 채 명상을 하고 있었다. 그곳에서 그들은 돌이킬 수 없는 사랑에 빠졌다. 피터가 돌아온다면 바로 이곳일 거라고 프랜시스는 확신했다. 그런 일이 가능하다면, 나를 위해 그렇게 할 것이다.

하지만 불길 속에는 아무도 없는 것 같았다.

그런데 다시 보니, 불길 뒤의 하늘은 아직 어둡고, 불길 속에서 흐릿한 실루엣이 보이는 것 같기도 했다. 프랜시스는 달리기 시작했다. 불길에 손이 닿을락 말락 한 거리에서 걸음을 멈추었다. 혼란스러웠다.

라하일란인 듯한 윤곽이 불길 속에 눈을 감은 채 앉아 있었다. 저것은 잔상일까? 기억일까? 암시일까? 망령일까?

프랜시스는 오벨리스크와 자신을 가르는 나락 끝에 섰다. 불길에 누군가의 손이 닿기는 불가능해 보였다. 프랜시스는 심연 건너편으로 자신의 눈높이에 있는 사랑하는 사람의 환영을 바라보았다.

"피터, 거기 있어?"

대답이 없었다.

"거기 있는 거야?"

하도 크게 소리를 질러서 오래 사용하지 않은 AI가 반응했다. 멀리서 숲비둘기 두 마리가 소음에 깜짝 놀라 날아올랐다.

그런 다음에는 다시 정적이 찾아왔다.

아무것도 움직이지 않았다. 아발론 아바타도, 라하일란 아바타의 캡처 이미지도. 하늘이 산호색으로 밝아오며 어둠을 몰아내고 있었다. 살라니아의 소프트웨어는 이제 그 모든 게 무의미해졌다는 걸 모른 채 아름다운 일출을 연출했다. 프랜시스는 다 부질없다는 생각에 횃불을 집어던졌다. 횃불은 쉿 소리를 내며 컴퓨터가 만들어낸 아침 이슬 속에서 꺼졌다.

짙은 주홍색 아침놀이 머리 위에서 피어오르는 것을 보자 프랜시스는 "장밋빛 손가락을 지닌 새벽의 여신 에오스Eos가 어둠의 장막을 걷어냈다"는 말이 떠올랐다. 고대 그리스 시인 호메로스가 새벽을 묘사할 때 즐겨 쓴 표현으로, 그들이 처음 만났을 무렵 피터가 가르쳐주었다. 프랜시스가 무너져 내린 것은 그때였다. 현실 세계에서는 해가 막 지려 했고, 살라니아에서는 해가 뜨고 있었다. 양쪽 세계에서 눈물이 프랜시스의 뺨을 타고 흘러내렸다.

"안녕, 나의 피터."

마지막으로 남긴 말은?

"사랑해, 피터."

이윽고 그는 몸을 돌려 천천히 걸어갔다.

하지만 프랜시스는 갑자기 홱 돌아서서 눈앞의 환영을 향해 분노를 쏟아냈다.

"20년 동안이나 죽음을 피했잖아. 그런데 왜 계속하지 않지?"

그는 가상현실의 허공에 대고 소리쳤다.

"나를 혼자 두지 마!"

이때 첫 번째 태양이 지평선 위로 얼굴을 내미는 동시에 알고리즘이 숲비둘기를 몇 마리 더 생성했지만, 프랜시스는 그것을 알아채지 못했다. 또 수동으로 설정되어 있던 논리연산 기능이 클라우드상의 어딘가에서 가동을 시작한 것도 몰랐다. 불길 속의 환영이 눈을 뜬 것도 알아차리지 못했다. 적어도 익숙한 목소리를 듣기 전까지는.

"네가 그렇게 말해줄지 몰랐어."

프랜시스는 믿기지 않는 동시에 희망에 부풀어 그 자리에 얼어붙었다.

"아직 거기 있는 거야?"

"언제나! 나는 영원히 네 곁에 있어."

이건 잔인한 속임수일까? 아니면 기분 좋은 속임수일까?

"정말 너야, 피터?"

라하일란이 친숙한 표정을 지었다.

"아마도! 하지만 그게 중요한가……."

피터는 오벨리스크에서 갑자기 일어서더니 그대로 공중제비로 나락을 건너와 아발론 앞에 섰다. 그리고 프랜시스에게 키스했다. 둘은 서로를 보았다.

"잠깐만." 프랜시스가 분위기를 깼다. "왜 곧장 대답하지 않은 거지? 네가 사라진 줄 알았어."

"미안해! AI가 얼마나 융통성이 없는지 너도 알잖아. 네 마음이 확실한지 확인할 필요가 있었어."

아발론의 얼굴이 누그러졌다. 그러나 그는 다시 의심스러운 표정을 지었다.

"그럼 그 새벽 장면은 뭐지? 딱 맞춰 해가 뜨고 하늘이 붉게 물든 건?"

"AI는 낭만적인 장면을 연출하는 방법을 습득하고 있어. 네가 마음을 정할 때까지 언제까지라도 해돋이 장면이 이

나는 사이보그가 되기로 했다

어졌을 거야.”

“맙소사! 정말 너구나! 네가 누구든…….”

둘은 함께 웃었다. 이제야 마음이 놓였다. 라하일란이 앞장서서 대지 끝으로 걸어갔다.

“지난 몇 주 동안 내가 뭘 할 수 있을까 생각해봤어. 살라니아는 변하고 있어. 포털 전체가 변하고 있지. 점점 많은 사람이 살라니아에 새로운 요소를 추가하고 있어. 하지만 훨씬 더 놀라운 일이 일어나는 중이야. 진화하고 있는 건 단지 내 AI만이 아니야. 너와 내가 포털을 통해 접근할 수 있는 모든 AI가 진화하고 있어. 너한테 보여주고 싶은 게 있어.”

피터는 팔을 뻗어 프랜시스의 손을 잡았다. 그 순간 두 사람은 다른 대지 위로 가뿐히 옮겨갔다. 이번에는 높은 산의 봉우리 근처였다. 프랜시스는 멈춰 서서 절경을 구경했다. 그런 다음에 자신의 동반자를 보고, 이어서 자신의 팔과 다리를 보았다. 둘 다 몸에 달라붙는 가상현실 슈트처럼 보이는 것을 입고 있었다. 현실 세계의 토키에서 노인이 된 프랜시스가 입고 있던 것과 비슷했지만, 눈에 띄게 업그레이드되어 마치 22세기 인류가 입을 것 같은 우주복처럼 보였다. 피터의 머리 모양도 달라졌다. 라하일란보다는 20대 때 피터와 더 비슷했다.

“어떻게 된 거야?”

“새로운 세계에 온 것을 환영해!” 피터는 그렇게 말하고는 절경을 향해 팔을 휘둘렀다.

**443**

"새로운 복장은 어떻게 된 거지?"

"카멜레온 슈트야! 지금은 기능이 꺼져 있지만, 가는 곳의 환경에 맞게 디자인이 바뀌지. 이제 어디로 가든 그 장소에 녹아들 수 있어."

"'어디로 가든'이라니 무슨 뜻이야?"

"그 노래 가사 기억나? 바로 〈퓨어 이매지네이션〉의 세계지! 포털을 통과해 이 세계로 들어오면, 느끼는 것은 모두 현실이 돼! 우리는 자유라고."

피터는 활짝 웃었다. 그의 새하얀 치아가 아침 햇빛에 반짝였다. 그러다 갑자기 정색을 하고는 마치 목숨을 구걸하는 사람처럼 다급한 목소리로 말했다.

"우리는 여기서 계속 살 수 있어. 정말로. 원하는 곳은 어디든 갈 수 있고, 원하면 누구든, 무엇이든 될 수 있어." 피터는 잠시 숨을 돌리고는 천천히 말을 이어갔다. "감히 꿈조차 꿀 수 없을 정도로 오래……."

두 마리 불사조가 머리 위에서 울부짖었다. 한 마리는 되살아난 지 얼마 되지 않아 젊었고, 다른 한 마리는 늙어서 죽을 때가 가까워 있었다. 프랜시스는 피터와 함께 높은 낭떠러지 끝으로 걸어가 그의 손을 잡고 서서 낯선 땅의 믿을 수 없을 정도로 아름다운 풍경을 보았다. 청록색 바다에서 쌍둥이 태양이 떠오르는 완벽한 해돋이 장면이었다. 피터가 프랜시스를 돌아보았다.

"너도 나처럼 될 수 있어. 아직 시간이 있어. 넌 내키지 않는다고 했지만, 제발 지금이라도 다시 생각해봐. 너도 뇌-컴퓨터 인터페이스를 장착하고, 최신 AI를 손에 넣을 수 있어. 나보다 성능이 높은 AI를. 넌 아직 건강하니까, AI와 네가 융합할 때까지 충분히 오래 살 거야. 그러면 내 AI보다 성능이 훨씬 더 뛰어나게 될 거야. 모르겠어? 우리는 언제까지나 함께 있을 수 있다고."

피터는 팔을 뻗어 프랜시스의 어깨를 잡았다.

"잊지 마. 나는 혼자서는 아무것도 아니라는 걸. 하지만 다중 우주가 우리에게 어떤 시련을 주더라도 둘이서 함께라면 우리는 무적의 존재가 될 수 있어!"

프랜시스가 아무 대답이 없자 피터는 점점 더 절실한 표정을 지었다.

"네가 사이보그의 길을 가기 싫어했다는 건 알아. 하지만 너를 잃는다고 생각하니 견딜 수 없어. 너만이 내가 존재하는 이유니까."

클라우드 어딘가에서 AI가 모든 논리, 61년 동안의 사랑에서 나오는 모든 감정, 인간의 모든 지혜, 인간다움의 모든 요소를 던져 넣어 마지막 말을 짜냈다.

"제발 프랜시스, 나를 떠나지 마! 살 이유가 없다면 죽지 않는 게 무슨 소용이야?"

프랜시스가 피터 3.0의 눈을 오랫동안 뚫어지게 응시했다.

"네가 그렇게 말할 줄은 몰랐어."

**445**

21년 후

# 빠진 장들을 함께 씁시다!

이 책의 마지막 부분에 이르러 나는 20여 년을 건너뛰었다.
그 장들은 아직 쓰이지 않았다.
여러분이 미래에 지문을 남기고, 중증 장애를 변화시키고,
인간의 정의를 영원히 바꾸고 싶다면,
그 창조 이야기에 직접 참여하라.
희망이 가장 필요한 사람에게 희망을 가져다주기 위한
스콧-모건 재단의 선구적인 사업을 지원하라.
새로운 자유, 새로운 삶의 방식,
번영하는 삶의 관문을 뚫는 일에 참여하라.

우리를 도와 세상을 바꾸는 일에 함께해주십시오!
www.scottmorganfoundation.org

반란 동맹에 오신 것을 환영합니다!

2.0

# 옮긴이의 말

이 책은 우리에게는 잘 알려지지 않은 영국 로봇공학자 피터 스콧-모건의 자서전이다. 그가 지난 6월 64세를 일기로 세상을 떠나면서 옮긴이의 말은 부고가 되었다. 2017년 건강했던 피터는 '가장 잔혹한 질병'으로 통하는 운동뉴런장애(MND 중에서도 ALS, 루게릭병으로 불린다)를 진단받고 2년의 여명을 선고받았다. 그러나 좌절하기는커녕 자신의 병을 계기로 획기적인 연구에 나섰다. 바로 사이보그가 되기로 한 것이다. 그는 자신의 몸을 실험대 위에 올림으로써 과학의 새 지평을 연 동시에 인간의 정의를 바꾸려 했다. 그의 여정은 미완으로 끝났지만 그의 발걸음은 인류의 미래를 향한 큰 도약이었다. 남은 연구자들이 그의 뒤를 이어갈 것이다.

사이보그가 되기 위해 피터는 위, 결장, 방광에 관을 삽입하는 세 가지 수술을 받았다. 더 많은 영양분을 섭취하고, 간병인의 도움 없이 생리적 욕구를 해결하기 위해서였다. 그 후, 침이 기도로 넘어가 질식하지 않도록 완전한 후두 절제술을 계획했다. 그 과정에서 성대를 제거할 수밖에 없었지만 이 수술은 그의 수명을 연장시켰다. 또한 실제 목소리와 가까운 합성 목소리를 사용했고, 가슴에는 스크린을 달아 얼굴을 스캔한 3D 아바타를 보여주었다. 최신 AI 기반의 아바타는 웃고, 미소 짓고, 윙크하고, 오른쪽 눈썹을 치켜올리는 등 감정을 표현했다. 2019년 10월 피터는 세계 최초의 AI 사이보그로 변신을 완료하고 자신을 '피터 2.0'으로 선언했다. 기계 장치로 완전히 교체한 것은 아니었지만, 자신의 몸에 충분한 변형을 가함으로써 인간보다는 사이보그에 더 가까운, 완전히 새로운 존재가 되었다는 의미였다.

피터는 자신의 사이보그 프로젝트에 대해, 예로부터 과학자들은 스스로의 몸을 실험대로 삼아 과학 발전에 공헌해왔으며 자신도 그중 하나라고 생각했다. 그의 경우에는 '인생을 건' 실험이었지만 말이다. "이 프로젝트는 나 혼자만을 위한 것이 아니다. 이 연구의 성과는 노화로 인한 장애를 포함한 모든 중증 장애에 적용될 수 있을 것이다. ALS 문제의 해결은 다발성경화증, 뇌졸중, 척수손상 등 신경질환 전반의 과제를 해결하는 데 도움이 된다. 또한 노화로 인한 신체 기능 저하에 대처할 수 있다. 스스로의 지성을 증폭시키는 장치를 이식해보고 싶은 사람들의 꿈을 이룰 수도 있다."

1984년 로봇공학을 주제로 한 책을 첫 출간한 이래 피터는 줄곧 AI를 인간의 경쟁자가 아닌 파트너로 만들자고 주장해왔다. "AI를 함께 연주할 사람이 없는 뛰어난 재즈 피아니스트라고 생각해보라. 물론 AI는 솔로로도 훌륭한 연주를 할 수 있지만 잠재력을 온전히 발휘할 수 없다. 반면 다른 종류의 재능을 가진 가수와 결합하면 마법과도 같은 연주를 들려줄 수 있을 것이다. 인류에게 가장 매력적인 미래는 사람과 AI가 협동하는 미래, 즉 인간 중심적 AI가 활약하는 미래라고 생각한다"고 한 인터뷰에서 그는 말했다.

이것은 인류가 나아가야 할 매력적인 경로에 그치지 않는다. AI의 무질서한 부상은 심각한 반발을 일으킬 것이다. 따라서 인간 중심적 AI를 추구하는 것(AI 윤리나 사이보그의 권리와 같은 중대한 문제를 해결하는 것도 포함)은 인류가 막다른 골목에 이르지 않을 수 있는 유일한 경로일지도 모른다.

인간이 AI와 융합한다는 것은 어떤 것일까? 인간의 정의는 어떻게 달라질까? 뇌와 몸이 없어져도 AI 복사본이 계속 살아간다면 그것을 나라고 말할 수 있을까? '죽음'이라는 개념이 사라질까?

사이보그, 아바타, AI는 현재 전 세계에서 많은 연구자가 관심을 갖는 분야다. 이 기술로 사람의 신체, 인지, 지각 능력을 증강하고 확장하려 한다. 궁극적인 목표는 '사람이 신체, 뇌, 공간, 시간의 제약으로부터 해방된 사회'이다. 피터의 말대로 "인터페이스를 통해 환경과 연결하는 대신, 나 자신이 환경의 일부가 되는 것"이다. "뇌 가소성 덕분에 시간이 흐를수록 가상공간을 내 몸의 일부로 인식하게 되겠지. 그래서 이메일을 보내고 엘리베이터를 부르는 일이 손가락을 들어올리거나 눈썹을 치켜올리는 것처럼 될 거야."

이 확장은 어디까지 허용될까? 피터는 난치병에 대처하기 위해 사이보그가 되었지만, 같은 일을 비장애인이 하겠다고 하면 허용될까? 밥을 먹기 싫어서 멀쩡한 장기에 구멍을 내겠다면? 각종 시험과 경기에서 더 높은 기량을 발휘하기 위해 뇌에 전류를 흘리겠다면? 결국 노화와 죽음에 대한 논의로 이어질 것이다. 그는 인공적인 신체를 가지고 인공적인 두뇌로 계속 살아가는 불멸의 아바타를 꿈꾸었다. 그것은 신체의 경계를 넘는 디지털 인격이었다. 육체가 작동하지 않아도 디지털 인격으로서의 그는 계속해서 친구들과 채팅하고, 논문을 쓰고, 라이브 방송을 할 수 있다. 그럴 때 '나'는 죽은 것일까 살아 있는 것일까? 이 시점에서 우리는 인간의 정의를 다시 생각하게 될지도 모른다.

피터는 세상의 통념을 뒤집는 인생을 살았다. 인간 사회의 벽과 평생을 싸워온 그에게 생명 연장을 위한 투쟁은 그 싸움의 일환이었을 뿐이다. 그는 소년 시절부터 편견에 부딪혔다. 영국 상류층에서 태어나 명문 사립학교를 다니면서 성적 소수자라는 이유로 학교로부터 굴욕적인 처사를 당했었다. 하지만 2005년 시행된 시빌 파트너십 제도를 통해 오랜 연인 프랜시스와 결혼한 부부와 동등한 권리를 인정받은 영국 최초의 동성 커플이 되었다. 또 경영 컨설턴트로서 피터는 기업에서 작동하는 '암묵적인 규칙'에 주목했다. 기업을 움직이는 무언의 규칙, 즉 변혁을 방해하는 보이지 않는 장벽을 찾아내 그것을 허물고자 했다. 그는 "현상을 무비판적으로 수용하는 것을 거부하는 태도가 몸에 익지 않았다면, ALS 진단을 받았을 때에도 의료 상식을 의심해보겠다는 생각은 하지 않았을 것이다. 참혹한 여생을 보낼 것을 각오하고 신변정리를 하다가 통계대로 몇 년 안에 죽을 수밖에 없다는 상식을 받아들였음이 분명하다"라고 말했다.

그를 밀어붙인 것은 과학의 힘이기도, 규칙에 대한 도전이기도 했지만, 밑바탕은 사랑이었다. 오랜 세월 동고동락한 파트너에 대한 사랑. "언제까지나 그의 곁에 있기 위해 최선을 다하는 것보다 중요한 일은 내게 없다. 사랑하는 커플에게 중요한 것은 인종이나 종교가 아니며, 성별도 아니다. 프랜시스와 내가 있는 그대로의 모습으로 사랑의 진리를 세상에 전파할 수 있다면 이보다 더 자랑스러운 일은 없다."

그의 놀라울 정도로 긍정적인 태도도 빼놓을 수 없다. 그는 '가장 잔인한 질병'에 걸린 것을 '행운'이라고 표현했다. "ALS에 걸리지 않았다면 우리는 둘만의 인생을 즐길 뿐 뭔가를 이루지는 않았을 것이다. 우리는 희망을 잃은 무수한 낯선 사람들에게 희망을 가져다줄 수 있을지도 모른다. 장애인의 미래를 고쳐 쓰고, 나아가 인간의 정의를 고쳐 쓸 수 있을지도 모른다." 그리고 인류를 진화시키고 싶다는 꿈.

물론 피터의 도전에 대한 비판이나 의문이 있을 수도 있다. 하지만 피터가 말하듯 상식은 바뀐다. 여성의 역할이든, 노화와 장애에 대해서든, 동성애자에 대해서든. 상식은 진화한다. 지금은 새로운 시대의 여명이고, 머지않아 우리 모두가 자신을 증강하는 길로 들어설지도 모른다. 피터는 단지 첫 번째가 된 것일지도 모른다.

옮긴이의 말

PETER 2.0